通·识·教·育·丛·书

微观之美

Beauty of the Microworld

U0295576

饶群力 ◎ 著

上海交通大学出版社
SHANGHAI JIAO TONG UNIVERSITY PRESS

北京大学出版社
PEKING UNIVERSITY PRESS

内 容 提 要

本书通过介绍人类对微观世界的探索历程,旨在揭示科学发展的内在规律、科学理论的诞生过程、"科学争论"在这一过程中的重要性,以及科学理论如何衍生出技术方法,而技术方法又如何进一步促进和完善了科学理论。本书从微观物质的粒子和波动二象性关系的角度出发,阐述电磁波、粒子束与物质的相互作用,再从这些基本科学原理出发,引入现代微观物质世界的探索方法,进而结合各个时期出现的相关技术手段,完整地表述人类对微观物质世界科学探索的历史进程。

图书在版编目(CIP)数据

微观之美/饶群力著. —上海:上海交通大学出版社,2015
(通识教育丛书)
ISBN 978 - 7 - 313 - 13911 - 5

Ⅰ.①微⋯ Ⅱ.①饶⋯ Ⅲ.①微观系统–青年读物
Ⅳ.①Q1-49

中国版本图书馆 CIP 数据核字(2015)第 233581 号

微观之美

著　　者:饶群力

出版发行:上海交通大学出版社　　　　　　地　　址:上海市番禹路 951 号
　　　　　北京大学出版社
邮政编码:200030　　　　　　　　　　　　电　　话:021 - 64071208
出 版 人:韩建民
印　　制:上海天地海设计印刷有限公司　　经　　销:全国新华书店
开　　本:710mm×1000mm 1/16　　　　　　印　　张:17
字　　数:273 千字
版　　次:2015 年 10 月第 1 版　　　　　　　印　　次:2015 年 10 月第 1 次印刷
书　　号:ISBN 978 - 7 - 313 - 13911 - 5/Q
定　　价:42.00 元

总序

通识教育再认识

自 19 世纪初美国博德学院的帕卡德教授最早明确提出通识教育概念以降,世界各国通识教育呈现出跌宕不息的动态过程,相关的研究、讨论与实践不断深入。我国在 20 世纪 90 年代中期以来,针对高等教育过分强调专业教育而忽视综合素质培养的状况,在加强学生素质教育及西方通识教育理念本土化方面,进行了有益的探索,对通识教育的认识在深化,共识在提高。然而,时至今日,对通识教育的本质及其作用等若干关键问题的认识,或似是而非,或语焉不详,需要进一步厘清。

一、通识教育是人本教育

讲通识教育是人本教育,至少包含"育人为本"和"以人为本"两层含义。纵观近现代大学的发展历程,虽然大学越来越多地承担着诸如科技创新、服务社会、文化引领等诸多功能,但是,培养人始终是大学的基本功能。相对于研究机构和产业部门等其他社会组织,大学存在的终极理由和根本使命是培养人,就是要在受教育者年轻而又最具可塑性的时候教育他们,塑造他们。

通常,国外将大学功能概括为"Teaching,Research,Service",其实三者都是为人才培养服务的。简单地视"Teaching"为"人才培养"极不妥当,将人才培养、科学研究和服务社会三大功能等量齐观,更是错上加错。三种功能绝非并列关系,而是主从关系,是"一体两翼"。人才培养是"体",科学研究和服务社会是从人才培养这个根本使命和核心功能中派生出来的"两翼",体之不存,翼将焉附?我们不能在教育功能多元化中,迷失育人这一本然价值。现在,论及大学办学理念者,几乎言必称洪堡。殊不知,以强调科学研究和学术自由而著称的他,并不是就学术论学术,而是围绕培养学生而提出。洪堡认为,只有将科研和教学结合起来,才有利于学生形成良好的思维方式和高尚品格。当年,蔡元培就任北京大学校长发表演说时,开宗明义地宣告:"请以三事为诸君告:一曰抱定宗旨;二曰砥砺德行;三曰敬爱师友。"显然,三事实为一事,就是育人。哈佛大学前校长劳伦斯·H·萨默尔斯亦深刻指出,"对一所大学来说,再没有比培养人更重要的使命。假如大学都不能承载这一使命,我看不出社会上还有哪家机构能堪当此任。假如我们葬送了人文教育的薪火相传,一切将覆水难收。"近期,国家和上海市的《中长期教育改革和发展规划纲要》均高扬育人为本的旗帜,将其作为核心理念贯穿文本始终。

然而,诚如《失去灵魂的卓越》一书作者哈瑞·刘易斯指出的那样,实际运行的大学已经忘记了更重要的教育学生的任务,学术追求替代了大学教育。现在,大学里高深研究和教书育人存在于两个完全不同的平面上,究其原因,前卡耐基教学促进基金会主席欧内斯特·博耶一语道破:前者是愉悦、成名和奖励之源,后者却或多或少地成为大学不愿承担的负荷,只是用来维持其存在的堂而皇之的理由。大学尤其是研究型大学,过去常常忽视本科生教育,现在依然如此,普遍存在的重科研轻教学、重科技轻人文、重知识轻心智等倾向,并未得到根本改观。鉴于此,教育界众多有识之士大声疾呼,要回归大学本质,重振本科教育。在高等教育大众化的今天,大学教育代表着一个民族、一个国家的未来和希望。如果十八九岁二十几岁年轻人的教育出了问题,吞下恶果的终将是整个国家和社会。

人本教育的第二层含义是以人为本。以人为本需要探究"以什么人为本"和"以人的什么为本"这两个基本问题。进一步深究,"以什么人为本"又需要回答:是以学生为本还是以教师为本?是以全体学生为本,还是以某些或某一(几)类学生为本?长期以来,大学的焦点从学生转到了教师,学生的主体地位未能得到充分体现,各大学引以为傲的,是拥有世界知名的教授和原创性的科学研究。即便宣称是以学生为本或给予学生足够的关注,教育资源也未能公平惠及所有学生,以牺牲普通学生的正常教育为代价,换取一些所谓优异学生的超常教育和过度教育并非个案。这不仅严重背离了孔子"有教无类"的教育主张,也与马克思、恩格斯在《共产党宣言》中提出的"每一个人的自由发展是一切人自由发展的条件"的著名观点,以及一个更高级的社会形式应"以每个人的全面而自由的发展为基本原则"背道而驰。众所周知,每一个学生都是独有的生命个体,在先天禀赋、家庭背景、成长环境、知识掌握、兴趣爱好、主观努力、学业成绩、专业技能等方面客观存在各种差异,学校要正视并尊重学生的差别,恪守、秉持并践行"一切为了学生,为了一切学生","为了每一个学生的终身发展"的理念,让每个学生都拥有成功梦想的机会。

关于"以人的什么为本",更是见仁见智,莫衷一是。随着商业社会竞争的日益激烈和就业形势的日渐严峻,让学生用最短的时间掌握最多的知识和技能,成为教育活动的不懈追求,以"专业技能"为本,便顺理成章并大行其道。通识教育应以"完善人格"为本,即以"精神成人"而非"专业成才"为本,亦即以人的行为养成、道德认知、情感体验、理想信念、心灵攀登和全面发展为本,着力把学生培养成有个人修养、有社会担当、有人文情怀、有科学精神、有历史眼光、有全球视野的完整人。

其实,早在古罗马时期,思想家西塞罗就认为,教育的目标不仅是培养具有某些专门技能的人,教育的崇高目标,应当是培养使其他德行相形见绌的真正的拥有至善人格的人。1945年,哈佛委员会在著名红皮书《自由社会中的通识教育》中同样明确地提出,通识教育着眼于学生身体、道德和智力的和谐发展,致力于把学生培养成为知识全面、视野广阔、教养博雅和人格完整的人。我国著名教育家潘光旦一针见血地指出,"教育的理想是在发展整个的人格"。蔡元培先生亦精辟论述到:"教育者,养成人格之事业也。使仅仅为灌注知识、练习技能之作用,而不贯之以理想,则是机械之教育,非所以施于人类也。"可以说,强调教育的本质乃是培养健全的人,是古今中外前辈先贤们深邃的通识教育思想精要所在。

二、通识教育是自由教育

穷源溯流,通识教育(General education)的理论渊源,可以追溯到古希腊的博雅教育或自由教育(Liberalarts)。亚里士多德最早提出自由教育思想，他认为自由教育既不立足于实用，也不立足于需求，而是为了心灵的自由；通过发展理性，提升智慧及道德水平，实现人的身心和谐发展。当时，博雅指称人类心灵中的成就，同时包括艺术及知识。而博雅教育就是广博知识及洞察力的教育，是真正能抓得住真理及美的教育，是造就博大风雅、博学文雅、博闻儒雅、博古典雅、举止优雅、志趣高雅之谦谦君子的教育。

1828年，耶鲁大学在其发表的报告中提出，大学的目的在于提供心灵训练和教养，充实具有知识的心灵。英国红衣主教和教育家纽曼进一步发展了这种思想，他在《大学的理想》一书中，不仅系统论述了自由教育思想，而且明确提出，对受教育者而言，大学教育就是自由教育。现代通识教育以适应社会要求、满足学生兴趣和维系文化传承为其内核，其要义是对自由与人文传统的继承。个体藉着知识、智慧、善意与爱，在精神上摆脱物质的束缚，在生活中摆脱各种利害，不为物役，不以物喜，不以己悲，从而获得真正自由。通识教育鼓励反省求真，追求心灵的成长和人性内在的精神解放，在真正的学习和探究中，展现个体的潜能，体悟生命的意义，诠释生活的真谛，实现对功利的超拔，对自我的超越。

从词源角度讲，虽然在不同的历史时期，人们对自由教育中 liberal 一词的认知大相径庭，如将 liberal 理解为文雅的(genteel)、书面的(bookish)、解放的(liberating)、符合绅士身份的(becomingagentleman)、高贵的(noble)等多种意思，但大多数理解还是关乎自由。其中，最常见的是将 liberal 解释为"自由的"(frcc)，如康德、汉娜·阿伦特、汉斯格奥尔格·伽达默尔、罗伯特·赫钦斯等，或解释为"使人自由的"(makemanfree)，如古罗马政治家、哲学家塞涅卡等。实际上，自由一直是西方居支配性地位的一种观念。在西方传统中，自由具有最高价值，是一切人文科学和教育的核心。自由不仅是民主、科学、理性、正义、良知、宽容等普遍价值的元价值，也是人文学科最基本的价值支点。裴多菲的诗"生命诚可贵，爱情价更高；若为自由故，两者皆可抛"就是对"不自由毋宁死"的明证。德国哲学家、诠释学创始人、时任柏林大学校长施莱尔马赫曾言："大学的目的并不在于教给学生一些知识，而在于为其养成科学的精神，而这种科学精神无法靠强制，只能在自由中产生"。1987年时任耶鲁大学校长的施密德特，在迎新典礼上慷慨陈词："一所大学似乎是孕育自由思想并能最终自由表达思想的最糟糕同时又是最理想的场所";"自由的探求才会及时更正谬误,代替愚昧,才能改变偶尔因我们感情用事而认为世界是分离的、虚构的和骗人的偏见。"在我国,学术大师陈寅恪的"独立之精神,自由之思想",与西方的这种传统和倡导遥相呼应,并日渐成为中国知识分子共同追求的学术精神、价值取向和人生理想。

自由教育作为通识教育的一大鲜明特征,不仅体现为对心灵自由和精神解放的追求,还体现为对批判性思维的崇尚。在新韦氏词典里,批判性思维是指"以审慎分析判断为特点,并在最严格意义上隐含着客观判断的尝试而定褒贬优劣"。人类的思考有其内在缺陷,经常陷于偏颇、笼统、歧义、自欺、僵化和促狭之中,不自觉地倾向自我(和社会)中心主义、人类中心主义、西方中心主义或某某中心主义。既有的知识系统,不管创造它们的先贤圣哲多么睿智,其中的片面、寡陋、扭曲、非理性、傲慢甚至偏见都在所难免。通识教育并非共识教育或认同教育,学生要敢于质疑、反思、检讨、追问、解构乃至颠覆,不仅从学理逻辑的角度审视,还要关切知识理性背后的正义性和善意性,发展各种知性美德。此外,批判性思维还要体现苏格拉底"未加审视的生活不值一过"的原则,秉持古希腊"自省生活"的理想,不断提高个体自我感悟和向内反省的智慧。要充分认识到,若放任自流,许多未加审视的生活加在一起,会使这个世界因黑白颠倒、是非混淆、美丑不分、正义不彰而危机四伏。

受教育者主体地位的确立,是自由教育的前提。通识教育作为摆脱各种奴役成为自由自主之人的教育,必须让学生真正成为学习的主人,培养学习兴趣、激发学习动力是"自由教育"的要点。潘光旦认为,人的教育是"自由的教育",以自我为对象。自由的教育是"自求"的,不是"受"和"施"的,教师只应当有一个责任,就是在学生自求的过程中加以辅助,而不是喧宾夺主。只有这样,教育才能真正进入"自我"状态,学生才能通过"自求"至"自得"进而成为"自由的人",也就是上面谈及的"至善"境界中的完整人。黎巴嫩著名诗人、艺术家、哲理散文家纪伯伦说得好:"真正有智慧的老师不会仅仅传授知识给任何学生,他会传授更珍贵的东西:信念和热忱。真正的智者不会手把手地带学生进入知识的殿堂,只会带学生走向自身能够理解的那扇门"。

在现实教育中,教育机构和教师的主导作用发挥得很充分,学生的主体地位和主动性却体现得严重不足,这种情况从基础教育一直延续到高等教育。原本应是"养成"教育的通识教育,变成为"开发"教育,被开发、被培养、被教育、被教化、被塑造、被拔尖等不一而足,课业负担重,学习兴趣缺乏,创新意识不足,几成常态,学生只是消极被动地参与其中,体会不到学习的乐趣。针对这些情形,教育要切实承担起责任,注重激发和调动学生内在的激情、兴趣、好奇心和探索冲动,要像中国近代教育家陶行知强调的那样,解放学生的"头脑、双手、眼睛、嘴巴、空间和时间",使他们能想、能干、能看、能谈,不受任何禁锢地学习和发展。

自由、自在、自觉地阅读经典,是通识教育的良方。芝加哥大学、哈佛大学、哥伦比亚大学、耶鲁大学、斯坦福大学、牛津大学、剑桥大学、香港中文大学等著名学府,十分重视学生对经典文本的研读。深入阅读柏拉图、亚里士多德、莎士比亚、康德等西方经典和儒家等华夏经典,以及《可兰经》《源氏物语》等非西方经典,目的在于培养学生内在的价值尺度、精神品格、独立意识和批判精神,帮助学生养成健全有力的人格。学生自在地徜徉于浩渺的知识海洋,漫步于辉煌的精神家园,穆然深思,精研奥理;悠然遐想,妙悟游心;享受愉悦,怡养性情。通过与先贤对话,与智者神交,从中感悟人类思想的深度、力度、高度和厚度,领略历代硕儒的闳博哲思和学理旨趣,体味铮铮君子的人生情怀和胸襟气象,修得个体生命的丰盈圆融。

三、通识教育的无用之用

"用"可分为"有用之用"和"无用之用"。在很多人看来,所谓有用就是可产生功利的、现实的、物质的、实在的和直接的效用、功用或好处。由于深受经世致用思维和实用主义思潮的影响,特别是市场经济条件下,大学教育过分强调与市场接轨和需求导向,过分追求学以致用和实用理性,过分信奉使用价值而非价值本身,过度渲染只有过得"富有"才有可能"富有价值",过分注重工具理性,严重忽视价值理性,人被"物化"已是当今不争的事实。

通识教育本身不是一个实用性、专业性、职业性的教育,也不直接以职业作准备为依归。基于功利性的价值取向,通识教育似乎无用,然而,相对于"有用有所难用"的专业教育,通识教育却"无用无所不用"。通识教育充分体现老子"有之以为利,无之以为用"的思想,充分体现罗素"从无用的知识与无私的爱的结合中更能生出智慧"的论断,其"无用之用"主要体现为:

一是彰显人的目的性,回到"人之为人"的根本问题(essentialquestions)上,使人活得更明白、更高贵和更有尊严。如前所述,通识教育是一种人本教育,强调培养的是全人而不是工具人、手段人。康德有句名言"人是目的,不是手段",这一命题深刻表达了人的价值与尊严。现在经常讲"这个有什么用",其实就是把自己当手段,谋求市场上能有(效)用。通识教育不追求"学以致用",更看重"学以致知"和"学以致省"。大学是理想的存在,是道德高地,是社会的良心,是人类的精神家园,大学教育是知识、能力和价值观三位一体的教育,与专业教育相比,通识教育侧重于价值观的塑造,更突出精神品格和价值诉求,关切所做每件事情背后的动机、价值和意义,思考专业知识层面之上的超越性问题和事关立命安身的终极性问题,对伦理失落、精神颓废、生活浮华和自我自利保持起码的警觉和反省能力;对物质主义、拜金主义、享乐主义和无边消费主义等种种时弊,以及低俗、庸俗和媚俗等现象,保持清醒的认知和足够的张力,自觉抵制浑浑噩噩的市侩生活。通识教育倡导持之以恒地用知识、智慧、美德丰富与涵养自身,力戒见识短浅、视野狭窄和能力空洞,推崇仰望星空,瞭望彼岸,保持一种超越的生活观,像海德格尔所言"诗意地栖居"。

二是有助于打好人生底色,完善人格,滋养成为合格公民的素养。通识教育引导学生形成正确的世界观、人生观和荣辱观,使学生获得对世界与人生的本质意义广泛而全面的理解,形成于己于国都可持续发展的生活方式,培养诚信、善良、质朴、感恩、求真、务实等道德品质,引导学生认识生命、珍惜生命、热爱生活,崇尚自尊、自爱、自信、自立、自强和自律,养成开阔的视野、阳光的心态、健全的心智和完善的人格。通识教育还帮助学生思考生态环境与生命伦理问题,促进学生树立善待环境、敬畏生命、推己及人、服务社会的理念,构建生命与自我、与自然、与他人、与社会的和谐关系。通识教育突出民主法治、公平正义、权利义务的理念,帮助学生树立责任、程序、宪政等意识,培养他们成为合格公民的素质。同时,通识教育有助于学生找到与自身禀赋相匹配的爱好和兴趣,有助于锤炼在多元化社会和全球化环境生活的能力,为即将展开的职业生涯打下坚实的根基。

三是有助于形成知识的整体观和通透感。通识教育是关于人的生活的各个领域知识和所有学科准确的一般性知识的教育，是把有关人类共同生活最深刻、最基本的问题作为教育要素的教育，恰如杜威所言："教育必须首先是人类的，然后才是专业的"。通识教育致力于破除传统学科领域的壁垒，贯通中西，融会古今，综合全面地了解知识的总体状况，帮助学生建构知识的有机关联，实现整体把握，培养学生贯通科学、人文、艺术与社会之间经络的素养，避免知识的碎片化，避免因过早偏执于某一学科而导致的学术视角狭隘，防止一叶障目的片面，盲人摸象的偏见，鼠目寸光的短视及孤陋寡闻的浅薄，力图博学多识，通情达理，通权达变，融会贯通、思辨精微乃至出神入化，力争"究天人之际，通古今之变，成一家之言"。

《易经》的"君子多识前言往行"、《中庸》的"博学之、审问之、慎思之、明辨之、笃行之"、《老子》的"执大象，天下往"、《淮南子》的"通智得而不劳"、《论衡》的"博览古今为通人"，孔子的"君子不器"、荀子的"学贯古今，博通天人；以浅持博，以古持今，以一持万"、王充的"切忌守信一学，不好广观"、颜之推的"夫学者，贵博闻"，以及陈澹然的"不谋万世者，不足谋一时；不谋全局者，不足谋一域"，这些响彻人间千百年的箴言，无不说明通识教育中"通"（通晓、通解、明白、贯通）和"识"（智慧、见识、器识）的极端重要性，"博闻，择其善而从之"，讲的就是越趋于广博、普通的知识，越有助于人的理智、美德的开发及全面修养。需要注意的是，博学不能"杂而无统"（朱熹），"每件事都知道一点，但有一件事知道得多一些"（约翰·密尔）。通识教育应当将博与专统一起来，各学科专业知识的简单叠加，无助于学生形成通透、系统的知识体系。

四是有助于发展智能素质。教育的目标不仅要"授人以鱼"，更重要的是"授人以渔"。纽曼认为，自由（通识）教育之所以胜过任何专业教育，是因为它使科学的、方法的、有序的、原理的和系统的观念进入受教育者的心灵，使他们学会思考、推理、比较和辨析。接受过良好通识教育的学生，其理智水平足以其胜任任何一种职业。通识教育注重弘扬人文精神和科学精神，陶冶性情，崇尚真理，发展学生的理性、良知和美德。通过向学生展示人文、艺术、社会科学、自然科学和工程技术等领域知识及其演化流变、陈述阐发、分析范式和价值表达，帮助学生扩大知识面，构建合理的知识结构，强化思维的批判性和独立性，进而转识成智，提升学生的洞察、选择、整合、迁移和集成创新能力，尤其能提升学生有效思考的能力、清晰沟通的能力、作出明确判断的能力和辨别一般性价值的能力，这些比掌握一门具体的专业技能更本质更重要，并能产生最大的溢出效应。

四、"通"、"专"之辨

在教育教学实践中，尽管通识和专业、教育理想和社会需求间存在矛盾和冲突，但在认知理念和培养原则上应该明确，通识教育和专业教育都很重要，不能简单地讲孰重孰轻，更不能将它们对立和割裂。这二者之间应是相辅相成、相得益彰的关系，是体与用、道与术的关系，是传承与创新、坚守与应变的关系，下分述之。

首先，通识教育与专业教育都不可或缺，它们作为一对范畴，共同构成高等教育的全部内容。一方面，专业教育是大学教育之必需。这是因为，从科技演化趋势层面看，当今知识和科技发展表现出两个鲜明的向度：一是各学科领域之间的交叉融合越来越强，综合集成的要求越来越迫切；另一趋势则是学科学术越来越专，专业分工越来越细，尤其是进入网络时代，知识和资讯爆发性增长，客观上要求从"广而泛"转向"专而精"，若术无专攻，则难以立足。从国家和社会发展层面看，中国作为一个后发新兴经济体，建设与发展任务十分繁重，亟需大批各行各业的专业人才，以服务于富国强民的国家战略。从教育机构义务角度看，当大学接受一名学生时，就当然地负有为学生提升能力的责任。当今高等教育已不再是精英教育，而是大众教育，大众教育需要紧密结合社会实践和市场需求。专业教育可以让学生尽快进入某一专业领域，在较短时间内习得具有胜任力的专业知识，学生将来无论是进职场就业，还是到研究生院某个专业深造，都由此而具备竞争力。从学生最现实的角度考量，通过专业教育学生掌握安身立命的谋生技能和本领。

另一方面，通识教育是大学教育之必然。上文已谈及，现代科技发展两个向度之一，就是知识领域或专业领域间的融通贯通。然而，专业教育容易使人单一片面，甚或成为局限在过于狭窄的专业领域中的工作机器，按米兰·昆德拉的说法，"专门化训练的发展，容易使人进入一个隧道，越往里走就越不能了解外面的世界，甚至也不了解他自己。"更糟糕的是，一直以来专业教育深受工具理性支配,在很大程度上已经沦为一种封闭性的科学教条,成为现代工业生产体系的一个环节,促进人心灵成长的价值几近泯灭。通识教育强调价值性、广博性与贯通性,正好可以纠偏矫正,观照专业教育。尽管在不同时代、不同国家和地区通识教育产生的具体社会背景不尽相同,但相同之处都是对过分专业化的一种反动,其指向是革一味偏重专业之弊。此外,如前所述,通识教育的"通"不仅指称在学科领域和专业领域的"通",更是为人和为学的"通"。为此,恰如"寻找灵性教育"的小威廉姆·多尔所言,就是要确立科学(逻辑、推理)、艺术(文化、人文)和精神(伦理、价值观、生命、情感等)三大基石,并在科学、艺术和精神之间进行关键性整合互动,还要在更大的时空和更广泛的社会实践中,不断提升"每个人全面而自由发展"的生命价值。为人为学之通,既是通识教育的题中之义,更是大学教育的灵魂。

第二,通识教育和专业教育是相辅相成、相得益彰的关系。通识与专业,或广博与专精,抑或古人眼里的"博"与"约"是辩证关系,专而不通则盲,通而不专则空。它们密不可分,互为前提,相互依存,相互促进。不通,则知识狭窄,胸襟狭隘,思路不广,头脑闭塞,往往就事论事,盲目不知其所以。同时,缺乏多学科、多领域知识的启迪与支撑,"专"也没有基础;反之,不专,则博杂不精,一知半解,浮光掠影,空泛浅薄。何况知识浩如烟海,汗牛充栋,且人生有涯,知识无限,若滥学无方,将一事无成。所以,需在专中求通,通中求专,专通结合,博约互补。既要遵循学术自有的分类和流变,又要注重整体关联和宏观把握,在掌握各种专门技能和领域知识的同时,拥有宽厚的基础和综合的素质。在培养学生上,宜采用"通—专—通"的动态模式,即学生刚入学时不分专业,先进入文理学院或书院接受通识教育;接下来,高年级本科生和研究生在此基础上进行宽口径的专业教育。之后,他们接受更高一个层次的通识教育,在新的起点和更厚实的基础上再进一步聚焦专业学习,如此循环往复,螺旋推进。

第三,通识教育与专业教育是体与用、道与术的关系。前面已经指出,通识教育是关乎人的根本问题的教育,旨在引导学生形成正确的世界观、人生观和价值观,在有限的人生中充分发挥天赋良能和生命潜能。有鉴于此,通识教育具有基础性、本体性和深刻性,故应以通识为体,专业为用。同时,通识教育又是人格养成和悟道的教育,涵养人格知、情、志三维度中的"情"和"志",以及领悟万术之源、众妙之门的"道",要仰仗生活底蕴和文化自觉的培植,而通识教育正是培植这种底蕴和自觉的重要手段之一。其实,孔子早就提出"君子不器"的重要思想。他认为,君子无论是做学问还是从政,都应该博学多识,才能统揽全局,领袖群伦;才不会像器物一样,只能作有限目的之用。陶行知亦提出"生活即教育"的生活教育理论,并毕生践行。梅贻琦在他《大学一解》一文中更是明确表达"通识,一般生活之准备也;专识,特种事业之准备也。通识之用,不止润身而已,亦所以自通于人也。信如此论,则通识为本,而专识为末","大学教育应在通而不在专,社会所需要者,通才为大,而专家次之。"他掷地有声地指出:"以无通才为基础之专家临民,其结果不为新民,而为扰民。"孔子的思想、梅贻琦的观点和陶行知践行的理论意义深远,至今仍闪烁着智慧的光芒,照亮通识教育的复兴之路。

第四,通识教育与专业教育是传承与创新的关系,是坚守与应变(或罗盘与地图)的关系。统计研究揭示,最近十年内科学技术的成就,超过了人类历史上以往所有成就的总和,十年间知识已翻了一番。抽样调查表明,一个大学毕业生离校五年以后,其所学知识一半已经陈旧,十年以后可能大部分陈旧。文献计量研究亦表明,一些基础学科文献的半衰期为 8～10 年,而工程技术和新兴学科的半衰期约 3～5 年。实际上,早在科学技术还不十分发达的 1949～1965 年间,美国已有八千种职业消失,同时又出现了六千种新的职业。诚然,当今知识更新的周期越来越短,科技升级换代的频率越来越快,专业教育必须不断创新,以变应变,才能应对迅速变化的世界,才能因应"今天的教师,用昨天的知识,教明天的学生"的悖论。

在这个日新月异的时代,通识教育却要传承亘古不变的真善美,坚守世世代代本色生活的价值与意义,追问世界根底的本原和终极,反省历久弥新的伦理和人生。通过通识教育,保证千百年来的文明薪火相传,永恒绵延;同时,守望人类文明共同体,确立代际"最大公约数"。因此,通识教育不是什么新、什么前沿就学什么,恰恰相反,通识教育课程中没有流行或时尚的东西,不包含那些尚未经过岁月涤荡和历史检验的材料。芝加哥大学就明确规定,凡是活着的人的言论,不得放进通识教育课程。通识教育深谙罗曼·罗兰那句"很快就不流行的叫流行,很快就不时尚的叫时尚"的名言,以及与时俱进必与时俱迁的道理,在开放、多元、多样和多变中,保持坚守传承的品格和追问反省的本性,以惯看秋月春风的淡定和浪花淘尽英雄的从容,确保不在滚滚红尘中迷失,不被汹涌潮流所裹挟,就像罗盘,永远锁定方向,指针北斗。

以上是对通识教育的一些粗浅认识。近年来,上海交通大学在新一轮教育思想大讨论的推动下,不断深化对通识教育理念的认识,成立了校通识教育指导委员会与通识教育教材建设委员会,依据人文学科、社会科学、自然科学与工程技术、数学与逻辑这四个模块,初步形成了通识核心课程体系,并明确将出版通识教育系列丛书,作为加快推进通识教育的重要抓手。在最近两年多的时间里,交大通识教育指导委员会的多位专家和丛书的作者与交大出版社和北大出版社保持密切接触和沟通,其间,北大出版社社长、总编等多次赴交大沟通出版事宜,交大出版社领导和编辑也多次赴北大出版社进行接洽。众所周知,交大出版社以理工科著作和教材出版见长,北大出版社在人文、社科方面实力超群,两家优秀出版社强强联合,联袂推出这套丛书,可谓珠联璧合。衷心希望这套丛书能得到广大读者的认可和喜爱。

徐飞　博士

上海交通大学战略学教授、博导

上海交通大学通识教育指导委员会主任

2011 年 3 月

引言

现代科学面临的是越来越繁多、庞大的知识体系。在这个浩瀚的海洋中,对物质世界的探索始终是人类历史航行的主航道。

对微观物质世界探索的起源可以追溯到古希腊的哲学,在那个时代,哲学就是今天科学的代名词。哲学的任务之一就是要解释这个世界,包括这个世界是由什么组成的。这就是人类有目地、系统地对物质世界探索的开端。

人类最早的科学预言

古希腊哲人聪明非凡,在没有足够科学仪器、不能精确测量的时代,他们一切皆凭借想象,对物质世界的基本组成构建了这样一幅图景:所有物质都是由土、空气、火和水这四种基本"元素"组成的。而直接对今天科学产生巨大影响的是原子学说——一个关于微观物质世界组成极限的假想——是在公元前4世纪由古希腊哲人德谟克里特和他的老师提出的,但在随后的近两千年,原子被人们抛至脑后,整个西方文明由亚里士多德的思想所左右。对亚里士多德的崇拜,以他的言行、思考为典范导致对"原子"的彻底否定和排斥,因为亚里士多德坚信生命有机体是完整的、不可分割的。

然而人们对物质本原这一命题的思考和探索从没停止过,随着科学曙光的初现,一切以伟人思想为典范的时代结束了,人类对物质世界的认识转而以实验事实为依据。到17世纪,对微观世界的科学探索终于开启对原子的再认识,而历经两千多年的古希腊哲人的这一伟大思想——原子学说,则幸运地成为人类最早的科学预言。

科学实验——揭秘物质世界的利器

在微观物质世界探索的道路上,每一次认识的深入都因循"观察—实验—推理—检验"这样一个路径,实验既是探索的起点,也是最后的裁判者。然而在这过程中"经验"的重要性举足轻重,换句话说也就是遵循的范例。

中世纪的炼金术也是一种实验,但这种实验的结果最终是一无所成。为什么同样是实验,科学实验却成果卓著呢?这种差别的根本原因即在于所遵循的范例不同。前者是以一个轻视实验、也从来不会做任何试验的亚里士多德为楷模,以他的思想理论为指导,对实验方法没有任何规范和有益的帮助,对实验路径模糊不清也提供不了丝毫线索,一切任由人的主观想象,这样实验的结果可想而知。后者不仅注重实验规范,而且有先行者的言传身教,任何新思想、新的实验方法都必须经过实验事实的检验,这是在科学理念指导下的规范的科学实验,因而最终每一个实验都经得起事实严苛的评判。

否定之否定——科学发展的轨迹

然而,通往认识微观物质世界的道路从来就不是平坦的。自从伽利略把自己发明的望远镜指向太空,科学对宗教的批判就不可避免。在科学体系内部,也是怀疑批判不断,正是由于不断的自我否定,通过一次次科学革命达到自我完善,才形成今天这样一个系统庞大的高度科学化的知识体系。

17 世纪以后,在德谟克利特的原子概念基础上,牛顿从力学的角度提出物质结构微粒说。此后,道尔顿于 1803 年提出原子学说。这些学说的基础都是建立在具有质量的坚硬微粒上。19 世纪末物质观上升到漩涡形的原子领域。这些在 20 世纪之前关于物质结构的认识都只是观念性的,其后展开的才是对物质本质的认识。

1897 年,人类发现了第一个基本粒子——电子。自此以后,探索微观物质世界进入一个加速期。1900 年,普朗克(Planck)提出量子假说,引发人们对物质与能量关系之间的思考,同时也让人们看清了物质的原子本质。行星轨道原子模型存在的瑕疵愈发明显,如果电子围绕着原子核而运动,就像行星围绕着太阳运行一样,它们就应该放射出有一定波长的辐射,能量就应该随着波长的缩短按可计算的方式增加。但是,事实并不是这样。为了解释这个事实,普朗克只能假定辐射是按确定的单位,即量子,而射出或吸收的,每一个量子都是有一定量的"作用"的,这个量相当于能量乘以时间。

　　量子论诞生揭开了近代科学史上最大的一场科学革命。几乎与量子论诞生的同时，爱因斯坦提出了狭义相对论，动摇了自牛顿以来一直根深蒂固的绝对时空观。1913 年，玻尔（Bohr）沿着量子论的方向把卢瑟福关于原子的看法加以发展，假定氢原子中的单个电子只能在四个确定的轨道上运行，只有当它从一个轨道突然跳到另一个轨道上的时刻，它才能产生辐射，由此提出了原子光谱理论，建立了现代意义上的原子模型。但是，在解释氢元素光谱中的某些比较细的谱线时，这一理论却失败了。1926 年，海森堡（Heisenberg）指出，任何关于电子轨道的学说，都没有事实根据。我们研究原子时，只能观察什么进去，什么出来——辐射、电子，有时还有放射性的粒子等；至于别的时候发生什么情况，我们是不知道的。不确定性原理由此诞生，海森堡用微分方程式来表达他的原子结构学说。

　　测不准原理出现似乎也对科学上一贯的决定论态度发起挑战。人们总是假设现象可以无限地分割，经典科学也总是无比自信能够通过测量将这些分割的现象逐个分析，然后按照自己的逻辑进行抽象推理，并想当然地认为这些推理的结论是必然的，同时测量本身和所考察的客体之间的相互作用带来的影响总是可以补偿的或可以忽略的。这些在经典科学中的普遍原则，在量子学中不再成立，仪器和考察对象相互作用不能分裂开来加以说明。经典科学根深蒂固的决定论烙印随着测不准原理到来而面临土崩瓦解。

　　当微观物质世界的框架刚刚构建好，反物质的构想便初露睨端。1929 年，狄拉克大胆猜想与物质粒子相对立，应存在反物质粒子。很快，在 1932 年美国物理学家卡尔·安德森在实验中发现了反电子，随后又发现了反质子和反中子，由此延伸出反物质的概念。2010 年 11 月 17 日，欧洲核子研究中心研究人员首次成功"抓住"微量反物质。2011 年 6 月 5 日，他们又宣布已成功抓住反氢原子超过 16 分钟。

　　应该说正是靠着怀疑和批判，人类在探索微观物质世界的道路上越走越远。怀疑和批判是科学的根本要求，批判的结果必然走向自己的反面，这就是科学的开放性。那么，留下来的还有什么能保持不变？也许只有科学探索的精神，它是人类一切进步的源泉和支撑点。

科学探索——重要的是过程

探索微观世界发端自古希腊,与近代科学相伴而生,又随着现代科学的逐步深入,不断向原子、基本粒子等更深的微观物质领域延展。在这条道路上,前人坚韧不拔、顽强探索,以巧夺天工的智慧和非凡的创造力构筑起一座宏伟的科学大厦,这样一座大厦是现代物质文明的基石,也铸就了人类不屈不挠、奋发向上的精神柱石。

然而,科学探索往往不是对设定结果的刻意追求,它的成果常常出乎人的意料,这样的事例在探索微观物质世界的道路上俯拾皆是。X射线的偶然发现便是最好的明证。

1895年,伦琴在气体放电实验中发现X射线这种神秘的射线,正是这一偶然发现产生了一系列意想不到的伟大成果。电子紧随其后被发现,放射性也由此被人们认识,更重要的是原子世界的大门豁然打开。

1912年,劳厄设计了一个证实X射线波动性的试验,正是这个实验叩开了原子世界的大门,不仅打消了人们对原子真实性的最后一丝怀疑,而且从此以后人们可以方便地利用X射线衍射将物质的原子构造清晰地呈现在人们面前。

受劳厄实验的启发,德布罗意(de Broglie)大胆提出物质波的概念,并用电子代替X射线进行晶体衍射,随着1927年晶体电子衍射实验的成功实现,物质波的概念得到确立,新量子理论的序幕揭开了。薛定谔(Schrodinger)根据德布罗意的波动力学,提出电子既具有微粒特性又具有波动特性的新学说。薛定谔的方程式同海森堡的方程式完全一样,从数学上来说,量子以及测不准的微粒和微波的方程式变成难以想象的一些概念,很难构成一个物理模型。在过去的历史中科学家总是成功地通过数学方程把物理现象简单化,然而至此,数学似乎已远离让人们容易理解的模型,人们所遇到的基本粒子不是机械的术语所能表达的,要建立可理解的新的原子模型不再那么简单。

20世纪50年代,发现了弱相互作用的宇称不守恒现象。60年代,夸克模型成功建立。60年代末到70年代初,电弱统一理论和量子色动力学相继提出,标准模型正式形成。2012年7月4日,标准模型中的最后一个粒子——希格斯玻色子被发现。

这些辉煌的科学成果无一不是在探索过程中产生的,没有哪个是事先设定好目标而刻意追求的结果。当然不可否认科学预言在指导科学探索中的重要意义,比如劳厄对 X 射线波动性的猜想、德布罗意对物质波动性的猜想以及爱因斯坦的那些著名科学预言,这些科学预言来自对科学的深刻领悟和洞悉,又常常会带来激烈的争论,正是在这种争论过程中,科学进步已悄然发生。

争论——科学自我发展的永动力

在科学前行的脚步声中,总是听得到与之相伴的激烈的争论声。对于严谨、精密的科学体系来说,自纠错和自我完善是它的天然属性,只有争论这根发条能让科学的前进之轮在自我完善之路上永不停歇。一场关于可见光的旷日持久的争论便这样从科学诞生之初就登场了。从某种意义上说,近代物质观的形成离不开对光的本质认识。光的深刻本质是在经历了近 300 年的纷争之后才被认识的,先是惠更斯波动说与牛顿粒子说的争论,以粒子说的胜利而告一段落,并持续了一百多年;再由托马斯·杨(Young)发起新的挑战,并与菲涅尔(Fresnel)携手提出半刚性和物质性以太中的机械波,继而演变成了麦克斯韦的某种未知物质中的电磁波,光以波的性质再次占据一百多年的历史舞台;最终在爱因斯坦的相对论中,光这种自然界最普遍的现象变成了最抽象的科学概念。这种抽象的概念对树立新的物质观带来了不亚于第一颗原子弹爆炸的震动,伴随而来的是作为有质量的坚硬质点的物质消失了,质量和能量可以相互转换,物质在空间中延展、在时间上连绵不断的概念被摧毁了。不论是空间还是时间,都不是绝对的,而只是想象的臆造,质点只不过是时空中的一串事件而已。

一切伟大的发现缘自于精确的测量

在每一次对物质世界深入认识过程中,都有更先进的测量方法和更高精度的仪器相伴而生,而反过来先进的测量方法和测量精度的提高又促进微观探索向更小、更深的世界挺进。从人类磨出第一个镜片,组装出第一台显微镜开始,精确的仪器和测量方法就成为探索微观物质世界的一根柱杖,无论在这条路途上走多远,它都不离不弃、如影随形。借助光学显微镜,人们第一次打开了微观世界的大门,X 射线的发现开启了现代微观物质结构的大门,同时也对光的本质有了更为深入的认识。如果说借助光学显微镜,人们在微米尺度上认识了物质的组成;那么通过 X 射线衍射仪和电子显微镜又在纳米和埃的尺度上认识了物质的原子本质。通过光波、X 射线、电子与物质的相互作用,人们不仅认识到这些射线的电磁波本质,也加深了对物质原子结构的理解,并最终意识到物质波的存在。当把物质的波属性与电磁波相干叠加,人们眼前的这幅物质—电磁波相互作用图豁然清晰,循迹波与物质的相互作用这样一条主线,正是我们历史上走过的探索微观物质世界的路径。

本书围绕探索微观物质世界这条主线,力图还原人类在探索的过程中所历经的重要时刻,让读者领悟近代科学如何在探索物质世界的过程中逐渐发展,通过历史发展的起伏跌宕,感悟科学创造的艰辛,发展过程的曲折。每一次历史的进步,离不开测量方法的精确和提高。因此本书围绕这些测量方法在科学发展的关键节点所起到的至关重要的作用,以及科学巨匠们是如何利用、结合人类各学科知识成果,将它们巧妙地运用到科学实践中的,进而再次为科学进步服务。

本书作为通识课程的教材,希望为学生描绘一幅探索微观物质世界的历史全景图。笔者理解,通识课程应该更注重培养学生完整宽广的眼界,如果说传统大学课程的设置和教学模式多是以培养工程师为目标,倚重的方法主要在课堂教学和书本知识的介绍,通识课程则要肩负培养有创造力的科学家的重任,仅培养学生按图索骥的能力是远远不够的,而是要能够自己动手实践,从实践中找出真理。不仅如此,还应培养学生的科学全局观,只有这样才能让学生对科学具备敏锐的领悟力和深刻的洞察力。因此,本书把科学理论放在历史的背景下讲述,让读者更明白为什么对微观物质世界的探索选择了今天的道路,而非其他别的路线;同时不仅了解科学探索的结果,而是更多地体悟探索过程,了解思想产生的缘由,更加明晰科学探索的方法、范式。为此,本书将分以下五个部分详细介绍:

科学来自梦想——原子观的形成和发展;

争论出真理——光学发展与光学显微镜;

神秘射线引发的科学巨变——精确的晶体结构测量;

深入原子内部——物质波与电子显微镜；

真实的原子——量子化世界与扫描探针显微镜。

科学是一把双刃剑

每个现代人都亲眼目睹、亲身经历今天人类文明的飞速发展，对科学的态度达到近乎膜拜的程度，以至于以为它的力量是无穷的、至高无上的。但是，我们也应清醒地意识到：当急功近利充斥着今天的社会，科学为人类带来的物质上的极大丰富将可能使科学蒙羞，核能原子能、反物质若变为武器，将对整个人类的生存构成毁灭性的威胁。历史和经验向人们证明：科学是悬在全人类头上的危险的达摩克利斯之剑，如果背离伦理和道德，不论它有多么伟大和神奇的力量，终将变成人类为自己掘墓的工具。

探索物质世界的道路是无止境的

历史告诉人们：科学革命会不断来临，这种革命就是新的思潮摧毁旧观念的过程。从某种意义上说，科学就是一种信念而已。古希腊哲人提出原子概念，却未当作信念坚持，以致随后被人们遗忘千年；当道尔顿再提原子时，把它作为坚定的科学信念始终固守坚持，于是渐渐被同时代的其他科学家接受认同，原子科学理论由之诞生。历史上的某一时期，当一些科学家用专门的术语来表述某些东西愈来愈多的时候，人们就开始产生一种信念，以为对于一切存在都可以用这个方法完全加以解释。这时人们往往信心百倍，产生科学无所不能、文明发展达到顶峰的幻觉，19 世纪末的情形就是这样。但事实上一切科学的根本概念都是人类心灵所形成的一些抽象思维，目的在于给表面上一团混乱的现象带来秩序和简单性，这种抽象思维随着科学进步很容易时过境迁，每当此时，构筑在这些概念之上的信念也就动摇瓦解，新的科学革命也随之而来。

科学一向以"实在"自居，大多数科学家认为他们所处理的就是这世界最本质的实在。而事实上，科学不过是从一些抽象概念出发，想要通过分析和抽象的推理走向实在，结果往往只能得到实在的几个不同方面，形象地说是用简单化了的线条勾勒出的一幅"实在"速写画，而非实在自身。正是这种背离，让科学永无止境地追求实在，人类探索微观物质世界又何尝不是如此呢！

目 录

第1章
科学来自梦想
——原子观的形成和发展

> 这是我一生中碰到的最不可思议的事情。就好像你用一颗 15 英寸大炮去轰击一张纸而你竟被反弹回的炮弹击中一样。
>
> ——卢瑟福

自从人类的大脑开始产生意识的那一时刻起,就会对人来自哪里,我们周围的世界是什么,以及如何产生等等问题充满了好奇和思索。远古时期人类以神话传说的方式给出答案,古代哲学家、思想家以思辨、猜测和预言解除大众的疑惑,而宗教神学则以不容置疑、简单武断的方式使信徒坚信这是上帝、天神无所不能的创造。随着近代科学的产生和发展,这些问题最终才有了最为真实可靠的答案。今天,"我们所生存的世界是由物质组成的"这一事实已众所周知,接下来的问题将会是"物质又是什么呢?"狭义地讲,物质是构成宇宙万物的实物、场等客观事物;是能量的一种聚集形式。自然界中的空气、水,人们吃的食品和穿的衣物,使用的燃料(如煤、石油),各种金属(如铜、铝和钢铁),人工合成的各种纤维、塑料,以及各类能量波(如光、热)和场(电力、引力、磁力),这些都是物质。广义地讲,物质就是存在,我们周围世界所有的客观存在都是物质。一句话来说物质就是时空中存在的任何东西。

如今人们有关物质的概念虽然非常简单,但其内涵却异常深刻,而这个概念的形成过程则花费了人类两千多年的时间,是在长期的生产实践活动基础上逐渐完善起来的。因此,回顾历史、溯本求源将使我们更好地掌握

"物质"的本质。

1.1 古希腊哲人对世界本原的猜想

自人类创造工具以来,便开始了对物质的探索和不断认识的过程。世界上不同地域的民族、种群绝大多数经历了石器、铜器和铁器时期,尽管进入这些时期的先后年代不同,但人类社会早期的发展都毫无例外地有赖于对上述这些物质的认识程度。与此同时,一些有思想的人开始对物质的本质进行抽象思考,抛开形形色色的外表,寻求它们内在的根本联系,他们对世界本源的思考进而引起对微观物质世界构建模型的尝试,在这方面最早涉足的似乎是古希腊人。这种思考和探究精神成为后世人类对科学探索的根本动力。

人们很早就认识到物体在空间是占有一定体积的,空间既然可以无限小地分割下去,那么很快便会产生这样一个疑问:物质是否也可以无限分割呢? 早在古希腊时期,哲学家就着手解决这个疑问,而古代原子学说正是基于这一思索由学者德谟克利特(Democritus)建立起来。在德谟克利特生活的时代,希腊人特别注重推理。爱奥尼亚的哲学家以为物质的变化是从土与水开始的,经过动植物的躯干和枝茎,再回到土与水,由此产生了物质不灭的观念。从泰勒斯起,哲学家们推想:物体尽管外表有明显差别,但可能是由单一"元素"构成的,即万物共同的基础是土、水、空气或火。这就是当时希腊盛行的著名的四元素说。

对于物体的可分割性,毕达哥拉斯派认为万物都由整数组成;但芝诺(Zeno)提出一个整数必然能被分到无穷的,所以整数自身也必然是无穷,这样看来事物是可以被无穷地分割的;当然他也承认如果事物可以无限制地分割,那么,这种观念是同经验不符的。

的确如此,如果无限分割下去,土还是土,水还是水吗? 物质在被分割又分割之后,它的特性依然会保持不变吗? 生活在公元前5世纪古希腊的哲学家留基伯(Leucippus)认为应该有比四种元素更简单的物质基本单元,这在某种程度上与毕达哥拉斯派的理论吻合,后者认为物质的终极是同整数的法则相符合的某种实在单元。留基伯提出世界万物是由最小的、坚硬的、不可分的物质微粒构成的，它们既不能创生，也不能毁灭，相互间存在着虚空，他称这种微粒为"原子"(atom)，希腊语原意即"不可分割"的意思。原子是在无限的虚空中运动着构成万物，至于原子的性质是否保持与原来物质一致，并未得到明确阐述。

图 1-1　德谟克利特

留基伯的学生德谟克利特继续发展原子概念，认为：原子在性质上相同，在数量上是无限的，在形式上是多样的。这实际上否认了原子仍然保持原来物质的特性，同今天的原子概念是相背离的。他还认为：原子总在不断运动，任何形式变化都是这种运动引起的结合和分离；一切物体的不同，都是由于构成它们的原子在数量、形状和排列上的不同造成的，无数的原子在空间中不断运动、互相碰撞而形成世界以及其中的事物；不仅日、月、星辰是由原子构成的，甚至人的灵魂也是由原子构成的。

德谟克利特的原子学说肯定了世界的物质属性，比较深刻地描述了物质结构，对自然界的本质作了大胆而有创造性的臆测，提出了物质的运动属性，为后来原子科学的发展奠定了基石。这个学说在当时来看，解释了已知的一切有关事实——蒸发、凝聚、运动和新物质的生长。但是它回避了原子之下的构成单元又是什么的问题，事实上是否认了物质无限可分这个最初的疑问。

今天我们知道，原子非常小，即使借助一般的电子显微镜也不一定看得清楚。那么早在两千多年前的古希腊人，又是如何想象出肉眼无法看到的物质的呢？古希腊人推崇逻辑推理，喜欢用看起来比较简单的方式来求得对事物的合理解释，物质的原子学说正是体现了他们的这些思维特性，而且后世的人类科学在思想方法上也继承了这些特性。无论如何，虽然那时的原子概念只是一种哲学上的预言和推测，而不是建立在实验事实上的科学理论，但与现代科学中的原子论有惊人的相似之处，究其原因正是由于一脉相承的思维方式。预言在科学发展中的作用毋庸置疑，原子预言在两千多年前便被提出，真可以说是人类历史上最早的、历时最悠久的一项科学预言。

1.2 古代东方哲学的物质观

在古代东方,印度的佛教哲学也提出了自己的物质观。"顺世论"就提出:世界的基础是物质,运动是由物质内因造成的;其中的"数论派"又认为:世间万物是由统一的原始物质发展而来,并在发展中形成地、水、火、风、空五大物质元素,进而错综复杂地配合起来形成世界上的一切;"胜论派"发展了五元素,提出了五种元素是由大小相等、永恒存在、极其微小的单体——"原子"构成的;而且进一步延伸,把类似原子这种间断性的观念推广到时间中去,仿佛时间也可以被分解为像原子那样的瞬间。

中国古代对物质的基本认识可以归为"五行学说",即构成宇宙万物的是金、木、水、火、土。早在周朝的《国语》中就有"以土与金木水火杂,以成万物"的五行说记载。对更微观的物质认识,主要是道家的"阴阳理论"。《道德经》四十章有:"天下万物生于有,有生于无。……道生一,一生二,二生三,三生万物。万物负阴而抱阳,冲气以为和"。五行说与古希腊的四大元素、印度的五元素说有某种程度的相似,五行相生相克既代表着物质形式的变换也意味着万物之间的相互联系,而且这种联系是循环往复的,3 种学说在强调元素或物质形态之间的相互转变方面是一致的;但是五行说更为抽象,比如:五行相生相克首先是假定每一具体事物或物体具有五行之一的特性,而非五行之一的元素构成,然后按照相生相克规律发生事物之间的作用,至于作用程度则没有精确的量化标准。而道家的物质观则与原子论有某些相似,如:万物组成按照"搭积木"的方式"一生二,二生三,三生万物",比"原子论"更向前跨出一步的是指出:"有生于无","阴"、"阳"既对立又融合。这和现代科学发现的"电子"、"质子"电性相反又相容组成中性原子何其相似。而今天科学探索的最前端也正是面临"物质如何从无到有"这样一个根本问题,比如"希格斯玻色子"的证实将可以解答物质质量的"从无到有"。

与中国阴阳相消相长的理论相似,西西里的哲学家恩培多克勒(Empedocles)在四元素说基础上加入了相引力和相斥力两个对立的神力,两个神力以各种不同的比例结合起来在整个宇宙中影响四种元素。而阴阳理论的"有生于无"则强调了物质的创生。这些预言、推测在今天看来虽与当今科学的某些观念不谋而合，但由于中国古代自春秋百家争鸣之后对逻辑推理的忽视，终究没能将走上科学的道路。所以，先进的理念并非总是天然地导致先进的社会生产力。

"上帝粒子"

2012 年 7 月 4 日，欧洲核子研究中心宣布，该中心的两个强子对撞实验项目——ATLAS（超环面仪器）和 CMS（紧凑 μ 子线圈）均发现一种新的粒子，具有和科学家们多年以来一直寻找的"希格斯玻色子"相一致的特性。那么什么是"希格斯玻色子"呢？

希格斯玻色子是粒子物理学的标准模型所预言的一种基本粒子。20 世纪 60 年代英国物理学家希格斯（P. W. Higgs）针对基本粒子有些有质量，有些没有质量提出"希格斯机制"。根据这一机制，遍布于宇宙的希格斯场彼此相互作用而使有些基本粒子获得质量，同时也会出现副产品"希格斯玻色子"。

图 1-2 P.W.希格斯

希格斯玻色子被认为是整个标准模型的基石。标准模型中共预言了 61 种基本粒子，希格斯玻色子是最后一种未被实验证实的粒子 。在它被预言之前，标准模型有一个致命缺陷——它所演绎出的世界里没有质量。只有证实这种粒子的存在，标准模型才得以自圆其说。由此可见，希格斯玻色子 对于基本粒子的基础性质何其重要，所以又被大众传媒谑称为"上帝粒子 "。

标准模型明确指出，希格斯玻色子的存在很难证实。希格斯玻色子是一种具有质量的玻色子，没有自旋，不带电荷，非常不稳定，在生成后会立刻衰变。与其他粒子相比较，制造希格斯玻色子需要极大的碰撞能量，必须建造超级粒子加速器以提供这样大的能量。尽管如此，每一次碰撞产生希格斯玻色子的可能性非常低。即使希格斯玻色子被制成，它也会迅速衰变成别的粒子，从而难以检测到，只能靠着辨认与分析衰变后的产物来推断它们

大概是从希格斯玻色子生成。此外,很多其他粒子衰变也会显示出类似的
迹象,这使得寻找希格斯玻色子有如大海捞针。只有依靠先进的超级粒子
加速器与精准的侦测器,才可从数之不尽的粒子碰撞事件中获得希格斯玻
色子的蛛丝马迹,然后再进一步分析、计算希格斯玻色子存在的可能性,排
除偶发事件产生的虚假结果。

　　欧洲核子研究中心 2012 年 7 月 4 日的数据统计显著性为 5 个标准差,7
月 31 日的侦测结果提高到 5.8 个标准差(紧凑 μ 子线圈)和 5.9 个标准差
(超环面仪器),这一结果 达到理论物理界可以确认"发现"的水平,他们于
2013 年 3 月 14 日正式确认希格斯玻色子的发现(见图 1-3)。

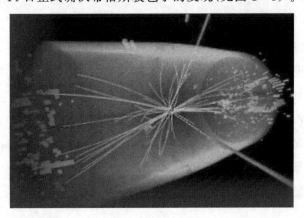

图 1-3　电脑模拟的希格斯玻色子出现事件

1.3　被扼杀的原子

　　德谟克利特之后,伊壁鸠鲁(Epicurus)采纳了原子说,并且在雅典讲授
原子说,作为他全面的伦理、心理和物理哲学的一部分。这个学说二百年后
又在罗马诗人卢克莱修(Lucretius)的诗篇中被提了出来。从今天科学的观
点来看,德谟克利特的原子论要比它以前或以后的任何学说都更接近于现
代物质构成观点。但是,在柏拉图和亚里士多德的无情批判下,特别是这种
原子论内在的朴素唯物论与宗教神学之间的对立,使其在中世纪被彻底摧
毁了。科学精神从地球上绝迹长达 1 000 年之久,各种形式的柏拉图主义成
为希腊思想的主要代表,影响着整个西方世界。

亚里士多德的思想可以溯源到苏格拉底。苏格拉底是个心灵至上者，主张心灵能领悟真正的"形式"或理想，感官对象只不过是有接近这种"形式"的倾向而已。他的门徒柏拉图进一步将他的唯心主义思想向前推进，认为宇宙是一个有形体、有灵魂、有理性的活着的有机体；他严厉地非难实验、鄙视机械技术；认为在心灵把握住物质的本质之前，它们是没有实在的。原子论者则认为实在在于物质，而不在于心灵，他们怀疑感官是否能够向我们提供外部世界的信息。柏拉图与原子论者的对立是不可调和的。

图 1-4　亚里士多德

亚里士多德是古代知识的集大成者。作为柏拉图的学生，他完全继承了老师的唯心理念，把物质和运动拟人化，认为一切物体都会在自发引导下走向其天然的归宿，运动正是物质的这种内在本能的体现。

他在《物理学》中讨论了物质与形式、运动、时间和空间，认为要使一个物体运动不已，需要有一个不断起作用的原因；在《论天》一书他中开始讨论物质和可毁灭的东西，并进而讨论了这个"发生和毁灭"的过程，在冷和热、湿和燥两两相互对立的原则作用下，产生了火、气、土、水 4 种元素，并在此基础上，他又提出了第五种元素"以太"。

亚里士多德在生物学方面的成功远远超出了他在其他科学方面的成就。基于他对生命有机体不可分割性的看法，他认为同样有意识的无机物质应该是连续、不可分割的。为此，他对原子哲学进行了不遗余力的抨击。尽管没有确定的事实可以证实他的见解，他竟然能使他的观点得到普遍的认同。

亚里士多德拒绝了原子说的一切有关的概念，其中的核心是不承认有空无所有的空间。他的批判方法十分奏效。例如在对落体问题的论点中，德谟克利特认为：在真空中，重的原子会比轻的原子降落得快些。亚里士多德却认为在真空中，物体降落时必定一样快，但是他又认为，这样一个结论是不可想象的，因此决不可能有真空。

亚里士多德在形而上学方面，没有他的老师柏拉图那么深入，但在科学细节问题上要比后者的知识广。亚里士多德之后,数百年间从来没有一个人对知识有过像他那样系统的考察和全面的把握,因此他在科学史上占有很高的地位。而原子思想由于缺乏实验事实的支持,加之亚里士多德的无情批判,一直被束之高阁。在对自然界的认识方面,中世纪的知识界没有取得更可观的成绩,主要任务就是以亚里士多德的著作为经典,尽量吸收他的研究成果,领悟并重新发现他的原意,然后写些注释和摄要。因而,在欧洲文艺复兴以前,亚里士多德的思想一直影响人类哲学的各个角落,而原子学说直到 17 世纪随着近代科学的到来,才又被人想起。

1.4   梦想催生炼金术

亚里士多德研究的领域几乎涉及当今科学的所有学科,包括哲学、物理学、生物学、天文学、心理学、逻辑学、艺术美学等,对中世纪西方社会的影响之大难以想象。在这种强大思想的笼罩下,炼金术士开始了他们的"追梦"之旅。

从炼金术诞生之初,"把贱金属变为黄金"和"炼成能治一切疾病的 仙丹"便是其两大根本目标。公元 3 世纪之前,炼金术士受到柏拉图一元论的唯心主义影响,认为万物都是有生命的,并且力求提高自己,金属也是如此。不怕火炼的黄金是所有金属的最高境界和灵魂,任何金属都力求提高自己,因此,变成黄金是它们的理想。如果在一种"贱"金属中加入少量黄金的话,就可以克服其下贱性,使之具有黄金的灵魂。

此后,炼金术在罗马被禁止,但却在阿拉伯复活。在中世纪,阿拉伯人不仅发展炼金术,而且衍生出早期的化学。他们继承和发展了毕达哥拉斯的理论,不再从物质中去寻找基本元素,转而从原质或特质中去寻找,并相信基本的原质是硫(即火),汞(即水)和盐(即固体)。在中世纪后期这个理论与阿拉伯的其他学术同时传回到欧洲。

以这些理论为依据,炼金术的最终下场可想而知。传说一个非常有名气的炼金术士,有一天被国王请到了王宫。国王问术士:"你真能把铅炼成金么?""当然,就像铜和锌可以炼成青铜。但是我需要一个专门的屋子炼金子,除我之外别人不能入内,还需要几个炉子,原料除了铅以外还需要玉石。"术士回答。"为什么需要玉石呢?"国王问。"玉石是圣人的石头,它可以将黄金的高贵灵魂赋予铅,这样铅就变成黄金了。"听了术士的回答,国王命令术士赶快开工。第一天结束后,国王派人去看,没看到一点金子,术士说:金子需要按照宇宙的规律煅烧几天才能炼成。过了几天,国王亲自去看,只看到黑乎乎的坩埚里面似乎星星点点有些金属闪烁,国王很生气,问为什么只有这么一点点金子,术士马上说需要更大的房子、炉子和玉石。国王满腹狐疑,问:"你为什么不让别人进你的屋子?""因为炼金术是一个秘密。"术士回答。"你从哪里学的炼金术? 你的老师是谁?""国王,很抱歉! 这也是个秘密。"如果再追问一句"什么不是秘密?"他可能仍然说:"这还是一个秘密。"所以"秘密"成了炼金术士的保护伞,而实际上他们所做的一切工作不过是吹牛而已。

西方在中世纪这 1000 年里,炼金术士以"秘密"为借口不仅自己不去做工作,而且还阻止其他人进行更多的探索。他们保守秘密,不与人分享,这些吹牛的人在中世纪的黑暗制度下如鱼得水,因为这个时代排斥好质疑的人。尽管他们中的个别人成为后来"化学"学科的引领者,但他们是以不做任何实验的亚里士多德为范例,所以,在历史上终究对科学进步只起到非常有限的作用。

在东方,尽管很早就出现类似的炼丹术士,但他们更偏爱追求长生不老的仙丹。这些术士大多是皇家御用的,他们只需满足皇帝一人的喜好,因为皇家雄厚无比的财富和实力,使得皇帝们不用再追求"延年益寿"以外的其他东西。炼丹术士们可以说是中国历史上最早的实验家,但他们以虚无缥缈的天上神仙为范例,最终收获的只能是不着边际的幻想和空谈,同西方的炼金术士相似,历史上许多炼丹术士甚至是那些深受皇帝信任的最后都被证明是骗子。这些术士的追求随世代更迭,始终以皇帝的个人喜好为转移,这就不难理解为什么这些术士在中国没有脱颖而出成为科学先驱并最终引领中国走上科学道路。

不管"点石成金"或"长生不老"是多么的不切实际,它们确实曾经是炼金和炼丹术士疯狂的梦想,激发了他们无限的工作热情。在这种财富欲望刺激下,这些术士们的某些工作客观上推动了人类社会的进步,特别是在重新审视了古希腊原子学说之后,化学的萌芽甚至是科学的萌生在某种程度上都与之有些联系。在这一过程中,炼金术士培养起对自然的严谨观察和理性思维,完成向化学家的转变,而这正是对化学的诞生和早期发展起真正作用的因素,并成为日后科学的根本性基础。

1.5   再度复活的原子

随着重球实验两球的同时落地,近代科学在欧洲徐徐拉开了序幕。在文艺复兴早期,自然科学还只是哲学的一个分支,而此刻,它已开始找到自己的观察和实验方法,并结合数学分析,不仅定性而且从数量上对每个现象加以描述表达。当这种现象与数学分析能达到一致时,就被看作科学的解释,两者的和谐也代表着哲学完美的境界。

在伽利略时代,原子学说在哲学上再度复活。他关于物质的看法也倾向于原子说,并且相当详细地讨论了原子在数目、重量、形状和速度方面的差别,以及如何造成味道、气味或声音方面的差别。在伽利略看来,这些特性是原子的排列或运动引起的,而原子的排列或运动本身又服从于不变的数学上的必然性。今天看来,尽管这段关于气味或声音的原子式解释是不能完全站得住脚的,但这件事本身表明伽利略已经接受了原子说的一般概念。

而起到关键作用的是法国哲学家伽桑狄(Gassendi),他重新提出伊壁鸠鲁的原子理论,并于 1650 年在意大利物理学家用实验证明真空可以存在之后,指出原子正是在这种真空中运动。他用原子的形状和大小说明物质的各种性质:如热是由微小的圆形原子引起的;冷是带有锋厉棱角的角锥形原子产生的,所以严寒使人产生刺痛感等等。

受到伽桑狄的影响,波义尔(Robert Boyle)也重新认识到原子说的重要性。他是一位 8 岁便通晓希腊语和拉丁语的天才少年,从学习伽利略的著作中领悟到经验性观察对实验科学的重要性,凭借精湛的仪器和实验装置制作技能,完成了汞和温度计的制作,并由此成为气体化学的先驱。在科学史上,他最大的功绩是抛弃了亚里士多德的四"元素"旧观念,提出了直到今天还适用的元素定义:"可以把凝结物所提供或组成凝结物的那些互相截然有别的物质,叫做这些凝结物的元素或原质"。他的化学实验使他相信自然界的某些化学物质更基本,这些细小密集、用物理方法不可分割的粒子结合在一起,构成更大的粒子团。1661 年,他的著作《怀疑的化学家》正式出版,宣称这些基本物质是参加化学反应的基本单位,其大小和形状决定物质的物理性质。

　　作为一代科学巨匠的牛顿(Isaac Newton) 承认了原子说,使它得到正统的地位。虽然那时原子论还不能达到精确与定量的形式,牛顿从力学的角度发展了物质构造和微粒说。他认为:物质是由一些很小的微粒组成的,这些微粒通过某种力彼此吸引,当微粒直接接触时这种力特别强;微粒间距小时,这种力可以使它们进行化学反应;间距较大时,这种力则失去作用。牛顿所提到的微粒,实际上就是今天所说的原子,物体由无数的原子相互堆积组成。牛顿基于其统一的物质观而对物质结构作出了科学的预见,对人类的微观世界探索起到了巨大的推动作用,对后来道尔顿的原子论思想产生了很大影响。

1.6　从炼金术到科学原子论

　　近代原子论是建立在定量化学的基础上,而化学真正从炼金术中脱胎而出是在 16 世纪,此时炼金家逐渐能够明确地对化学制备过程进行描述。正像前文所介绍的,历史上大多数的炼金术士是以失败告终,而且会用一大堆神秘字眼来掩盖他们的失败。但也的确有那么一二个例外,对人类化学的进步做出了一些贡献,磷的戏剧性发现就是一例。据说,1669 年德国汉堡一位叫布朗特的人看到尿的颜色与黄金的相同,滑稽地认为从尿中可以提炼黄金,但在强热蒸发人尿的过程中,他没有制得黄金,却意外地得到一种像白蜡一样的物质,在黑暗的小屋里闪闪发光。这种新发现的物质就是磷,它是人们从有机体中取得的第一个元素。此后经过两百年的发展,到 19 世纪初,通过大量的实验和获得的结果,定量化学变得较为成熟了。

1.6.1　科学原子论诞生

　　波义耳和牛顿之后，原子说又在长时间内被搁置。19 世纪初，为了解释化学变化上的定量事实，同时也为了进一步明晰 固、液、气三态的物理性质，它又被人重新提出。

　　约翰·道尔顿(J. Dalton)是英国一个手织工的儿子，从 21 岁开始，坚持业余从事气象学研究长达 57 年之久，对大气的成分和性质做了细致的考察，研究了有关蒸气压、混合气体分压、气体扩散等问题。对气体的长期研究，为他日后提出原子论积累了大量的资料和经验。

　　作为一个贫苦织布工的儿子，道尔顿凭借艰苦自学登上当时的世界科学顶峰，他对自己的成功是这样总结的：如果说我比我周围的人获得更多的成就的话，我可以说，几乎单纯地是由于不懈的努力。这正是许多有成就的科学家的写照，他们之所以比别人获得更多的成就，主要是他们对摆在面前的问题比起一般人能够更加专注和坚持地进行研究，而不是由于天赋比别人高多少。

　　在长期研究中，道尔顿注意到：由两种或两种以上的成分混合而成的气体，会变成一种均匀的气体。1803 年，他发现如果对任何气体进行加热，气体的体积或气压就会增大和升高；如果设法使气体降温，又发现气体的体积减小并且气压降低。对这些现象，他曾认真思考，试图解释其原因。

图 1-5　约翰·道尔顿
(J. Dalton, 1766-1844 年)

　　气体遇热膨胀的现象其实早在道尔顿发现之前，就于 1787 年被法国人查理发现，同时，查理提出了气体体积随温度升高而膨胀的定律。道尔顿更进一步采用原子的概念对这一现象进行解释：气体微粒受热的作用产生排斥力，所以膨胀。他把这种微粒称为原子，并对原子进行了形象的描绘：物质的原子乃是在气体状态时被热围绕的质点或核心。气体的原子有一个处于中心的硬核，周围被一层"热氛"所笼罩，由于热氛的存在，因而相互产生排斥力。当温度越高时，这种所谓的"热氛"就越多,相互间的排斥力则越大。

道尔顿认为:同一物质的原子,它们各自的形状、大小、重量一定是相同的;不同物质的原子,其形状、大小及重量必不相同。他曾推想:不同气体的原子的大小必然各异。如果将一体积氮与一体积氧进行化合,则会生成二体积的氧化氮,这二体积的氧化氮的数目一定不能多于一体积氮或氧的原子数。因此,氧化氮的原子一定比氧、氮的原子大。他进一步用这种假说解释一种气体扩散于他种气体中的理由以及混合气体的压力问题,并提出:同一化学物质的原子相互排斥。据此,道尔顿对分压定律解释道:当两种有弹性的流体混合在一起时,同一种微粒相互排斥,但并不排斥另一种微粒,因此,加在一个微粒上的压力,完全来自于它相同的微粒。

道尔顿进一步考虑到对各种原子的相对质量进行测量的问题,虽然他进行了许多研究工作,但是依据当时的水平所测得的原子量是很不准确的,甚至无法计算各种元素的原子量,因而他不得不作了一些大胆的猜测和假设。他首先为复杂原子进行命名:二元化合物、三元化合物和四元化合物,然后确定化合规则。但是,这种化合物组成的规则是没有什么科学依据的,可以说是主观、随意和武断之举。

1803 年 10 月 18 日,道尔顿在曼彻斯特的学会上第一次宣读了他的有关原子论的论文。论文中阐述了如下几个原子论的要点:

(1)元素的最终组成称为简单原子,它们是不可见的,既不能创造,也不能毁灭和再分割,它们在一切化学变化中本性不变。

(2)同一元素的原子,其形状、质量及性质是相同的;不同元素的原子则不同。每一种元素以其原子的质量为其最基本的特征(此点乃是道尔顿原子论的核心)。

(3)不同元素的原子以简单数目的比例相结合,形成化合物。化合物的原子称为复杂原子,其质量为所含各元素原子质量的总和。同一种复杂原子,其形状、质量及性质也必然相同。

道尔顿原子论所提出的新概念和新思想,很快成为化学家们解决实际问题的重要理论。它清晰地解释了当时正被运用的定比定律、当量定律。同时,这一理论使众多的化学现象得到了统一的解释。特别是原子量的引入,原子质量是化学元素基本特征的思想,引导着化学家把定量研究与定性研究结合起来,从而把化学研究提高到一个新的水平。当然,道尔顿的新原子论也包含着当时难免的错误,但这丝毫没有降低他的历史地位,从整个科学史上来看,近代原子论的建立揭开了现代微观物质探索的新篇章。

1.6.2   科学的严密性——分子论的诞生

科学的进步并不总是按部就班的。在今天看来,原子论一步跨过了分子这个层次,势必引起当时科学界的一些混乱。在道尔顿提出原子论之时,化学家尽管采用多种方法测定各元素的原子量,但是化合物的原子组成都难以准确确定,所以原子量的测定非常困难,数据一片混乱、难以统一。这样,直接用道尔顿的化合规则解释所有的实验事实,引起一时纷争也不足为怪了。

盖·吕萨克(Gay-Lussac)是法国一名技艺高超的化学实验家,他对道尔顿的原子论很是赞赏。当时他正在研究各种气体在化学反应中体积变化的关系,发现同一反应的各种气体,在同温同压下,其体积成简单的整数比,即符合气体化合体积实验定律或盖·吕萨克定律。于是他将自己的化学实验结果与原子论相对照,发现自己的实验结果支持了原子论关于化学反应中各种原子以简单数目相结合的观点,于是他提出了一个新的假说:在同温同压下,相同体积的不同气体含有相同数目的原子。

出乎盖·吕萨克的意料的是,道尔顿公开表示反对这一假说,因为后者认为不同元素的原子大小不会一样,其质量也不一样,因而相同体积的不同气体不可能含有相同数目的原子。一个有力的实验证据是:一体积氧气和一体积氮气化合生成两体积的一氧化氮($O_2 + N_2 \rightarrow 2NO$)。如果按盖·吕萨克的假说,$n$ 个氧和 n 个氮原子生成了 $2n$ 个氧化氮复合原子,岂不成了一个氧化氮的复合原子由半个氧原子、半个氮原子结合而成?这显然违反原子论的一个基本前提:原子不能分割。为此道尔顿立即驳斥盖·吕萨克,对他实验的精确性提出怀疑,于是双方展开了学术争论。

这时,意大利的物理学教授阿伏伽德罗(Avogadro)对这场争论产生了浓厚的兴趣。他仔细地考察了盖·吕萨克和道尔顿的气体实验和他们的争执,发现了矛盾的焦点。1811 年他写了一篇题为《原子相对质量的测定方法及原子进入化合物的数目比例的确定》的论文,在文中他首先声明自己的观点来源于盖·吕萨克的气体实验事实,接着他明确地提出了"分子"的概念,认为单质或化合物在游离状态下能独立存在的最小质点称作分子,单质分子由多个原子组成。他修正了盖·吕萨克的假说,提出:"在同温同压下,相同体积的不同气体具有相同数目的分子。"正是这"原子"到"分子"的一字之改,道尔顿的原子概念与实验事实之间的矛盾得到了解决。从中可见科学概念常常是需要不断修正和完善的,其中缜密的推理、严谨的态度是最为重要的,对科学概念的定义必须一丝不苟。

分子论的出现可以说是一次理论和实践紧密结合的典范。正如阿伏伽德罗自己所说:"我们的结果和道尔顿的结果之间有很多相同之点,道尔顿仅仅被一些不全面的看法所束缚。这样的一致性证明我们的假说就是道尔顿体系,只不过我们所做的,是从它与盖·吕萨克所确定的一般事实之间的联系出发,补充了一些精确的方法而已。"将理论放入实践中作进一步检验,它才能更加完善,分子论正是在原子论被气体实验检验的过程中诞生的。

分子论从诞生到被人们所接受并不一帆风顺,在 1811—1860 年这近 50 年的时间里,它一直没有受到科学界的重视。在这期间由于分子论不被认可,原子论也开始受到人们质疑,直到 19 世纪末 20 世纪初,仍有一些科学家对原子论持怀疑态度。

德国著名的物理化学家威廉·奥斯特瓦尔德(Wilhelm Ostwald)就曾公开反对原子论。他质疑没有足够的证据证明物质粒子性,并与当时原子论的支持者玻耳兹曼(Ludwig Boltzmann)和马克斯·普朗克(Max Planck)等人展开长期论战,玻耳兹曼甚至为此于 1906 年自杀。最终,由于采用分子论成功地解释了布朗运动这场论战才以原子论的胜利告终。

早在 1827 年,苏格兰植物学家布朗(R. Brown)就发现花粉及其他悬浮的微小颗粒在水中会不停地作不规则的曲线运动,即布朗运动,但当时并不能很好地解释这一现象。50 年后,德耳索从分子论的观点出发做出这样的解释:这些微小颗粒是受到周围分子的不平衡的碰撞而不停的运动。直到 1905 年,爱因斯坦利用分子和液体中的小悬浮颗粒碰撞假设定量解释了布朗运动,真正找到分子论的直接证据,奥斯特瓦尔德才放弃对原子论的怀疑。分子论的确立使人类更加完善了对微观物质世界的认识,这个历史过程也再次向世人昭示科学探索的每一次进步都充满艰辛。

1.7 原子不是终极

今天我们知道在原子的内部,还有更微小的亚原子粒子:质子、中子和电子;质子和中子下面还有更小的粒子夸克(见图1-6)。原子只是构成元素的最小单元,是物质结构的一个中间层次。就如同积木玩具中的积木块,原子作为基本单元能够组合构成宏观物质。随着19世纪末X射线和电子的相继发现,一场新的科学革命在人类历史上揭开序幕。20世纪就是不断发现基本粒子的世纪,人们在微观物质世界探索的道路上越走越远。

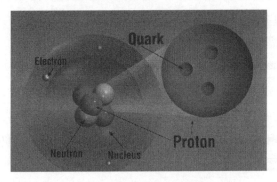

图1-6　原子内部的组成

1.7.1 电子触发的思索

19世纪是电磁学大发展的时代,伏特电池在世纪之初被发明,紧接着是法拉第定律的提出和安培发现电磁定律,随后又是麦克斯韦尔的电磁波理论,19世纪末电子被发现。在对物质的认识领域,整个19世纪就像是一部电、磁和场的交响曲。

1897年,X射线刚刚在两年前的阴极射线管实验中被发现(见第三章),英国物理学家汤姆森(Joseph John Thomson)(见图1-7)对此产生了极大兴趣。阴极射线是1869年希托夫首次观察

图1-7　汤姆森在研究阴极射线

到障碍物置于阴极与玻璃壁间会产生投影而被发现的,1876 年戈尔茨坦将其命名为"阴极射线"。此时,人们已知晓它会在磁场中偏转,也刚刚发现它还会在电场中偏转。汤姆森正是在利用这两种场的偏转作用测量荷质比时发现了电子,并证实阴极射线即阴极材料上释放出的高速电子流,从而计

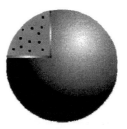

图 1-8　汤姆森的原子模型

算出电子的荷质比。电子的发现标志着人们对原子的认识上升到一个新的层次,由此走上了对"原子结构"的探索历程。

汤姆森本人曾提出"葡萄干布丁"原子模型,电子成为化学变化中的最小微粒。汤姆逊模型认为,正电荷均匀分布在原子中,电子镶嵌在如布丁般松软的原子球体内。原子又好比西瓜(见图 1-8 所示),正电荷如同瓜瓤,电子像瓜籽般分布在其中。

1.7.2　虚空的原子内部

1909 年,英国物理学家卢瑟福作为汤姆逊的助手,在发现 α 和 β 粒子之后,开始着手考察原子的内部结构,目的是证实汤姆逊原子模型的正确性。为了让粒子顺利进入原子内部,试验选择天然放射性物质放射出的 α 粒子(即氦核)轰击金箔。根据汤姆逊模型的计算,α 粒子穿过金箔后偏离原来方向的角度是很小的,因为电子的质量不到 α 粒子的 1/7 400,α 粒子碰到电子,就像飞行着的子弹碰到一粒尘埃一样,运动方向不会发生明显的改变。但当卢瑟福吩咐马斯登在一些意想不到的地方观察时,出乎意料的实验结果出现了:绝大多数(99.9%)α 粒子穿过金箔后仍沿原来的方向前进,但有少数 α 粒子发生了较大的偏转,有的偏转超过 90°,极少数(十万分之一)甚至几乎达到 180°而被反弹回来(实验装置见图 1-9 所示)。

发生 α 粒子的大角度偏转现象是难以想象的,按卢瑟福自己的话讲:"这就好像你向一张薄纸发射一枚 15 英寸的炮弹,而它却反弹回来击中了你一样!"经过两年对实验结果认真的分析,他意识到:只有原子的几乎全部质量和正电荷都集中在原子中心的一个很小的区域,才有可能出现 α 粒子的大角度散射。

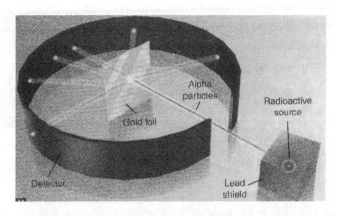

图 1 - 9   卢瑟福的 α 粒子轰击原子实验

卢瑟福(见图 1 - 10)在 1911 年正式提出了原子的核式结构模型,认为在原子的中心有一个既小又重的核,即原子核(nucleus)。原子的几乎全部正电荷的质量都集中在原子核里,这个核小得就像一个足球场中的一颗弹子一样,带负电的电子在核外空间里绕着核旋转。

卢瑟福的最后一个土豆

欧内斯特·卢瑟福被公认为是 20 世纪最伟大的实验物理学家,他对世界的影响极其重要,意义深

图 1 - 10   卢瑟福

远。在放射性和原子结构等方面,他都做出了重大的贡献,他还是研究核物理的第一人等除了在理论上颇有建树外,在应用方面他的发现也十分广泛,如核电站、放射标志物以及运用放射性测定年代等。

1895 年,在农场挖土豆的卢瑟福收到了英国剑桥大学发来的通知书,通知他已被录取为伦敦国际博览会的奖学金学生。卢瑟福接到通知书后扔掉挖土豆的锄头喊道:“这是我挖的最后一个土豆啦!”放下最后一个土豆,卢瑟福毅然决然地走上了科学探索的道路,并成为近代原子核物理学之父。

1.7.3   简单并不意味着粗糙——电子电荷量的确定

1909 年,在大西洋的另一侧,美国科学家密立根(Robert Andrew Millikan)开始仔细研究如何精确测量电子电荷量。在此之前,许多科学家为测量电子的电荷量进行了大量的实验探索工作。通过将近 8 年的努力,密立根在前人工作的基础上,设计了一个非常简单的实验装置——两个平行金属电极板,其间带有 5 千伏的均衡电压,让细小的带电油滴落在两个电极板之间达到平衡,进行基本电荷量 e 的测量。他做了几千次测量,一个油滴要盯住几个小时,可见试验艰苦的程度。密立根以超出常人百倍的恒心和毅力,通过油滴实验,于 1917 年精确地测定出基本电荷量 e,这样就从实验上证明了元电荷的存在,同时根据"荷质比"又确定了电子的质量。

　　密立根以其实验的精确著名,而且实验设计极富有启发性。为了实现精确测量,他创造了实验所必须的环境条件,例如油滴室的气压和温度的测量和控制。最初他用水滴作为电量的载体,由于水滴的蒸发,不能得到满意的结果,后来改用了挥发性小的油滴。接着他又遇到了新问题,由实验数据通过公式计算出的 e 值随油滴的减小而增大,面对这一情况,密立根经过分析后找出了导致这个谬误的原因。原来,实验中选用的油滴很小,对它来说,空气已不能看作连续媒质,斯托克斯定律已不适用,因此他通过分析和实验对斯托克斯定律作了修正,得到了合理的结果。油滴实验中将微观量测量转化为宏观量测量的巧妙设想和构思,以及用比较简单的仪器测得比较精确而稳定的结果等都是富有启发性的。

　　密立根的成功再次证明浮躁是科学研究的大敌,一项伟大的科学发明的思想核心也许是简单的,但其实现过程却是复杂而精巧的,需要周密的实验设计和耐心细致的工作。密立根的实验装置随着技术的进步而得到了不断的改进,但其实验原理至今仍在物理科学研究的前沿发挥着作用。例如,科学家用类似的方法确定出基本粒子——夸克的电量。

　　19 世纪末到 20 世纪初,汤姆逊、卢瑟福和密立根三位伟大的科学家通过上述科学实验不仅弄清了物质的电学特性,而且使原子的内部结构越来越清晰。然而,卢瑟福的原子模型在解释原子光谱现象时遇到了困难,1913 年,玻尔提出了量子化的原子模型,成功地解释了氢原子和电离氦的线状光谱,但对于中性氦原子光谱的精细结构以及其他重元素更为复杂的光谱却不能很好地解释。1925 年,海森堡创立了量子力学的新理论,否定了玻尔的行星式轨道的存在。不久,薛定谔也将德布罗意关于粒子和波的研究成果加以应用,从另一个角度阐述了新量子学理论。由新量子学理论推出著名的测不准原理,即:愈是想把质点的位置测定得精密些,则其速度或动量的测定将愈不精密;反之,愈是想把质点的速度或动量测定得精密些,则其位置的测定将愈不精密。

从汤姆孙到卢瑟福再到玻尔,对原子结构的探索进程中,革命性的浪潮一浪接着一浪,人们对原子的本质认识不断深入。1918 年,卢瑟福利用 α 粒子撞击氮原子核发现质子,又用 α 粒子撞击硼(B)、氟(F)、铝(Al)、磷(P)核等也都能产生质子,故推论"质子"为元素之原子核共有成分。1932 年,英国物理学家查德维克(James Chadwick)利用 α 粒子撞击铍原子核,发现了中子。1963 年,美国科学家莫里·盖尔·曼(Murry Gell-Mann)首次提出了夸克的想法,1977 年科学家终于发现了夸克的证据。

自从玻尔的量子化原子模型出现以来,在量子力学领域内部也发生着翻天覆地的变化,半经典的量子论被不断改造和完善,直至狄拉克大胆臆测反电子、反质子的存在,并接连得到实验证明,人类在物质探索的道路上不断前进,甚至发展到走上探索反物质的道路。

图 1-11 莫里·盖尔·曼
(Murry Gell-Mann)

1.7.4 世界是对称的么

反物质是正常物质的反状态,这一概念是英国物理学家保罗·狄拉克最早提出的。他在 1927 年预言反电子的存在,其质量与电子完全相同,而携带的电荷正好相反,进而猜想每一种粒子都应该有一个与之相对的反粒子(见图 1-12)。

1932 年,美国物理学家卡尔·安德森在实验中证实了具有正电性的反电子存在。1955 年,美国物理学家西格雷等人用人工的方法获得了反质子。随着带负电的反质子和与中子自旋方向相反的反中子的相继发现,人们开始明确地意识到,任何基本粒子在自然界中都有相应的反粒子存在。

反粒子是微观核子互反转化的伴生产物。例如,质子能转化为中子,中子也能转化为质子,两者就是一对互反转化。转化前后,系统的总核子数是不变的。前一个转化过程中，核内的一个质子转变成中子，同时释放一个正电子和一个中微子；在后一个转化过程中，核内的一个中子转变为质子，同时释放一个负电子和一个反中微子。这两个过程都放出电子，因而称为"β衰变"，前者放出正电子称为"正β衰变"，后者放出负电子称为"负β衰变"。

图 1-12　反物质假想图

1995 年，欧洲核子研究中心的科学家在实验室中制造出了世界上第一批反物质——反氢原子。1996 年，美国的费米国立加速器实验室成功制造出 7 个反氢原子。1997 年 4 月，美国天文学家宣布他们利用伽马射线探测卫星发现，在银河系上方约 3 500 光年处有一个不断喷射反物质的反物质源，它喷射出的反物质形成了一个高达 2 940 光年的"银心反物质喷泉"，这一发现极大地震撼了整个物理学界，使科学家们寻找反物质的热情一下子高涨起来。

1998 年 6 月 3 日，由丁肇中教授发起的带有全球意义的寻找宇宙反物质事件，使得这一领域一度成为全球科学家最为关注的焦点。由丁肇中主持的这项研究已有 16 个国家的科学家参与其中，投入的资金更是高达 1 000 多亿美元，目前已取得一些重要成果。研究所使用的探测器已于 2005 年发射升空并永久停留在太空。丁肇中认为，如果反物质确实存在，它与反物质碰撞时可以产生巨大的能量。同时他很慎重地表示："从这一领域发展的历史来看，人们要有思想准备，也许我们会发现意想不到的东西，与原先想研究的东西毫无关系。"许多科学家表示，只要能发现宇宙反物质的存在，那么这将是当之无愧的诺贝尔奖级成就。

2000 年 9 月 18 日，欧洲核子研究中心宣布他们已经成功制造出约 5 万个低能状态的反氢原子，反氢原子是普通氢原子对应的反物质形态，这是人类首次在实验室条件下制造出大批量的反物质。2010 年 11 月 17 日,欧洲核子研究中心利用反氢原子微弱的磁性,首次成功地用"磁场陷阱"束缚住了反氢原子,时间达 172 毫秒,反物质与普通物质相遇就会湮灭,这是在科学史上首次成功"抓住"微量反物质。2011 年 5 月初,中国科学技术大学与美国科学家合作发现迄今最重反物质粒子——反氦-4。2011 年 6 月 5 日,欧洲核子研究中心的科研人员在英国《自然 ·物理》杂志上报告说,他们成功地将反氢原子"抓住"长达一千秒的时间,也就是超过 16 分钟,这大大提高了反氢原子存在的时间,有利于对反物质性质进行精确研究。

对这些有关反物质的发现,英国斯旺西大学的查尔顿教授曾做出这样的评述:"现在的宇宙基本是由普通物质所垄断,但我们必须要了解宇宙的全貌,否则我们可能身处危险之中却全然不知,氢是宇宙中最重要的元素,发现它的反物质,具有非凡的意义。"但是,为彻底揭开宇宙反物质之谜,前面还有漫长的路要走。人们已意识到,这个问题的解决不仅对认识宇宙是重要的,对人类未来的影响也将是深远的。

1.8　古代哲学未必衍生科学

从公元前 4 世纪开始,古希腊哲学家留基伯和他的学生德谟克利特首先提出原子的概念,形成了欧洲最早的朴素唯物主义的原子论。这一观点先是被同时代亚里士多德为代表的唯心主义者所反对,从而在整个中世纪被彻底摈弃;再到文艺复兴原子物质观的复活,16 世纪之后又逐步为人们所接受,并得到伽利略、笛卡儿、牛顿等著名学者推崇;随着科学和实验技术的进一步发展,由道尔顿建立近代原子学说,再被奥斯瓦尔德等人质疑,最终在 20 世纪初由爱因斯坦拔除原子在人们心中的最后一丝疑虑。在人类长达 2 500 年的探索微观世界的进程中,可谓跌宕起伏、波澜曲折。在这长长的历史画卷中,我们看到的是一幅幅文明战胜愚昧、自由战胜禁锢、信心战胜疑虑、勇气战胜懦弱的美好图景,是科学思想逐步深入人心并形成的过程,演绎的是科学不断战胜神学的撼天地、泣鬼神的篇章。

正是科学让人类社会步入今天的辉煌,那么科学到底是什么呢? 科学并没有严格的定义,简单讲,它可以被看作对事物由表象到本质的认知、探索过程。在这个过程中,不仅要在实践活动中形成对事物的表象认识,还要通过抽象思维、逻辑推理等一系列严密的思维活动,探究事物的内在本质,进而通过更深入的实践活动检验思索的结果,达到对事物全面、深刻的认知。从古希腊亚里士多德的哲学到近现代科学的转变,其根本在于对实验的态度,前者对实验嗤之以鼻,后者则以实验为起点又以实验为最终验证标准。尽管古代炼金术士也在做着各种实验,但他们的指导思想却是从不做实验的亚里士多德那里来的,所以注定以失败告终。尽管他们竭尽所能故作神秘地掩饰这种失败,但随着印刷术的推广,知识得到迅速传播和普及,这些炼金术士的秘密终于在近代科学之光的普照下被戳穿,公开透明正是科学赋予人类掌握和驾驭自然的那份成熟和自信。

古代东方人更早开始观察自然、认识自然,但由于对逻辑思维的忽视,丢掉了掌握科学的金钥匙,因此在近现代自然科学的所有领域都落后于西方,对微观物质世界的探索更是被远远抛在了后面。

可以说中国人对自然观察的细腻远远超过世界上的任何种群,在唐诗、宋词中对自然美景、山川大河的描绘俯首皆是,但很少有人对这些现象背后的本质做出更深的追究。比如唐朝诗人李廓《忆钱塘》中对潮汐的描绘有"一千里色中秋月,十万军声半夜潮"的诗句,诗中对月亮与潮汐相伴而生的现象有细致的描述;余道安在《海潮图序》中有"潮之涨落,海非增减,盖月之所临,则之往从之";王充在《论衡》中有"涛之起也,随月盛衰"。这些都表明古人早就观察到潮汐跟月亮的关系,但是千百年来并没有人思考产生这种现象的本质原因,否则牛顿发现万有引力的历史也许将被改写。

而在西方,据说早在公元前 4 世纪的古希腊,航海家毕特阿斯(Pytheas)就已经了解到月相与潮汐的关系,而关于亚里士多德死因的一种说法是由于他不能解释潮汐现象而羞愧投海。撇开传说本身的真实性不谈,故事背后至少反映出:早在古希腊时代,哲人们就以追求事物的本质为己任,而且是抱着一种至死不渝的探索精神在追求。直到 17—18 世纪,欧洲人还在持之以恒地研究这一现象。牛顿用数学的方法,研究月球与太阳的引力合在一起对于地上水的影响,同时还把流动的水的惯性、狭窄的海峡与运河的扰动效果考虑在内,在他的《原理》一书中第一次较完整地论述了潮汐产生的机理。自牛顿以后,为了进一步弄清复杂的潮汐,拉普拉斯、乔治·达尔文等许多数学家在《原理》一书的基础上,提出了更详细的理论。

我国的四大发明中,抛开更偏向工艺技术的造纸术和印刷术不谈,火药和指南针这两种具有科学意义的发明最终都在欧洲结出了硕果。特别是指南针,11世纪由中国人首先发明,12世纪便由阿拉伯海员带到欧洲,其后先是13世纪由帕雷格伦纳斯(Peter Peregrinus)做过一些粗浅的观察,在16世纪吉尔伯特(William Gilbert)又对磁石之间的吸引力做了进一步的研究,并发现了地球的磁偏角,他在《磁石》一书中,搜集了当时有关磁与电的知识,并加入自己的观察结果。这为19世纪电磁学的大发展奠定了早期的基础。

从这些事实中不难看出:对事物表象的认知仅仅是在科学道路上迈出的第一步,更重要的是对内在本质的掌握,而这需要对表象进行归纳和演绎,先提出预言假设,再通过实验加以验证,这些都离不开艰苦的、长期的实践和探索。科学之所以能够发展,关键不在于结果而在于中间的探索环节,正所谓"过程重于结果"。这个过程就是对现象背后的科学原理进行思考,思考方式是以真实可靠的实验现象为对象进行严密的逻辑推理,可见这种探索就是谨慎地、虚心地追求真理。

一切科学都是从测量开始的。有了科学的思想方法和行为准绳,一旦掌握了更为精确的科学测量仪器,在探索微观物质世界的道路上,西方科学在近现代突飞猛进、迅猛发展也就不足以为奇了。

一百多年来,不断进步的技术大大提高了测量仪器的精度,每一次对物质世界成功的探索都离不开最新科技成果的应用。回顾这段辉煌的历史,1895年X射线的发现是一颗最为璀璨耀眼的明珠。利用X射线人们彻底认清了物质世界的晶体结构,由此打开了现代原子结构世界的大门。此后在1913年,英国物理学家莫塞莱分析了元素的X射线标识谱,建立原子序数的概念,并利用特征标识谱的理论实现了元素分析技术。对X射线本质的探索促进了人们对电磁波的认识,并由此衍生出物质波概念。

电子的发现给现代微观物质探索带来的推动更是惊人的。电子显微镜的出现使人类的视觉极限比原来的光学显微镜一下提高了1 000倍,1978年科学家借助电子显微镜拍摄到了原子照片,使原子的真实影像第一次展现在人类面前。从人类对微观物质世界的最早遐想—古希腊原子论,到第一次真正借助仪器看到原子,经历了漫长的两千多年。这期间的挫折和失败数不胜数,而每一次成功都向世人展示着科学家们的聪明才智、征服自然的雄心和坚忍不拔的毅力。

纵观历史人类的科学发展,经历了 3 个快速时期:即古希腊时期、文艺复兴时期和过去的一百多年,对微观物质世界的探索也如影随形。这 3 个时期的共同特点是人类在经济上大发展;在思想上大解放,社会财富及人们的闲暇时间增多,使得社会有财力支持学术研究,也使更多的人有机会参加到学术活动中来。人们的知识领域伴随着财富在迅速扩张,财富的增加促进了知识的增长,新知识又转而增加财富,并产生累积效果,促进社会加速前进,终于形成不可抗拒的历史进步洪流。

第 2 章

争论出真理

——光学发展与光学显微镜

　　每个人的一生/不论聪明还是愚蠢/不论幸福还是不幸/只要他一离开母体/就睁着眼睛追求光明。

《光的赞歌》艾　青

　　这个世界离不开光,每一个生命,无论是动物还是植物都离不开阳光的哺育,阳光、灯光、电光充满在我们周围。当你每天一睁开眼睛,最先射入眼帘的一定是光。在普通人的眼中,光意味着光明和温暖;在诗人的眼中光代表着美好的向往、崇高的精神追求。但是在科学家的眼中,光不仅仅是一种简单的感官刺激和知觉,他们借助光发现物质,不单停留在物质外表的颜色和形状上,而是深入到它们的内部,深入到肉眼看不见的微观世界。他们曾对光充满了疑问:光由什么组成? 它的本质是什么? 它为什么能照亮物体? 或者换句话说它与物质之间的关系到底如何? 这些疑问曾长期困扰着科学家们,在经历了一段漫长的时光之后,人类对光的本质认识渐渐明了,与此相伴对物质的认识也逐渐加深。

2.1　长"翅膀"的光

　　光是宇宙中最神奇的东西,它以这个宇宙中最快的速度运动,你能觉察到它的存在,却又感觉永远无法触及到它。对于这样一种从来不会静止、也不占有任何空间体积的东西,若无任何科学工具可凭借,几乎无法揭开它神秘的面纱,弄清楚它的本质。所以对古代的人们来说,对光的认识仅停留在表象上,关于光的概念带有强烈的神话色彩。

据说在古埃及的神话中,光是一个有翅的光明神,靠扇动翅膀在飞行中传播光明。后来受到这个神话的影响,在古希腊关于宇宙诞生的传说中,这个长着发光翅膀的光明神使宇宙的父母——天和地会合在一起,生出了天神的儿子——戴昂奈萨斯,从此宇宙结束了未开辟之前的一片混沌暗夜,生命出现在天地之间,这位光明神就被称作伊罗斯,几经演变成为爱的使者。这些神话后来渗入到古希腊哲学中,影响了各种宗教,比如基督教中上帝的第一句话就是:"要有光",可见光对人类文化思想的影响之深远。

图 2－1　古人想象的眼睛发光看见物体

人们对光的感知主要是通过视觉完成的,所以很早就将二者紧密联系起来。在希腊语中"Optikos"是现代"光学"一词的词源,本意就是指视力、视觉。古希腊人甚至以为眼睛可以发光,想想看,当你闭上眼睛,即使在漆黑的房间里眼前也会不时闪现光花;而当看东西时,就是从眼睛中发出的这种火光像触须一样接触物体。恩培多克勒、柏拉图、伊壁鸠鲁和卢克莱修都持有这种观点。汉语中也用"目光"这样的词描述人眼视线等。后来又有人否定这种看法,亚里士多德曾经对眼睛发出光线提出过怀疑,主张光是介质(以太)中的一种运动。我国的《墨经》中记载:"目以火见",《吕氏春秋·任数篇》"目之见也借于昭",《礼记·仲尼燕居》"譬如终夜有求于幽室之中,非烛何见?",以及东汉《潜夫论》"夫目之视,非能有光也,必因乎日月火炎而后光存焉"等,这些记载均明确指出人眼能看到东西必须是借助光照,表明我国古人很早就朴素地认识到:光不是从眼睛里发出来的,而是由日、月、火焰等光源产生的。而在欧洲,自欧几里德提出"眼睛发出的光线落在它所要看的东西上",这种想法甚至直到文艺复兴时期仍然流行,是科学全才列奥纳多·达·芬奇从眼球的构造解释了成像原理,才彻底打破这种错误观念。

2.2   初识自然光

2.2.1   古代西方对光的传播性质的认识

公元前6世纪开始,古希腊的一批哲学家开始探讨光的传播性质。公元前300年,欧几里德通过几何学研究光的传播。尽管他仍认为光是从人眼中射出的,但从几何的角度提出光的行进路线应按最短距离走直线,并在他的《光学》和《反射光学》中给出了人类在光学领域中的第一个定律——光的反射定律。古罗马的哲学家托勒密在公元100—200年间写过一本《光学》的书,记载包括大气折射在内的折射研究,当光线从一种媒质进入另一种媒质中的时候,入射角和折射角成正比,这种比例在角度不大时,是近似正确的。这在古代是非常惊人的研究成果。

图2-2   欧几里德关于人眼"远小近大"的成像原理

中世纪,欧洲完全笼罩在黑暗的宗教神权统治下,科学的研究重心转到阿拉伯地区。伊本-阿尔-黑森(IbnalHaitham)是阿拉伯国家最杰出的物理学家,他的主要工作在光学方面,对实验方法做出了很大的改进。他使用球面和抛物面反光镜,并研究了球面像差、透镜的放大率与大气的折射。他拓展了有关眼球和视觉过程的知识,并用适当的数学方法解决了几何光学的问题。

2.2.2　我国古代对光的性质的认识

相比于西方,在我国古代,人们通过生产和生活实践很早就开始了对光的认识,起源可以追溯到火的发现。后来随着光源的利用以及光学器具的发明和制造,人们形成了光的直线传播、光的反射、大气光学、成像理论等多方面的认识。

1. 物与影的关系揭示光的直线传播

早在 2 500 百年前的战国时期,墨子和他的学生做了这样一个实验:在一间黑暗的小屋里朝阳的墙上开一个小孔,人对着小孔站在屋外,屋里相对的墙上就出现了一个倒立的人影。《墨经》对这个实验是这样记载的:"景,光之人,煦若射,下者之人也高;高者之人也下,足蔽下光,故成景于上,首蔽上光,故成景于下。在远近有端,与于光,故景库内也。","景到,在午有端,与景长。说在端。"这是世界上第一次对小孔成倒像的科学解释,这里的"到"通"倒",即倒立的意思。"午"指两束光线正中交叉的意思。"在午有端"指光线的交叉点,即小孔。物体的投影之所以会出现倒像,是因为光线为直线传播,在小孔的地方,不同方向射来的光束互相交叉而形成倒影。"光之人,煦若射"是一句很形象的比喻。"煦"即照射,照射在人身上的光线,就像射箭一样。"下者之人也高;高者之人也下"是说照射在人上部的光线,则成像于下部;而照射在人下部的光线,则成像于上部。于是,直立的人通过小孔成像,投影便成为倒立的。"远近有端,与于光"指出物体反射的光与影像的大小同小孔距离的关系。物距越远,像越小;物距越近,像越大。

对于光的直线传播性质,两千多年前我国古人就有过一些巧妙的利用。在《韩非子》里载了这样一个有趣的故事:有人请了一个画匠为他画一张画。3 年以后,画匠告诉他:"画成了!"他一看,8 尺长的木板上只涂了一层漆,什么画也没有,便大发脾气,认为画匠欺骗了他。画匠说:"请你修一座房子,房子要有一堵高大的墙,再在这堵墙对面的墙上开一扇大窗户。把木板放在窗上,太阳一出来,你在对面的墙上就可以看到一幅图画。"他半信半疑,照画匠的话去办。果然,在屋子的墙壁上出现了亭台楼阁和往来车马的图像,好像一幅绚丽多彩的风景画。尤为奇怪的是,画上的人和车还在动,不过都是倒着的。此外,皮影戏在汉初就已出现,也是利用光的这一性质。当然,光的直线传播性质更主要是应用在天文历法方面,我们的祖先很早就制造了圭表和日晷,测量日影的长短和方位,以确定时间、冬至点、夏至点;在天文仪器上安装窥管,以观察天象,测量恒星的位置。

到了宋代,沈括在《梦溪笔谈》中描写了他做过的一个实验,在纸窗上开一个小孔,使窗外的飞鸢和塔的影子成像于室内的纸屏上,他发现:"若鸢飞空中,其影随鸢而移,或中间为窗所束,则影与鸢遂相违,鸢东则影西,鸢西则影东,又如窗隙中楼塔之影,中间为窗所束,亦皆倒垂"。进一步用物动影移说明因光线的直进"为窗所束"而形成倒像。

14 世纪中叶,元代天文数学家赵友钦在《革象新书》中进一步详细地考察了日光通过墙上孔隙所形成的像和孔隙之间的关系。他发现当孔隙相当小的时候,尽管孔隙的形状不是圆形的,所得的像却都是圆形的;孔的大小不同,但是像的大小相等,只是浓淡不同;如果把像屏移近小孔,所得的像变小,亮度增加。由此他得出了关于小孔成像的规律:当孔径相当小时,不管孔的形状怎样,所成的像是光源的倒立像,这时孔的大小只不过和像的明暗程度有关,不改变像的形状;当小孔的孔径相当大时,所得到的像就是孔的正立像。

2. 铜镜中发现光的反射

我国古代取火的工具称为"燧",最早是通过钻木取火,即"木燧"。后来随着金属冶炼技术的发展,在公元前 2000 年的夏初时期出现了铜镜,进而制作铜镜的技术逐渐提高,应用范围扩大,出现了平面镜、凹面镜和凸面镜,甚至还制造出被国外称为"魔镜"的透光镜。利用凹面镜的会聚作用,人们开始取火于日,于是出现"阳燧",就是用金属制成的凹面镜,也称为"金燧"、"夫燧"。我国古籍《周礼·秋官司寇》中就有"司烜氏,掌以夫燧,取明火于日"的记载;《庄子》中写道:"阳燧见日,则燃而为火";王充的《论衡·乱龙篇》中有:"今使道之家,铸阳燧取飞火于日";古时人们在行军或打猎时,总是随身带有取火器，《礼记》中就有"左佩金燧"、"右佩木燧"的记载，晴天时用金燧取火，阴天时用木燧钻木取火。1956—1957 年，我国河南陕县上村岭1052 号虢国墓出土过春秋早期的一面阳燧，它直径 75 厘米，凹面呈银白色，打磨得十分光洁，背面中心还有一高鼻纽以便携带，周围是虎、鸟花纹。阳燧是人类最早利用光的反射原理发明的光学仪器。

　　铜镜的利用为光的反射研究创造了良好的条件，使我国古代对光的反射现象和成像规律有较早的认识。《墨经》中对光的反射现象做了客观描写："景迎日，说在转"，说明人影投在迎向太阳的一边，是因为日光经过镜子的反射而转变了方向。墨家对凹面镜做了深入的观察和研究，并在《墨经》中做了明确的记载："鉴低，景一小而易，一大而正，说在中之外、内"，"鉴低"就是指凹面镜，"中"是指球心到焦点这一段。说明物体放在"中之外"，得到的像是比物体小而倒立的；放在"中之内"，得到的像是比物体大而正立的。北宋沈括在《梦溪笔谈》中做了这样的记载："阳燧面洼，以一指迫而照之则正，渐远则无所见，过此遂倒。"意思是说：将手指靠近凹面镜时，像是正立的，渐渐远移至某一处（在焦点附近），则"无所见"，表示没有像（像成在无穷远处）；移过这段距离，像就倒立了。这一实验，既表述了凹面镜成像原理，同时也对凹面镜的焦距作了测定，是测定凹面镜焦距的一种粗略方法。

　　对凸面镜成像的规律，《墨经》中记述道："鉴团，景一，说在刑之大"。书中进一步解释说："鉴，鉴者近，则所鉴大，景亦大，其远，所鉴小，景亦小，而必正"。"鉴团"指凸面镜，"刑"同"形"字，指物体。"景一"说明了凸面镜只成一种像，而且是一种缩小而正立的像，但随着物体与镜之间的距离而变化大小，这里对凸面镜成像规律做了细致描写。

　　关于平面镜组合成像，《庄子·天下篇》中记载："鉴以鉴影，而鉴以有影，两鉴相鉴则重影无穷"。生动地描写了光线在两镜之间彼此往复反射，形成许许多多像的情景。《淮南万毕术》记载："取大镜高悬，置水盆于其下，则见四邻矣"。其原理和现代的潜望镜很类似 。

　　3. 神奇的大气之光
　　我国古代对大气光学现象的观察卓有成效。早在周代出于占卜的需要，官方建立了星象、气候的观测机构，从那时起就开始对晕、虹、海市蜃楼等大气光学现象进行观测，如此长期、系统而又深入细致的记载世所罕见。

殷商时期，就出现了有关虹的象形文字，对虹的形状和出现的季节、方位在不少书中有所记载，如《礼记·月令》指出："季春之月……虹始见"，"孟冬之月……虹藏不见"。《周礼》中记载有"十辉"，指的是包括"霾"和"虹"等在内的 10 种大气光学现象。东汉蔡邕在《明堂月令》中写道："虹见有青赤之色，常依阴云而昼见于日冲。无云不见，太阳亦不见，见辄与日相互，率以日西，见于东方……"这些记载虽然是很粗浅的、经验性的，但已开始关注虹的出现条件。魏、晋以后，对虹的本质和它的成因逐渐有所探讨，南朝江淹断定是因为"雨日阴阳之气"而成。唐初孔颖达进一步认识到虹的成因，"若云薄漏日，日照雨滴则虹生"，明确指出"日照"和"雨滴"是产生虹的条件。8 世纪中叶，唐代张志和在《玄真子·涛之灵》中指出："背日喷乎水，成虹霓之状"，第一次用实验方法得出人造虹。宋朝的沈括对此也做过细致的研究，在《梦溪笔谈选注》中写道："是时新雨霁，见虹下帐前洞中。予与同职扣洞观之，虹两头皆垂涧中。使人过涧，隔虹对立，相去数丈，中间如隔绡縠，自西望东则见；盖夕虹也。立涧之东西望，则为日所铄，都无所睹。"指出虹和太阳的位置正好是相对的，傍晚的虹见于东方，而对着太阳是看不见虹的。南宋的《毛诗名物解》中关于人工造虹有："以水日，自侧视之，则晕为虹霓。"强调必需从侧面观察，才能见到虹霓。西方直到 13 世纪才对虹的成因做出正确的解释，比我们晚约 600 年。

关于海市蜃楼，我国古代也早有记载，如《史记·天官书》："蜃气象楼台"。《汉书·天文志》："海旁蜃气楼台"。《晋书·天文志》："凡海旁蜃气象楼台，广野气成宫阙，北夷之气如牛羊群畜穹庐，南夷之气类舟船幡旗"。这是对海市蜃楼的如实描写，但当时并不了解其成因和机理。到宋朝苏轼对它才有较正确的认识，他在《登州海市》诗中说："东方云海空复空，群山出没月明中，荡摇浮进生万象，岂有贝阙藏珠宫"。此处明确地表示海市蜃楼都是幻景，蜃气并不能成宫殿。到明清之际，陈霆、方以智等人对海市蜃楼做了进一步探讨，陈霆认为海市蜃楼的成因是："为阳焰和地气蒸郁，偶尔变幻"。方以智认为"海市或以为蜃气，非也"。张瑶星认为蓬莱岛上的蜃景是附近庙岛群岛所成的幻景，并记载了登州（即蓬莱）海市："昔曾见海市中城楼，外植一管，乃本府东关所植者。因语以湿气为阳蒸出水上，竖则对映，横则反映，气盛则明，气微则隐，气移则物形渐改耳，在山为山城，在海为海市,言蜃气,非也。"这一"气映"说是对当时海市楼知识的珍贵总结。

关于其他一些大气光学现象,比如《晋书·天文志》中关于晕的记述有:
"日旁有气,圆而周布,内赤外青,名日晕"。此处不仅为晕下了定义,而且把
晕的形态、颜色变化都记录了下来。宋朝以后的许多地方志中也有大气光
学现象的记载,还出现有关专著及图谱,其中《天象灾瑞图解》一直流传
至今。

关于光的传播性质、方式以及大气光学现象,我国古人很早就进行了细
致的观察和描述,有些甚至正确解释了成因,比如对虹的认识,但却没有对
虹的七彩成因作进一步深究,因而也无缘发现白光是由七色组成的。总之,
古代中国的技术在世界处于领先地位,但由于缺乏深入分析的思维方法,没
有形成分门别类的系统知识体系,因而科学水平一直比较落后。

2.3　近代光学初露端倪

2.3.1　玻璃透镜——利用光的第一个工具

人类真正揭开光的神秘面纱是在透镜发明之后,各种光学器件随之产
生。透镜是由透光材料(如光学玻璃、水晶、透明塑料等)磨制而成的。它是
两个折射面都为球面,或一面为球面另一面为平面的透明体,光线通过透镜
折射后可以成像。透镜一般分为凸透镜和凹透镜两大类。

在玻璃透镜发明之前,我国古人就已知道冰透镜能聚阳光而生火。西
汉淮南王刘安及其门客的作品《淮南万毕术》中就有这样的记载:"削冰令
圆,举以向日,以艾承其影,则火生",描述了用冰凸透镜点燃艾草的情形。
这里,大家平时常说的冰火两重天、水火不相容,变成了冰中取火的妙趣景
象。可惜此后没有人进一步研究透镜的其他性能,也就无缘发现凸透镜的
放大功能,而公元 1 世纪古罗马的塞内加(Lucius Annaeus Seneca)已在他的
作品里记述了用水球放大字母的事件。

近代透镜大都采用玻璃材质,因此它有赖于制造玻璃技术的提高。人
类制造玻璃的历史约有 5 000 多年,最早发现的是有色玻璃,由大约 5 700 年

前的古埃及人制造,当时主要用于装饰品和简单器皿;约在战国时期,我国已能制造出无色玻璃;在公元前4世纪,雅典集市卖玻璃球的情节已出现在古希腊喜剧作家阿里斯托芬(Aristophanes)的作品中。12世纪,出现了商品玻璃,并开始成为工业材料。1280年,眼镜在意大利的佛罗伦萨被发明出来,工匠们将玻璃磨成各种透镜来补偿人眼睛的缺陷。18世纪,为适应研制望远镜的需要,光学玻璃诞生了,恩格斯在"自然辩证法"中对此曾给予很高的评价,认为这是当时的卓越发明之一。

2.3.2　开启微观世界之初

16世纪的欧洲随着眼镜业的兴起,磨镜技艺也大大提高,而且人们从简单的单透镜开始学会组装透镜具组,甚至学会透镜组、棱镜组与反射镜组的综合使用。在此之前,英国哲学家罗吉尔·培根(Roger Bacon)通过学习阿拉伯物理学家伊本–阿尔–黑森的著作,将光学理论如光的反射定律和对折射的一般认识重新引入欧洲,那时他已懂得反射镜、透镜的原理并谈到望远镜,虽然他没有制造过一部望远镜。这些都为显微镜的出现奠定了理论基础。

第一台复式显微镜诞生于1590年,荷兰眼镜制造商札恰里亚斯·詹森父子将两枚不同的透镜重叠至适当距离时,发现物体被放大了许多,比用单枚透镜所看到的要大得多,于是他们用两个口径不同的铁筒把两枚透镜固定起来,同时两个铁筒之间可以滑动,以改变透镜的距离,这便是复式显微镜的雏形。1605年,他们用镀金铜片做了一台更加精细的显微镜,创造出了最原初的显微镜。但詹森父子并没有用显微镜做过任何重要的观察,而是把它们当作高档玩具,供文人墨客、富商巨贾们把玩。然而这

图2-3　初具现代显微镜构型的早期光学显微镜

种原始的尝试已将人类的视力引向了微观世界和宏观宇宙的广阔领域,由此人们飞速走上探索物质世界的征途。

玻璃透镜不仅是显微镜最重要的元件,而且几乎是当时科学家必备的科

学器件。借助玻璃透镜,人们对光的认识也越来越深入。在这前后一百多年的时间里,几乎所有涉及光学的著名科学家,如伽利略、笛卡尔、惠更斯、牛顿等,都是透镜磨制技艺精湛的实验高手,他们能磨出当时世界上最好的透镜,并将这些透镜装配到各种精密的机械装置上,制成望远镜或显微镜等各种光学仪器。可见透镜在近代光学的起步阶段有着举足轻重的作用。

图 2-4　伽利略的天文望远镜

图 2-5　意大利天文学家、物理学家伽利略

　　1609 年,伽利略发明了人类历史上第一台天文望远镜。他先观测到了月球的高地和环形山投下的阴影,接着又发现了太阳黑子,此外还发现了木星的 4 个最大的卫星。自那以后,科学技术取得了长足进步,科学仪器更新促使光学技术不断发展。

2.3.3　近代光学创立

　　近代光学的发展可以追溯到 14 世纪的欧洲,伴随着文艺复兴的开始,人们对光的认识走向新的开端。达·芬奇从水的波纹谈到空气里的波以及声音的定律,并且认识到光也有许多类似的特性,因而波的理论也可应用于光。他认为光的反射很像声音的反射,反射角等于入射角,同把球掷向墙壁时所发生的情况一样。这种认识尽管非常粗糙,但已经能从中看到他对光的波、粒的认识。

　　17 世纪以来,显微镜的出现促进了几何光学的发展。由于人们制造光学仪器的技艺不断提高,在透镜等光学元件组成的光路中,光传播的几何路径预测和计算也越来越精确。几何光学原有的三大定律:光线的直线传播定律、光线的独立传播定律、光的反射和折射定律在被不断验证的同时,1621年荷兰数学物理学家斯涅尔重新发现了光的折射定律,不仅导出可定量计算的折射定律,而且也让当时的科学家对折射发生的根本机制心存疑窦,这为不久后物理光学的出现埋下伏笔。

1635年,法国哲学家、数学家笛卡尔(Rene Descartes)的《折光学》第一次对折射定律提出理论上的推证,并对光的本性做了两种假说:一种认为光是类似微粒的物质,另一种认为光是在以太中的压力。对于前者,笛卡尔在推导反射定律与折射定律时,运用了光的微粒观念,将球碰到平滑坚硬地面反弹的过程与光的反射相类比,球的速度分解为垂直分量及水平分量,当球碰到地面时,只是球速的垂直分量方向相反,大小不变,水平分量是不变的,由此很容易证明光的入射角等于它的反射角他进而将光的折射类比为球碰到的不是地面,而是薄薄的亚麻布,此时球会穿透布面继续前进,只是速度会减小且运动方向有所改。

他创立的直角坐标系在图形和代数式之间建立了关联,利用函数的概念使解释光的行为变得更为容易,比如今天表达光的波动普遍用正弦函数图形。同样利用这个函数,他把速度分成垂直分量及水平分量,垂直方向速度减小而水平分量不变,由此得:

$$V_1 \cdot \sin i_1 = V_2 \cdot \sin i_2$$

即

$$\frac{\sin i_1}{\sin i_2} = \frac{V_2}{V_1}$$

对各向同性介质,V_1、V_2与光的传播方向无关。上式右端是一个与入射角无关的常数,它表明入射角的正弦与折射角的正弦之比是一个常数,这样便解释了折射定律。笛卡尔用球与地面的弹性碰撞和与布面的非弹性碰撞现象合理解释了光的反射和折射定律,并使两个定律在当时更加容易被人接受。在思考科学问题时科学家通常采用这种类比的方式使问题简单化,这是非常普遍的思考方式。

另一方面,笛卡尔认为光是以太介质中某种压力的传播过程,光通过介质传入人眼,就像机械脉冲沿着手杖传入盲人的手和脑中一样,并没有某种物质性的东西传入眼睛使我们看到光和色。在这里他又倾向光是波动的,强调介质的影响和接触作用。由此可见,光在成为科学研究的对象之初就显得扑朔迷离,让人捉摸不定,从此科学界围绕光的本质展开了长达 200 多年的大争论。

2.4 争论—科学理论发展的助推器

笛卡尔时代,在几何光学迅速发展的同时,科学家开始对光的本质发生浓厚兴趣,物理光学逐步形成。在此之后,光学的发展实际上就是围绕 4 次大争论展开的,前后历时长达近三百年,人们在弄清光的性质的同时,对物质本质认识也不断加深。

2.4.1 缘起于颜色的争论

今天我们知道,白色光是由 7 种颜色组成,但在牛顿证实光的色散之前,人们对此一无所知。当时对颜色的形成机制也有各种猜测,第一次争论是由对光的颜色认识上的分歧引燃的。

1611 年,斯帕拉特罗的大主教安托尼沃·德·多米尼斯(Auto nio de Dominis)将虹霓的颜色解释为水滴内层表面反射出来的光,因经过厚薄不同的水层,而显出色彩。笛卡尔提出更合理的解释:色彩和折射率有关,并且成功地算出虹霓弯折的角度。

格里马第(Francesco Maria Grimaldi)是意大利波仑亚大学的数学教授,他从光像水纹一样能够产生明暗条纹,进而猜想:光是一种做波浪式运动的类似流体,它的不同颜色是波动频率不同的结果,并且首先提出"光的衍射"概念。他在 1655 年设计了两个实验:首先,让一束光穿过一个小孔,然后照到暗室里的一个屏幕上,结果发现光线通过小孔后的光影明显变宽了,并且形成有颜色的边沿,这说明平常走直线的光束遇到障碍时发生了曲折;于是他又让一束光穿过两个小孔后照到暗室里的屏幕上,这时得到了有明暗条纹的图像,这实际上就是"衍射"。

1663年，英国科学家波义耳提出了物体的颜色不是物体本身的性质，而是光照射在物体上产生的效果。他第一次记载了肥皂泡和玻璃球中的彩色条纹。这一发现与格里马第的说法有不谋而合之处，为后来的研究奠定了基础。不久后，英国物理学家胡克（Rorbert Hooke）重复了格里马第的实验，并通过对肥皂泡膜的颜色观察提出了"光是以太的一种纵向波"的假说。根据这一假说，胡克也认为光的颜色是由其频率决定的。

牛顿（Isaac Newton）首先重复并扩大了格里马第的实验，他发现让光线通过两个刀口之间的狭缝，结果弯曲度就更大了；其次，他还考察了胡克的肥皂泡和其他薄膜上都有色彩的现象；后来，他又把一个玻璃三棱镜压在一个已知曲率的透镜上，颜色就形成了圆圈，这就是著名的"牛顿环"。另一方面，他获知布拉格大学的马尔西（Marcus Marci）的棱镜分光实验，即：将白光透过棱镜后出现不同色彩的条纹，而且有色彩的光线不再为第二棱镜所散射。牛顿把这些实验加以扩大，把有色光线综合成白光，从而证实了白光是由七色组成，并打破了人们原来认为阳光是"纯"光的观念。

图2-6　色散原理图

牛顿是一个原子论者，对于这些颜色是如何形成的，他以颗粒混合的简单方式做出了解释。1672年，牛顿在他的论文《关于光和色的新理论》中用微粒说阐述了光的颜色理论。根据他所作的光的色散实验，他认为光是由微粒组成的，光的复合和分解就像不同颜色的微粒混合在一起又被分开一样。而7年前胡克发表的《放大镜下微小物体的显微术或某些生理学的描述》（以下简称《显微术》）明确主张光是一种振动。同时他还以金刚石的坚硬特性，提出这种振动必定是短促的。他写道："在一种均匀介质中这一运动在各个方向都以相等的速度传播。所以发光体的每一个脉动或振动都必将形成一个球面。这个球面将不断地增大,就如同把一石块投入水中后在水面一点周围形成的环状波膨胀为越来越大的圆圈一样(尽管肯定要快得多)。由此可知,在均匀介质中扰动起来的这些球面的一切部分与射线交成直角。"可见,胡克已认定光是一种波,并有了波前或波面的概念雏形。这样,第一次波动说与粒子说的争论就在胡克与牛顿之间展开了。

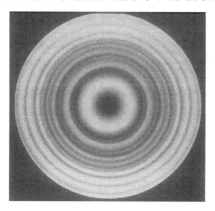

图 2-7　牛顿环

1672 年 2 月 6 日,以胡克为主席,由胡克和波义耳等组成的英国皇家学会评议委员会对牛顿提交的论文《关于光和色的新理论》基本上持否定的态度。牛顿最初没有形成完整的微粒说理论,因而并没有完全否定波动说。但在争论展开以后,牛顿在很多论文中对胡克的波动说进行了反驳。就这样,波动说和微粒说之间跨越两个多世纪的大战徐徐拉开序幕。

2.4.2　微粒说的胜利

波动说支持者,荷兰著名天文学家、物理学家和数学家惠更斯(Christiaan Huygens)全面继承并完善了胡克的波动观点。惠更斯早年就开始研究几何光学和探索透镜系统的性质,他还亲自动手磨制镜片,安装和改进天文望远镜,在天文学、物理学和技术科学等领域做出了重要贡献。1666 年,惠更斯应邀来到巴黎科学院,并开始了对物理光学的研究。在此期间,惠更斯曾去英国旅行,并在剑桥见到了牛

图 2-8　惠更斯

顿。两人彼此十分欣赏,而且交流了对光的本性的看法,但此时惠更斯的观点更倾向于波动说,因此他和牛顿之间产生了分歧。正是这种分歧激发了惠更斯对物理光学的热情。回到巴黎之后,惠更斯重复了牛顿的光学试验。他仔细地研究了牛顿的光学试验和格里马第实验,认为其中有很多现象都是微粒说所无法解释的。因此,他提出了波动学说比较完整的理论。

　　惠更斯认为,光是一种机械波;光波是一种靠物质载体来传播的纵向波,传播它的物质载体是"以太";波面上的各点本身就是引起媒质振动的波源。根据这一理论,惠更斯证明了光的反射定律和折射定律,也比较好地解释了光的衍射、双折射现象和著名的"牛顿环"实验。惠更斯举出了一个生活中的例子来反驳微粒说:如果光是由粒子组成的,那么两束光在传播过程中各粒子必然互相碰撞,这样一定会导致它们各自的传播方向改变,而事实并非如此。

　　按理说,牛顿环乃是光的波动性的最好证明之一,可牛顿却从他所信奉的微粒说出发来解释牛顿环的形成。为此他提出了一个"时而容易透射、时而容易反射"的复杂理论,认为光是一束高速运动的粒子流,光微粒在介质界面处所激起的以太振动会在介质中传播开,而且是快于光速的,因而可以追上光线。由于这种追得上光线的以太振动的作用,使光微粒时而被加速,时而被减速。至于为什么会出现痉挛似的一阵透射、一阵反射,牛顿却含糊地说:"至于这是光线的圆圈运动或振动,还是介质或别的什么东西的圆圈运动或振动,我这里就不去探讨了"。

　　1704 年,牛顿的《光学》正式公开发行。他修改和完善了他的光学理论,光微粒学说也逐步建立了起来。在《光学》一书中,就惠更斯宣传的波动学说,牛顿提出了两点反驳理由:第一,光如果是一种波,它应该同声波一样可以绕过障碍物、不会产生影子;第二,冰洲石的双折射现象说明光在不同的边上有不同的性质,波动说无法解释其原因。冰洲石是产自冰岛的一种透明的晶体,1669 年丹麦哲学家巴托林纳斯首先发现这种透明矿物晶体具有一种特殊的性质:当光线沿一定方向穿过它时,它能把光线分裂为独立的两束光;当通过冰洲石看物时所有物象都成双地出现。后来惠更斯仔细研究了这种矿物的折光性质,发现当绕着入射光的方向转动这块晶体,这两束光中的一束保持不变,称为正常的折射;而另一束要随着晶体的转动而转动,称为非正常折射。他提出用"半回转椭圆波"来解释非正常折射,这些解释比牛顿的粒子说科学得多。

　　但随着胡克与惠更斯的相继去世,波动说一方人丁凋零。另一方面,牛顿把他的物质微粒观推广到了整个自然界,并与他的质点力学体系融为一体,为微粒说找到了坚强的后盾。随着牛顿声望的日益提高,其对科学界所做出的巨大贡献令世人瞩目,人们对他的理论顶礼膜拜,并坚信他的理论和他的实验结论。整个十八世纪,几乎无人向微粒说挑战,也很少再有人对光的本性做进一步的研究。

2.4.3　光的干涉带来新的怀疑

　　18 世纪末,在德国自然哲学思潮的影响下,人们的思想逐渐解放。英国著名物理学家托马斯·杨(Thomas Young)开始对牛顿的光学理论产生了怀疑。根据一些实验事实,杨氏于 1800 年写成了论文《关于光和声的实验和问题》。在论文中,他把光和声进行类比,因为两者在重叠后都有加强或减弱的现象,他认为光是在以太流中传播的弹性振动,并以纵波形式传播。他同时指出光的不同颜色和声的不同频率是相似的。1801 年,杨氏进行了著名的杨氏双缝干涉实验(见图 2-7)。实验所使用的白屏上明暗相间的黑白条纹证明了光的干涉现象,从而证明了光是一种波。同年,杨氏在英国皇家学会的《哲学会刊》上发表论文,分别对"牛顿环"实验和自己的实验进行解释,他指出牛顿环的明暗条纹,就是由不同界面反射出的光互相重合而产生"干涉"的结果,这里他首次提出了光的干涉概念和光的干涉定律。这一系列工作再次引起了关于光的波动性与微粒性的争论。

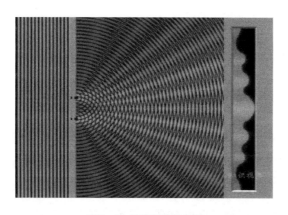

图 2-9　杨氏双缝实验图

(设计最巧妙之处在于先通过单缝获得相干光源后,再利用双缝形成干涉花样)

1803 年,杨氏写成了论文《物理光学的实验和计算》。他根据光的干涉定律对光的衍射现象做了进一步的解释,认为衍射是由直射光束与反射光束干涉形成的。他设计了一个非常简单直观的实验:让一束锥形光束照射一条宽约 1/30 英寸的硬纸条,观察它投射到墙上或屏上的影子。他写道:"阴影的中央部分总是白色的,在阴影的两边可以看到各种颜色的条纹,阴影本身也被类似的、然而较细的平行条纹所分割。阴影到硬纸条的距离不同,条纹的数目是不相等的。这些条纹是光通过硬纸条边缘时发生了曲折后进入阴影区或者向影子内部衍射产生的联合效应。说这是联合效应,是因为若在硬纸条前放一块不大的纸板,让它刚好挡住通过硬纸条某一边射来的光,原来在墙上阴影区内观察到的彩色条纹立即消失,而这时候从硬纸条的另一边衍射出的光并没有被挡住。"

杨氏圆满地解释了光的干涉现象,提出了干涉原理,并且测定了光的波长,对光的波动理论做出了重要的贡献。然而,他的见解大部分是定性的,而且由于他认为光是一种纵波,因此在理论上遇到了很多麻烦。他的理论受到了英国政治家布鲁厄姆的尖刻批评,被称作是"不合逻辑的"、"荒谬的"、"毫无价值的"。杨氏的理论在后来的 20 年内都没有得到足够的重视、甚至遭人毁谤,但他的理论迫使牛顿派必须捍卫光的微粒说,于是第 3 次争论就这样不知不觉地开始了。

1808 年,拉普拉斯(P. S. M. Laplace)用微粒说分析了光的双折射线现象,批驳了杨氏的波动说。1809 年,马吕斯(Etienne Louis Malus)在试验中发现了光的偏振现象。在进一步研究光的简单折射中的偏振时,又发现光在折射时是部分偏振的。1811 年,布鲁斯特(David Brewster)发现了光的偏振现象的经验定律。由于杨氏步惠更斯后尘,采纳了光是一种纵波的观点,而纵波不可能发生这样的偏振,于是这一发现成为了反对波动说的有利证据。光的偏振现象和偏振定律的发现,使当时的波动说陷入了困境,使物理光学的研究朝向更有利于微粒说的方向发展。

面对这种困难局面,杨氏没有动摇自己的科学信念,他写信给马吕斯说:"您的实验证明了我采用的理论(即干涉理论)有不足之处,但是这些实验并没有证明它是虚伪的。"杨氏再次对光的波动学说进行了深入的研究,经过几年的努力,他放弃了惠更斯地纵波光的观点,在 1817 年提出了光是一种横波的假说,这样比较成功解释了光的偏振现象。在吸收了一些牛顿派的看法之后,杨氏建立了新的波动说理论,把他的新看法写信告诉了牛顿派的阿拉果,并使后者转而赞成波动说。

1818 年,巴黎科学院悬赏征求关于光的干涉的最佳论文,目的是想通过这一题目的论证确立微粒说不可撼动的地位。然而出人意料的是,作为土木工程师的菲涅耳(A. J. Fresnel)结合了惠更斯原理和干涉原理,以无懈可击的完美实验取得了竞赛的优胜。当时竞赛委员会的成员有:波动理论的热心支持者阿拉果,微粒派的主流从物拉普拉斯、泊松(S. D. Poisson)和比奥(J. Biot),持中立态度的盖·吕萨克。微粒派对菲涅耳的波动理论提出质疑,泊松指出:菲涅耳的理论会导致一种奇怪的现象,如果在光束的传播路径上,放置一块不透明的圆板,由于光在圆板边缘的衍射,在离圆板一定距离的地方,圆板阴影的中央应当出现一个亮斑。这在当时来说是不可思议的,所以泊松宣称,他已驳倒了波动理论。菲涅耳和阿拉果接受了这个挑战,立即用实验验证了这个预言,果然影子中心出现了一个亮斑,这个亮斑后来称为"泊松亮斑"。这个实验精彩地证明了菲涅耳理论的正确,波动说不仅可以解释,而且可以预言新出现的实验事实。

实际上,早在两年多前菲涅耳就对惠更斯的波动说产生了兴趣,但当时他与杨氏没有联系,还不知道杨氏关于干涉的论文,他独立发现了干涉原理,但他的理论与杨氏的理论正好相反。后来阿拉果告诉他,杨氏新提出的关于光是一种横波的理论,从此菲涅耳就以杨氏理论为基础开始了他的研究。巧妙的是,菲涅耳用两个平面镜所产生的相干光源成功地完成了光的干涉实验,这样继杨氏利用小孔衍射形成干涉之后,再次以反射束产生干涉实验证明了光的波动说。阿拉果开始是微粒派的支持者,与菲涅耳共同研究一段时间之后,彻底转向了波动说。1819 年底,菲涅耳在对光的传播方向进行定性实验之后,与阿拉果一道建立了光波的横向传播理论。

随后,菲涅耳开始在偏振理论上迈出决定性的一步。波动说曾经由于没有对偏振现象作出解释,几乎被马吕斯新发现的大量偏振光现象如(双折射等事实)所推翻。在偏振光方面,菲涅耳的卓越成就之一是建立了可靠的单轴和双轴晶体双折射理论,这个理论成为现代晶体光学的理论基础。当时,虽然惠更斯已经引入了在晶体里传播的两个波面(球面和扁球面)的概念,但还不清楚产生两个波的物理原理。是菲涅耳明确指出这两个波面的弹性各向异性,必须在各种不同的情况下建立晶体内部的光程,于是更合理的双折射理论建立起来。

菲涅耳的学术思想和理论创新有些超出了他所在的时代,要人们一下子彻底接受这些是极其困难的。虽然菲涅耳的波动理论在他生前就得到了承认,但是人们对它还不能完全理解,有时会产生许多怀疑,但越来越多的证据源源不断地消除着这种怀疑。1821 年,德国天文学家夫琅和费(Joseph von Fraunhofer)发表了平行光单缝衍射的研究结果(后人称平行光衍射为夫琅和费衍射),定量地研究了光栅衍射现象。在他之后,德国另一位物理学家施维尔德根据新的光波学说,对光通过光栅后的衍射现象进行了成功的解释。1832 年,哈密顿根据菲涅耳的思想预言在双轴晶体中应能观察到一种叫做圆锥折射的现象,1833 年洛埃用实验证实了这一预言。至此,微粒说开始转向劣势。

标志着微粒说的统治地位全面崩溃的决定性实验是在 1850 年进行的。根据微粒说,当光在光疏介质和光密介质中传播时,在光密介质中光的速度应当大,而波动说正相反。当时测量水中光速的实验条件已经成熟,于是阿拉果建议用这样一个实验裁决波动说和微粒说的对错。参与者还有傅科(L. Foucault)、斐索(A. H. Fizeau)和布雷格特(L. Breguet),傅科的实验直接测量了空气和水中的光速,结果光在水中的速度比和空气在的速度小,毫无疑问波动理论获胜了。从杨氏的双缝干涉实验到傅科的这个光速实验整整经历了 50 年,到这时波动概念才算牢固地树立起来,它表明科学上的每一小步前进是多么不容易啊!

2.4.4　争论有时需要协调统一

随着光的波动学说的建立,新的问题也出现了,这就是传播光波的载体问题。菲涅耳假设这种载体是弹性以太,横向光波就是在这种弹性介质中传播的,于是弹性以太的概念在科学界相当长的时间内牢固地建立起了来。杨氏在谈到菲涅耳的光波系统关于横波的理论时,质疑道:"菲涅尔先生的这个假设,至少应当被认为是非常聪明的。利用这个假设可以进行相当满意的计算。可是,这个假设又带来了一个新问题,它的后果确实是可怕的……到目前为止,人们都认为只有固体才具有横向弹性。所以,如果承认波动理论的支持者们在自己的'讲稿'中所描述的差别,那么就可以得出结论说:充满一切空间并能穿透几乎一切物质的光以太,不仅应当是弹性的,并且应当是绝对坚硬的!!!"

在当时的人们看来,横波的介质应该是一种有弹性的固体,果若如此,充满太空的以太又怎么能不干扰天体的自由运转呢。菲涅耳在研究以太时,假定透明物质中的"以太密度"与其折射率的平方成正比,当物体相对于以太参照系运动时,其内部的以太只是超过真空的那部分被物体带着一起运动,由此可以计算运动物体内光的速度。即便如此,泊松还是发现了问题:如果以太是一种类固体,那么在光的横向振动中必然要有纵向振动,这与新的光波学说相矛盾。

于是各种以太假说纷纷现出,一些著名的科学家成为了以太说的代表人物。法国的柯西(Augustin Cauchy)曾先后提出了 3 种以太学说,1839年,他提出的第三种以太说认为以太是一种消极的可压缩或易滑动的介质,试图以此解决泊松提出横向振动必然伴随纵向振动的困难,他指出在这种以太里,纵向振动的速度为零,因此不可能带走横向振动的能量。但格林(Geouge Green)指出,这种以太将是不稳定的,它会不断地萎缩下去。1845年,斯托克斯以石蜡、沥青和胶质进行类比,试图说明有些物质既硬得可以传播横向振动又可以压缩和延展——因此不会影响天体运动。开尔文在1888年重新考察了柯西以太,设想它很像一种均匀的泡沫,没有空气,能粘着在器壁上而不致塌下。这种以太如果延伸到无限的空间,或者有一个坚硬的容器作边界,将可能是稳定的。

19 世纪中后期,在光的波动说与微粒说的论战中,波动说已经取得了决定性胜利。但人们在为光波寻找载体时所遇到的困难,却预示了波动说面临的危机。尤其是在 1887 年,美国物理学家迈克尔逊(A. A. Michelson)与化学家莫雷(E. W. Morley)用"以太漂流"实验否定了以太的存在。与此同时,德国科学家赫兹(Heinrich Rudog Hertz)发现光电效应,光的粒子性再一次被证明。这些实验事然不断制造麻烦,困扰着波动说者。

当光的弹性以太理论遇到了许多困难的时候,电磁学的一系列发现,揭示了光与电磁的内在联系,特别是在法拉第电磁实验基础上建立起来的麦克斯韦电磁理论使人们开始相信光的电磁波本质。

英国科学家法拉第(Michael Faraday)出生于英国萨里郡纽因顿一个贫苦铁匠家庭,仅有几年小学学历的他凭借顽强的毅力自学了化学和电学,后来得到戴维的引导和赏识,从而走上了科学研究的道路,并最终成为一代科学巨匠。1845年,他发现了偏振光在强磁场中的旋转,当用一束偏振光顺着磁力线方向透过置于强电磁铁的两个磁极之间的"重玻璃"时,他利用尼科耳棱镜发现光的偏振面发生了一定角度的偏转,磁力越强,偏转角越大。这就是法拉第的磁致旋光效应,它意味着光学现象与磁学现象间存在内在的联系。当时,法拉第兴奋地说:"我确信,光与电和磁的关系是从这里开始被发现的","这件事更有力地证明,一切自然力都是可以互相转化的,有着共同的起源。"这种现象实际上是磁场使位于其中的介质受到影响,间接地使光的偏振面发生旋转,并非磁场对光的直接作用。

法拉第在他的《电学实验研究》中列举了不少新颖的实验和见解,当时人们对此看法不一,还有不少非议。除了这些见解过于超前外,另一个主要原因就是法拉第理论的严谨性还不够。法拉第是实验大师,有着常人所不及之处,但唯独欠缺数学功力,所以他的创见都是以直观形式来表达的。

此时此刻,科学史上又一伟大的革命家麦克斯韦(J. C. Maxwel)出现了。1854年,他抱着为法拉第的理论"提供数学方法基础"的愿望开始研究电磁学,在潜心研究了法拉第关于电磁学方面的新理论和思想之后,决心把法拉第的思想用清晰准确的数学形式表示出来。他对整个电磁现象做了系统、全面的研究,凭借他高深的数学造诣和丰富的想像力接连发表了有"电磁学三部曲"之称的三篇论文:《论法拉第的力线》、《论物理的力线》和《电磁场的动力学理论》。

在1856年发表的第一篇论文《法拉第的力线》中,麦克斯韦用矢量微分方程描述电场线,并认识到"力线"和"场"的概念是法拉第模型的灵魂,这些概念是建立新的物理理论的重要基础,文章总结了电磁场理论中的6个基本定律。1862年,麦克斯韦完成了第二篇论文《论物理的力线》。他把当时的分子涡旋模型借用到磁场和磁现象的解释中,实际上把磁和涡旋运动等同起来。麦克斯韦假设在磁场中任何一部分的所有涡旋是围绕几乎平行的轴在相同的方向上以相同的角速度转动,由于使每一涡旋的角速度同局部磁场强度成正比,他得出了同已有的关于磁体、稳恒电流及抗磁体之间力的理论完全相同的公式。麦克斯韦还假设分子涡旋具有弹性,当分子涡旋之间的粒子受电力作用产生位移时,给涡旋以切向力,使涡旋发生形变,反过来涡旋又给粒子以弹性力。类似流体实验,麦克斯韦认为各涡旋之所以能沿同一指向自由转动,是因为各涡旋与其相邻的各涡之间由一层微小的粒子隔开,这种粒子与电完全相同。

　　1865 年,麦克斯韦发表了第三篇著名的论文《电磁场的动力理论》,在这篇文章中他提出了完整的电磁场方程组,全面地论述了电磁场理论。这时他已放弃分子涡旋的假设,但他并没有放弃近距作用理论,而是把近距作用理论引向深入,因为磁是一种涡旋的本质是客观存在的。麦克斯韦提出了电磁场的普遍方程组,共 20 个方程,包括 20 个变量,从方程组推出了电场强度 E 和磁感应强度 B 的波动方程。方程表明电场和磁场以波动形式传播,两者相互垂直且都垂直于传播方向。变化的电场和磁场构成了统一的电磁场,它们以横波的形式在空间传播,形成电磁波,并求了出电磁波的传播速度。据此他预言:光是电磁波的一种形式。1868 年,他在《关于光的电磁理论》一书中明确地把光囊括到电磁理论中。这样,就把原来相互独立的电、磁和光这 3 个重要的物理学概念统一了起来,形成了著名的麦克斯韦电磁波学说,并成为继牛顿之后物理学上的又一次重大综合。

　　1888 年,德国物理学家赫兹用实验验证了电磁波的存在,麦克斯韦的预言终于得到了证实。这样,在 19 世纪末麦克斯韦以全新的"场"概念创立起来的电磁理论成为与牛顿力学并立的两大科学支柱。磁场运动可以产生电场,反之亦然,那么这两者就可以相互转换,形成循环运动向前驱动传播,传播的速度就是光速。场与牛顿力学最大的不同在于:后者是瞬间起作用的,而前者则以恒定的速度传播,光具备这种场的特性而自行传播。由此看来,19 世纪前 70 年许多科学家绞尽脑汁臆造出来的机械以太,以及把光看作是在类似刚体媒质中传播的机械波动的观点,也可以彻底抛弃了。至此,表面上将光看作波已经毫无疑问。但是我们不应忘记,赫兹在发现电磁波的同时,还发现了光电效应,后者差一点彻底摧毁了波动派建立起来的坚固堡垒。

　　失去以太,意味着光的波动是在没有任何载体的真空中进行的,这是难以理解的,因为"真空"在当时代表"无",即:没有任何东西在波动。这看起来是悖谬的,因此一些物理学家继续坚持机械以太的观点,并试图挽救以太理论,荷兰物理学家亨德里克·洛伦兹(Hendrick Lorentz)是其中做得最好的。但最终剔除以太的是爱因斯坦,从此以太失去了作为绝对参照系的意义,而相对性原理得到了普遍承认。最终在广义相对论确立后,以太被人们彻底抛弃了。

20世纪初,德国物理学家马克斯.普朗克(Max Kar Ernst Ludwig Planck)在研究黑体辐射公式时,大胆创立了量子假设,认为辐射能(即光波能)不是一种连续不断的流的形式,这意味着电磁波是不连续的,光是不连续的,它们是一份一份发射出来的。这显然与当时普遍认为的能量是连续的观点相背离,一场新的物理学革命即将发生。

1905年,爱因斯坦利用普朗克的量子概念,提出了用光的量子解释光电效应的学说,这无疑是对光波动说的又一严峻挑战。如果说当时科学界对此还心存疑虑的话,经过美国实验物理学家密立根(Robert Andrews Millidan)10年的艰苦工作,人们不得不慎重考虑光的粒子性了。他精巧设计了电子能量与频率关系的实验,结果在1915年验证了爱因斯坦光电方程,并准确地测定了普朗克常数h。事实上,在此之前爱因斯坦本人对光量子也持谨慎态度,密立根本想用实验来证实光量子是荒谬的,但是实验结果却显得有点阴差阳错。光微粒说终于重生了,但此时的光子不再是当初牛顿带着经典力学色彩的微粒,除了不连续还有些相似之外,它的其他特性都属于波的范围,爱因斯坦也在提出光量子的同时承认了光的波动理论的正确,一种调和的二象性的理论就这样诞生了。

1921年,爱因斯坦因为"光的波粒二象性"这一成就而获得了诺贝尔物理学奖。同年,康普顿在试验中证明了X射线的粒子性,为爱因斯坦的光子理论提供了有力的证据。光的粒子性彻底被人们接受了,由此人们对物质观的看法也发生了深刻的转变。1927年,革末和后来的乔治·汤姆森(G. P. Thomson)在实验中证明了电子束具有波的性质,引出了物质波的概念(见第四章)。同时人们也证明了氦原子射线、氢原子和氢分子射线具有波的性质。在新的事实与理论面前,光的波动说与微粒说之争以"光具有波粒二象性"而尘埃落定。

今天,你可以这样想象光的波粒二象性:向平静的湖面投入一粒石子,形成一个波纹.波纹看似连续的,实际上是由一个个不连续的水分子"颗粒"构成的,光子就像单个的水分子颗粒,当它们大量汇聚起来时就成了连续的光波。光的波动说与微粒说之争从 17 世纪初笛卡尔提出的两点假说开始,至 20 世纪初以光的波粒二象性告终,前后共经历了近三百年的时间。牛顿、惠更斯、托马斯.杨、菲涅耳、爱因斯坦等多位著名的科学家纷纷参与到这一论战之中。正是他们的努力揭开了遮盖在"光的本质"外面的那层扑朔迷离的面纱。从某种程度上说,这场辩论也是现代物质观彻底转变的导火索。狭义相对论诞生后,质能方程使人们更深刻地认识到物质的质量与能量的关系,特别是对微观、高速运动状态下的物质来说两者是相当的,它也为量子理论的建立和发展创造了必要的条件。量子力学的建立是这场争论的另一重要成果,量子化的物质观更是整个人类文明中的一次翻天覆地的革命。

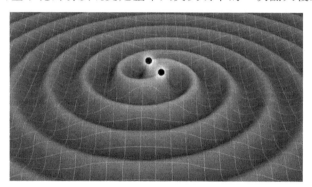

图 2 - 10　宇宙中两个大质量的天体发生扰动,将产生引力波

在确定了光的波粒二象性之后,爱因斯坦又把这种波粒属性赋予物质世界,在广义相对论中预言引力波的存在。引力波就是把我们所熟知的引力看作一种波.这种波的产生是由于质量引起的空间时间的弯曲。如果把空间时间看作是一池平静的水面,大质量的天体重力就像投入水中的石子,可以引起一圈圈的波纹涟漪,向外扩散的就是引力波,伴随着能量的向外传递。

科学家已通过一些间接证据证实了这个预言,比如两个质量巨大的恒星相撞瞬间产生引力波。由于引力是 4 种相互作用中最弱的一种,要产生可以觉察的引力波,必须是两个质量巨大的天体。比撞击这种方式缓和一些的是两个质量巨大的类星体距离很近地绕对方快速转动,这个过程中向外辐射引力波,在经历一段时间后,两颗星体能量逐渐耗尽,以螺线状的轨迹撞到一起(见图2-10)。

现在,科学家想找到引力波存在的更直接证据。其中一种方法是测量引力波经过时造成的空间时间的扰动,即在引力波传播的方向上,使空间距离发生很小的变化,数值约在质子直径的千分之一左右。其原理是利用光的干涉,具体测量方法则是向一个数公里长的管道中发射激光,激光在管道的另一侧遇到分光镜,被分成互相垂直的两束光线,如果其中的一束光恰巧在行进方向上遇到引力波,则发生相位的改变,当这两束光再次相遇时,它们的干涉结果将会发生改变。世界上已经有好几台这样的探测装置,其中之一是美国的LIGO装置,两台探测器分别安放在路易斯安那州和华盛顿州,相距3 000公里以上。

2.5　光学显微镜中的世界

如果说棱镜让光的颜色组成清晰起来,那么光学显微镜则让肉眼看不见的世界呈现出来。显微镜诞生不久后,爆发了关于光的本质的大争论,在这场旷日持久的争论中,光学理论日益成熟。这些理论对光学显微镜的发展和应用起了重要的促进作用,而16世纪以后微观世界的大发现,离不开显微镜的快速发展,这期间显微镜的每一次重大改进都带来了生物学和医学的巨大进步,同时也为其他学科领域的发展奠定了基础。

当复式显微镜最初出现在荷兰时,人们并不知道它的价值,只不过当作商人们一时推售的时髦玩具而已。然而这种新奇的玩意儿却启发了被誉为"近代科学之父"的伽利略,并将这些"玩具"最早引入科学观测,发明了望远镜,从此打开了近代天文学的大门。

1609年5月,伽利略正在威尼斯作学术访问,听说荷兰人发明了一种能将小东西放大的"幻镜",他马上想到如何将它利用到自己观测天体的工作上。回到比萨大学的实验室后,他仔细研究了它的原理,结果发现将透镜光路系统反置,就构成了望远镜。这样,又经过3个月的努力,他终于亲手制出世界上第一台天文望远镜。首先,伽利略用它观察了月球,出乎意料的是,人们眼中那个千娇百媚、美轮美奂的银盘,在他的望远镜中却布满了千疮百孔、凹凸不平的"环形山"。更重要的是,月球在人们眼中曾是上帝创造的尤物,而他的发现预示着天堂中的东西也不一定是尽善尽美的。紧接着第二年,他又发现了木星的 4 颗卫星,为哥白尼学说找到了确凿的证据,标志着哥白尼学说开始走向胜利。此后,借助于望远镜,伽利略还先后发现了土星光环、太阳黑子、太阳的自转、金星和水星的盈亏现象、月球的周日和周月天平动,以及银河是由无数恒星组成的等等。这些发现告诉人们一个真实的宇宙,开辟了天文学的新时代,而他本人却为此遭到教会的迫害和审判。

2.5.1　生物的微观单元

　　光学显微镜的早期发展集中在放大倍率的提高和镜座结构的改进上,主要应用于动、植物的研究观察。

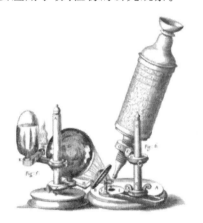

图 2 - 11　胡克所用的显微镜　　　　　　　图 2 - 12　胡克用显微镜所做的观察

　　光的波粒大战的发起人胡克也是光学显微镜发明时代早期最著名的科学家之一,他不仅发现了胡克弹性定律,而且也是整个显微学的鼻祖。他在英国伦敦皇家协会任职期间,亲手制造出更精细的复式显微镜(见图 2 - 11),詹森制作的显微镜放大倍数在 3～9 倍之间,他的显微镜放大倍数已提高到 30～40 倍。此外,他用蜡烛或酒精火焰灯作为照明光源,代替原来用反光镜反射的日光,还在光源和观测样品之间特意加了一个装满水的玻璃球体,以便把光聚集在物体上。最后,在装饰精巧的镜筒两端再分别装一个物镜和目镜就构成了复式显微镜,它标志着显微技术已经比较完备。1663 年,在关于显微镜的演讲中,胡克介绍了软木(栎树皮)在显微镜下呈现的蜂窝状小室,并将其命名为"细胞"(cell,意"小室"),这是人类第一次发现生命的基本结构(见图 2-12)。实验过程非常简单,就是用小刀将软木切成薄片,然后放在显微镜下观察,这种制样方法至今还是显微学家的基本手段。

利用自制的显微镜,胡克观察了大量动、植物标本,并于 1665 年将观察结果汇集,出版了一本《显微图志》(Micrographia)。书里展示了他对荨麻叶片、虱子的解剖、昆虫的眼睛等生物体观察的精细图片。他还研究了薄膜的彩色,其中记载了这样的现象:厚云母片是无色的,但将它揭成薄片时却呈现出了像虹一样美丽的颜色;在反射面上盖上一层具有不同折射作用的透明薄膜时,也会产生彩色现象。他对薄膜的这一光学现象提出了解释,认为这是由于直接从前表面反射的光和经过折射从后表面反射的光相互作用而形成的。胡克写道:"一束最弱的成分领先而最强的成分随后的光脉冲的混合,会在网膜上引起蓝色的印象,一束最强的成分领先而最弱的成分随后的光脉冲的混合,则引起红色的印象。其他的颜色印象都可以由两种成分的先后排列情况作出解释。"胡克认识到了这一现象与两薄膜的厚度有关,在解释成因时,隐约可见光波的影子,但他还没有干涉的概念,也不可能用相位差作出完全正确的解释。

列文虎克(Antoni van Leeuwenhoek)是一名荷兰布商,看了胡克的《显微图志》后,对显微镜发生浓厚兴趣。尽管没有受过正规科学训练,但他以自己精湛的磨镜技艺开始研制显微镜。他磨制了各种各样的透镜,据说制成了 500 个单片透镜显微镜,每个显微镜用于一种类型的样品观测;并精心研制了一种曲率很大的透镜,透镜的焦距在 1 毫米以下。他把这种透镜嵌入铜板或银板的中央开口孔中,再把两块金属板很紧的连接起来,被观测样品放在针尖上,针尖可以用两个螺旋调节聚焦,这样一台只有 8~10 厘米长的小型显微镜就组装好了。这种显微镜必须紧贴眼睛对着光线进行观察,虽然异常简单,但放大倍率却高达 250~300 倍,能够分辨约 1.4 微米的精细结构。在 17 世纪至 18 世纪其他人所制造的显微镜中没有一个能够达到如此高的分辨力。在 1671 年至 1723 年期间,列文虎克用这种显微镜探索了许多领域,第一次观察了动、植物活细胞,特别是在他观察的后期描述了细菌、精子和血细胞,他也对金属进行了观察,是发现金属枝晶的第一人,这些观察记录为细胞学和金相学做出了开创性的贡献。

17 世纪后半叶,惠更斯不仅进一步发展了物理光学的理论,同时也为进一步提高显微镜和望远镜的性能做出了突出的贡献。当时使用的显微镜,在视场中都有一个彩色的晕环,而且成像模糊。这主要是色差造成的,由于照明光源是白色光,它由各种不同频率组成,经过透镜的折射产生色散,焦点也不集中于一点。1662 年惠更斯提出的由两片凸透镜代替一片凸透镜做目镜的想法,其初衷就是消除色差和扩大视野,今天这种目镜仍在使用,被称为“惠更斯目镜”。这种目镜靠近眼睛的一片称为目透镜,起放大作用,另一片称为场透镜,它使映像亮度均匀。在两块透镜之间的目透镜焦平面放一光栏,把显微刻度尺放在此光栏上,从目镜中观察到叠加在物象上的刻度。惠更斯最早采用复透镜目镜,后来经过上百年的技术改进,出现了各种功能的现代目镜,可以看出那时的显微镜已初具现代光学显微镜的基本结构,而且色差问题已经成为羁绊显微镜发展的主要障碍。

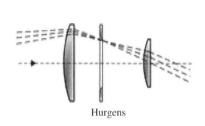

Hurgens

图 2 - 13　惠更斯目镜工作原理

图 2 - 14　各种形式的目镜

2.5.2　巴斯的遗憾及科学的公开性

色差问题的解决直到 18 世纪 30 年代才完成。1733 年的一天,英国人霍尔(Chester Moore Hall)发现刚上市的一种“燧石玻璃”比正在使用的“冕牌玻璃”色散大,于是他马上想到用这两种透镜也许能解决色差问题,为了避免别人看透他的想法,他分别在两家不同的商店订购镜头。碰巧的是,这两家商店都向同一名叫乔治·巴斯的制镜商订购的,结果巴斯弄明白了两个镜头的作用,并将这种复合镜头用到了他生产的望远镜上。也许是出于避免争夺发明权的原因,巴斯一直没敢申请专利。20 年后,当他遇到叫多兰

(John Dolland)的另外一位制镜商时,谈到两种玻璃的折射率不同,多兰回去后马上实验,成功研制出消色差镜头,并于1758年申请了专利。巴斯为专利优先权将他告上法庭,但法庭宣判多兰胜,理由是巴斯没有公布发明,这对促进整个社会生产技术的进步作用不大。于是多兰因这一专利独霸当时制镜业,而巴斯却从此被剥夺了制造权,事业一蹶不振。消色差双合透镜,它的基本原理如图2-15所示:

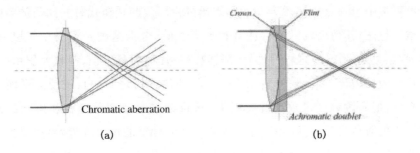

图 2-15   双合透镜原理示意图

对不同颜色的光,玻璃的折射率是不同的。比如3种波长不同的红、黄、绿、蓝色光经过冕牌玻璃做成的凸透镜后,分别会聚在不同的焦点970毫米、967毫米、954毫米处。消色差双合透镜的设计原理是:用折射率较小的玻璃(冕牌)做凸透镜,放在前面;用折射率大的玻璃(燧石)做凹透镜,放在后面。凸透镜造成蓝色光焦点在前、红色光焦点在后的所谓"色差",经过折射率更大的凹透镜后,蓝色光被更显著地发散,这样只要透镜的设计参数合理,凹透镜可以补偿凸透镜的色差,使不同颜色的光汇聚到一点。(表中列举了三色光在不同玻璃中的折射率)。

表 2-1   三色光在不同玻璃中的折射率

	蓝色光	黄绿色光	红色光
波长/nm	486.1	589.3	656.3
冕牌玻璃	1.524	1.517	1.515
燧石玻璃	1.639	1.627	1.622

这种消色差透镜最初是用在望远镜上的,由于显微镜更小巧、精密,所以直到18世纪末它才被成功用于低倍消色差显微镜。随着显微镜台制造的进一步发展,出现了三级台面和十分精细的调节系统,在19世纪最初的25

年,这种消色差显微镜有了商业价值。1830 年意大利光学专家爱米西解决了高放大倍数物镜的矫正问题,当时他提出了使用消色差透镜复合体的组合,并在 1850 年发明了水浸观察方法,制成了水浸物镜。

2.5.3　阿贝的精确预言

　　另一个引起显微镜失真的因素是球差。这是由于光线通过透镜的边缘后会发生更大的弯折,如图 2 - 16(b)所示。只有透镜曲率正好等于球面曲率除以该透镜的折射系数时,才能克服这种偏差(见图 2 - 16(a))。要制造这样的透镜非常困难,一般都采用制作简单的球面透镜。这样,对于折射率 1.5 的透镜,只有中心 67％ 的半径范围内不会产生明显偏差。所以减小球差的简单办法有两个:一是采用在光路上加置光栏,遮挡住穿过透镜边缘的光线,但这会减小分辨率和视场范围;二是减小透镜曲率,但这会降低放大倍率。

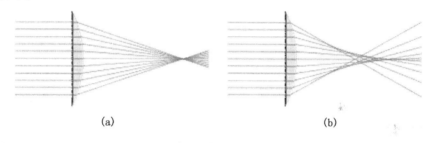

(a)　　　　　　　　　　　　(b)

图 2 - 16　球面透镜球差失真原理示意图

　　在 19 世纪早期,显微镜还不能分辨动、植物细胞的结构细节,英国有一位叫李斯特(Joseph Jackson Lister)的业余光学爱好者立志要解决这个问题。从 1824 年开始,他先是研制冕牌玻璃和燧石玻璃复合的消色差透镜,1826 年已制成一台性能非常好的显微镜。试制过程中,他发现当镜头之间保持恰当的距离时,球差便会减小。1830 年,他在皇家协会发表论文阐述了这一原理:当几个低倍透镜被严格地放置于恰当的距离时,除了第一个透镜外,其他透镜不产生附加的球差。可惜这一发现并没有立即引起人们的重视。

　　李斯特还曾经思考过是什么限制了人眼不能分辨更小、更远的物体,为此,1843 年他写了《人眼、望远镜和显微镜的分辨力极限》(On the Limit to

Defining Power in Vision with the Unassisted Eye, the Telescope and the Microscope)的论文,只是由于种种原因当时没有公开发表。对这个问题德国物理学家 E·阿贝(Ernst Abbe)做了深入的探讨。

阿贝除了做科学研究外,还是一名企业家。1866 年,他与德国著名透镜制造商蔡司(Carl Zeiss)合作研制光学仪器,共同经营蔡司公司,将透镜制造推向更高的水平,奠定了现代光学工业的基础。阿贝第一个提出数值孔径的概念,即孔径半顶角的正弦乘以孔与镜头之间介质的折射率。在 1878 年,他制成了第一台数值孔径大于 1.0 的油浸物镜,显微镜接近其理论分辨极限。1883 年,他制成了可矫正 3 种色彩的复消色差物镜,在这种物镜中使用了不少于 7 种不同类型的玻璃。然而,阿贝最重要的贡献还是在古典显微成像理论方面,他发现分辨率极限的制约因素不是透镜的曲率和放置位置而是孔径,指出可见光波段上显微镜分辨力存在极限,这迄今仍是光学设计的基本依据之一。此外,他还根据衍射理论提出二次衍射成像理论——阿贝成像原理,即把物面视为复合的衍射光栅,在相干光照明下,由物面二次衍射成像。

在阿贝根据衍射理论预言了分辨极限的存在之后,英国物理学家瑞利进一步归纳出分辨率的数学表达:

$$r \geqslant \frac{1.22\lambda}{2n \cdot \sin\theta}$$

其中,r——被分辨的两物距离;

λ——光波波长;

n——折射率;

θ——光圈孔径半角。

图 2 - 17 物理学家瑞利

根据该判别式,在折射率和孔径角最优化的条件下,任何波长的光得到的最大分辨率都约是其波长 λ 的一半。如果以紫光(波长 400 纳米)作为照明光源,最小分辨极限为 200 纳米,这就是说光学显微镜的分辨极限为 0.2 微米。作为一代大气光学的宗师,瑞利坚信:一切科学上的最伟大的发现,几乎都来自精确的量度。正是在这样强烈的信念支撑下,瑞利在光学领域做出了非凡的贡献。

2.5.4　光学显微镜功能分化

在显微镜刚被发明的初期,自然学科的分类并不明显。早期的显微镜使用者既用它来观察生物样品,也用来观察无机样品。但是,生物样品容易看到结构,而无机样品特别是不透明的样品则很难在显微镜上有所发现。比如英国的胡克对剪刀和针头都做了观察,但是这种表面观察往往受到周围环境的随机干扰,而且根本无法了解金属的内部结构。荷兰的列文虎克比较幸运地看到了银金属中的枝晶,但是这种幸运的机会并不多见。所以,早期人们就开始对金属和不透明的材料进行观察,但与在生物学上的成果相比斩获甚少。

18世纪末,人们开始用显微镜观察钢的断口,化学家已经知晓炭在热处理钢中的硬化作用。1818年法拉第和J·斯托达特合作研究合金钢,首创了金相分析方法。但直到19世纪中叶,用显微镜对金属进行研究还很少。

1860年,英国显微学家、地质学家索比(Henry Clifton Sorby)开始用显微镜对钢进行研究,他把抛光或经酸腐蚀后的钢放在显微镜下观察,在钢中发现了包括具有层状结构的珠光体在内的七种主要相成分,研究了热处理与这些相之间的关系。他还把照相技术引入显微观测中,1886年又发明了垂直照明的方法,这对金属和矿物这些不透明材料的观察是一次极大的技术飞跃。他用抛物线面或平面型的反光镜(见图2-18),形成倾斜照明,并由此发现硬质钢中的夹杂,这实际就是今天暗场成像的雏形。索比在显微镜中这些技术革新对揭开金属性能与其微观结构之间的关系有极大的帮助,冶金学家掌握了这些知识后如虎添翼,并由此开创了金相显微学。

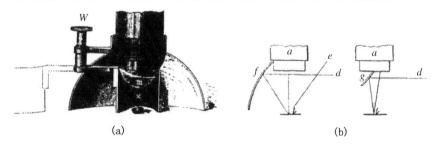

(a)　　　　　　　　　　　　　(b)

图2-18　倾斜照明技术及原理示意图

(a) 反光器件的剖面结构;(b) 抛物镜面或平面镜反射入射光形成倾斜照明

在 19 世纪,随着人类掌握的自然知识和科学原理日益丰富,学科体系变得繁杂起来,这也应归功于显微镜在各学科的成功应用。尤其是在生物学和医学领域,由于新透镜体系的巨大发展和分辨力的提高,出现了一系列重要的发现。德国生物学家施旺(Theodor Schwann)在 1838 年发现发酵过程中的酵母是一些微小的植物细胞,他在 1839 年发表的《关于动植物的结构和生长的一致性的显微研究》一文中指出,动物和植物都是由细胞构成的,从而创立了细胞学说。此外,他在 1880 年 1890 期间对细胞分裂的精细分析、肌肉细胞收缩纤维中的肌原纤维的发现和结核菌的发现等,这些成果都和显微镜的性能和使用技能的提高密不可分。

偏振是光的自然属性之一,今天被广泛应用于照相、显微成像、液晶显示、溶液浓度测定、材料应力和气体压力测定等各种技术中。自然界的生物早已对它进行利用,比如蚂蚁就是靠辨别太阳光经大气反射后的偏振来确定方向的。

人类直到十九世纪初才察觉到它的存在。如前文所述,伴随"光的本质"的激烈论战,微粒派的马吕斯于 1811 年发现光的偏振现象,随后成为论战双方最富戏剧性的一个论据,先是微粒派以它反驳波动派,最后则成为波动派的最有力证据。到 1850 年,随着对偏振现象的认识不断加深,偏光原理被多次运用到显微观察中,19 世纪后半叶出现了偏光显微镜,最终促成了偏光显微术的形成。偏振光学显微术的出现标志着光学显微理论的又一次大飞跃。

在早期偏振光学中做出重要贡献的是一位英国科学家布鲁斯特(David Brewster),他提出了偏振光的折射和反射定律,发现了双折射晶体的两个光轴,研究了许多晶体与它们光学特性之间的关系。

我们已经知道,今天使用的折射定律是 1621 年由斯涅尔发现的,其数学表达式如下:

$$\sin(i)/\sin(r) = Vi/Vr = N$$

N—折射率;γ—折射光与法线夹角;i—入射光与法线夹角;Vi—入射光在质中的速度;Vr—折射光在介质中的速度。

这个公式表明,折射实际是由于光在光疏介质和光密介质中的传播速率不同造成的,折射率就是光在两种介质中传播速率之比;当光由光疏介质进入光密介质时,光线折向法线;反之,由光密介质进入光疏介质时,光束远离法线。

图 2 - 19　双折射现象:在方解石下面的一支铅笔形成两个方解石上的影像

1669 年,巴塞林纳斯发现的冰洲石存在奇异的双折射效应。自然光进入这样的晶体会形成两束折射光,其中一束光在入射光与法线构成的平面内,遵循斯涅耳定律,我们称之为寻常光;另一束不在入射线和法线构成的平面内,不遵循斯涅耳定律,被称为非寻常光。后来发现了偏振光,人们才明白这两束光分别是在两个互相垂直平面内的偏振光。随后通过这种双折射的原理,人们又发现双折射现象是由于某些晶体的各向异性造成的,而玻璃和对称性高的晶体不会发生这种现象。这样,偏振光学显微术便在矿物学和晶体领域得到广泛应用。

1828 年,苏格兰科学家尼科尔(William)发明了尼科尔棱镜,制作方法是将两块方解石按特定的晶面劈开后再用加拿大树胶粘起来,这是偏振光应用的第一个光学器件。1849 年,索比开始将矿物岩石制成薄片样品(0.025 毫米厚),在偏光条件下进行显微观察,用这种方法他可以区分石英、方解石和玉髓。1885 年,德国的莱茨公司制成一台特殊的偏光显微镜,很快成为矿物学家、地质学家和晶体学家的重要工具。

偏振光显微术深入发展使得 1893 年出现了干涉显微术。这种技术利用的是偏振光干涉原理,关键器件是渥拉斯顿棱镜,这种棱镜是一种由天然方解石晶体制成的双折射偏光器件。入射一束无偏光束,将被棱镜分成两个偏振方向互相垂直的线偏振光束,两者的分离角相对光轴而言大致是对称

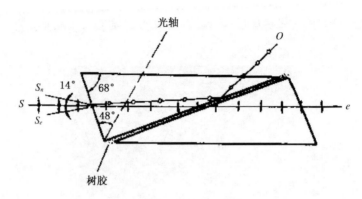

图 2-20　尼科尔棱镜示意图

的。两束光经聚光镜射向样品,然后再通过物镜,与第两组渥拉斯顿棱镜相吻合,由检偏镜发生干涉。通过这种干涉把无色透明的样品信息转换为明暗和颜色的变化,增强反差。

2.5.5　现代光学显微镜

进入 20 世纪以后,随着"光的本质"争论落下帷幕,人们对光的认识达到了一个新的高度,从场和波的角度,显微光学理论又产生了一些创新性的突破。1928 年,英国科学家申奇(E. H. Singe)首次提出近场光学的构想,可以将理论极限分辨率由 0.2 微米提高到 0.01 微米;在 1984 年,按照这种思想设计的全世界第一台近场显微镜诞生了。1935 年,荷兰物理学家泽尔尼克(Frits Frederik Zernike)创造了相衬显微术,将光中人眼无法察觉的位相信息转换成可察觉的振幅信息,实现对观测对象细节的观察,并因此在 1953 年获得了诺贝尔物理学奖。

在仪器发展方面,这段时期内显微镜的光学部件和机械部件得到了进一步的改进,并且随着科学技术的飞速发展和显微镜使用范围的日益广泛,人们设计并制造出了适用于各种用途的形形色色的显微镜。1957 年,人们开始发展共聚焦显微镜,后来随着激光技术和扫描技术的发展和成熟,出现了共聚焦激光扫描显微镜,实现了三维立体观测。此外,随着显微镜同电影、电视、分光光度术等现代技术的结合,促成了显微电影摄影机、电视显微镜、自动影像分析仪、显微分光光度计、流式细胞分光光度计等大型自动影像记录和测量分析仪器的出现。这些仪器不仅可以真实地记录活体生物中微观的运动和变化过程,而且可以迅速准确地对微小物体及其结构成分进行定量分析,例如细胞内 DNA、RNA、蛋白质等物质含量的测定。

当今光学显微镜的研究主要是向动态观测、立体观测(全息)、更高分辨率和多功能等方向发展。2013 年 1 月 31 日的《自然》(Nature)杂志介绍了一种新型多光子显微镜。它使用近红外飞秒激光,可以精确控制到仅以两个光子为激发源,这样激发所产生的荧光光子也不会多于两个,因此可以限制多余光子产生并最大限度地接受聚焦平面上的光子,能实现动态实时观察细胞的组织结构和生理代谢。其结构图如下,由近红外飞秒激光源、扫描系统、低倍高数值孔径物镜、波长分光镜(D)和光子放大管探测器(PMT)组成。

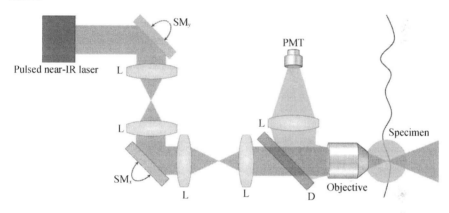

图 2-21 多光子显微镜结构

现代光学显微镜是一种被普遍使用的基本微观观测仪器。随着人们对光的特性和本质认识的加深,显微镜家族不断得到扩大,特别是近几十年在现代工业技术的推动下,不仅显微镜的精密度和分辨力大大提高,而且功能越来越广泛,适用范围也不断扩展。就其分类来看,也很难单纯从某一角度进行。

下面介绍光学显微镜有关的分类方法。

1. 按光源类型分类

从光源来看,可以分为可见光显微镜和不可见光显微镜两大类:

1)可见光显微镜。这是指利用光源波长在可见光范围(390~770 纳米)的显微镜。它根据照明技术、成像技术和镜体构造的不同又可以分为很多种。根据显微镜的照明技术可以分为：

明视野显微镜：就是正常照明条件下工作的一种普通显微镜，它是显微镜中最基本最普遍的类型。其他各种类型的特种显微镜都是由它演变而来的，或者只要在这种显微镜上附加或更换特殊的附件而成。

暗视野显微镜：这种显微镜利用特殊的集光器使照明光线不能直接进入物镜，只有观测对象表面的散射光进入物镜，因此整个视野的背景是暗的。用这种显微镜能够观察到明畅视野观察不到的 0.1—0.01 微米微粒，因此多用于微小颗粒观察。

荧光显微镜：这是一种利用一定波长的光使观测对象中的特异性物质受到激发而发射荧光，通过观察荧光研究标本的特异性物质成分或标本的特异结构的显微镜。这种显微镜具有特殊的照明系统、荧光垂直照明器以及暗视野集光器。

2）不可见光显微镜。这是一类利用光谱的可见光部分以外的非可见光形成像的显微镜。这类显微镜是近二十年内发展起来的特殊用途的显微镜，它可以分为：

紫外光显微镜：这是一种使用波长在 380～360 纳米以下的紫外光形成物体像的显微镜。它最初被用于增大分辨力，现在主要用于对紫外光有选择吸收物质的显微光度和显微分光光度的研究。

红外光显微镜：这是一种使用波长在 760～1500 纳米范围内的红外光形成物体像的显微镜。它可以使用可见光观察不透明的物质，例如可用于研究昆虫中渗入黑色素的甲壳质层。

X 射线显微镜：这是一种波长极短（0.01～100 埃）而又具有强大穿透力的 X 射线来形成物体像的显微镜。它可以用来观察较厚标本中的空间结构以及矿质化或角质化的材料。

2. 按成像原理分类

几何光学显微镜，其中包括：生物显微镜、落射光显微镜、倒置显微镜、金相显微镜、暗视野显微镜。

物理光学显微镜，其中包括：相差显微镜、偏光显微镜、干涉显微镜、相差荧光显微镜。

信息转换显微镜，其中包括：荧光显微镜、显微分光光度计、图像分析显微镜、照相显微镜。

2.6　光学显微镜的基本原理和构造

　　光学显微镜主要是利用可见光作为照明源,靠透镜改变那些与被照射物发生作用后的光线几何传播路径,从而使被照射物上的原有特征得到放大并成像。这里同任何其他成像方法相似,光是成像最重要的条件。

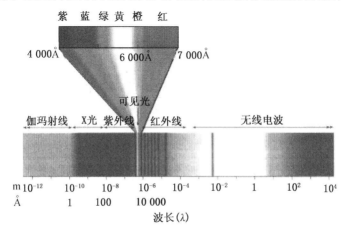

图 2 - 22　可见光在电磁波谱中的波段

2.6.1　光的基本特性

　　在经历了长期的"光的波粒"大论战后,今天人们已清楚地认识到光是一种电磁波,是一种横波,它在电磁波谱大家族中占据着 390～770 纳米波长段(见图 2 - 22)。对于大多数光源,光波在各个方向上振动的概率相同,振幅相等,即:在与传播方向垂直平面内,波动在 360 度方向上均匀分布,这种光被称作自然光。与此相对,仅在某一固定方向上保留振动的光,叫做平面或线偏振光;振动方向随时间作遵循直线传播有规则地改变,即电矢量末端轨迹在垂直于传播方向的平面上呈圆形或椭圆形,则称为圆偏振光或椭圆偏振光;偏振光通常是经过物质的反射、折射、吸收等方法获得的。

2.6.2　光与物质相互作用

1. 光的折射

光在进入透明物质后,会发生光的折射。像在玻璃这样的非晶体中,折射遵循斯涅耳定律。从本质上看,光的折射是由于其电磁波性质造成的。电磁波由电场分量和磁场分量组成,当传播过程中,电场分量与介质的每一个原子发生作用,引起电子极化,即造成电子云和原子核重心发生相对位移。其结果是一部分能量被吸收,同时光的速度被减小,方向发生变化,导致折射的发生。

折射率不仅与光所通过的介质有关,还和光的波长有关,这就是折射率色散。比如,在同一介质中,随光的波长变小,折射率增大;因此,具有最小波长的紫光、折射率最大,而红光的折射率最小,这样白光通过透镜总是红光偏折最小,因此平时大家看到的彩虹总是红光在外。

2. 光的吸收

光进入物质内部,光能被转换成热等其他形式的能量,光的振幅随透入物质的深度增加而不断减小。透射光的强度遵循 Lambert 吸收指数定律:

$$It = Iexp(-at)$$

I——为入射光强;

It——为透过厚度 t 的光强;

t——为透入深度;

a——为比例常数。

3. 光的反射

人类靠着"眼睛"这个接收器,可以看到自然界的各种物体。在这个过程中,眼睛接收到的"光"信息实际上是那些打在物体身上的反射光线。光的反射遵循反射定律,即入射角等于反射角。反射的程度可以用反射率描述,即:反射光强与入射光强的比率。不同材料的反射率有较大差异,导体或半导体是不透明的,自由电子会吸收任何波长的光,呈现较好的反射率;离子或共价键材料是透明的,键合电子只与个别波长的光相互作用,有时会呈现颜色。

这个世界里充满五颜六色的物体,它们的颜色来自哪里? 实际上这主要有两个成因。其一有些物体对光有选择性反射的"习惯",就像有些偏食的孩子,通常把白光中其他波长的色光都吸收了,只留下某一波长的光被反射出去,比如说红色,那么物体看上去就是红色的;如果把所有的光都吸收了,那么物体就是黑色的;如果把所有的光都反射出来,那么看上去就是白色。发生在物质表面、通过选择性反射而使物质呈现特定的颜色称表色。其二,对于透明和半透明物体,进入物质内部发生折射光,遇到解理、裂隙、孔洞及包裹体等不同介质的分界面时,被反射出来,这称为体色或内反射色。

总之,光与物质相互作用,除一部分折射或透过(透明)材料外,其余部分则被反射和吸收。

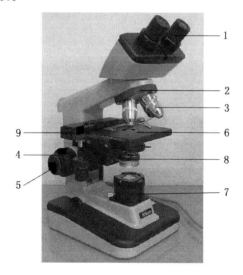

图 2-23　现代普通光学显微镜的构造图

1—目镜;2—物镜转换台;3—物镜;4—粗调焦距钮;5—细调焦距钮;
6—载物台;7—光源;8—孔径光阑;9—载物台移动旋钮

2.6.3　光学显微镜的结构和成像原理

在照明良好的条件下,人眼通常可以看清的最小距离大约是 0.1~0.2 毫米,这就是人眼的分辨力。从广义上讲,凡是使我们能看清 0.1 毫米以下的仪器或装置都可称为显微镜。在复式显微镜发明之初,单镜头的显微镜、实际上就是今天的放大镜也被广泛用作微观世界的观察。无论什么样的显微镜,它的最大放大率都是由其分辨率决定的,当然现在人们还可以通过放大照片提高放大率,但这只是"虚"放大,分辨率并没有提高。

自从复式显微镜出现以来,其基本结构并没有过多的改变。主要构造可以简单地分为:光源、样品台、光学透镜组具。其构造如图2-23所示。

显微镜的光源安装在镜座内,镜筒通过棱镜系统向观察者倾斜,载物台呈水平位置,可通过移动载物台选择被观测样品的位置,通常镜筒上端安装目镜,有时也可以根据需要安装其他一些功能附件,例如照相机、投影屏、光度计等装置,这样显微镜的用途就大大拓展了。

就显微镜基本构造来看,主要由以下几部分组成:

(1)物镜和目镜。这是显微镜最重要的光学系统,是决定显微镜性能优劣的最重要部件,它们被分别安装在金属镜筒的下端和上端。为了方便地更换物镜,在具有5~7个孔洞的物镜转换台上可以旋入不同放大倍数的一组物镜,显微镜正是借助物镜和目镜的两次放大作用来观察微小物体或物体的细微结构的。

(2)照明器和聚光镜。这是显微镜的照明系统,是重要性仅次于物镜和目镜的光学系统。比较简单的显微镜是通过反光镜借助于日光照明的,而现代显微镜大都使用灯光照明,把显微镜灯直接组装在镜座内部,或者把装有显微镜灯的灯室连接在镜座上。与日光照明相比,灯光照明亮度稳定,易于控制和调节,不受自然条件的影响。聚光镜是一个装在物台下可以沿着光轴方向垂直移动的透镜系统,它的主要作用是把照明光线聚集在被观察的物体上

(3)载物台。这是显微镜的机械系统,借助于粗调和细调的机械系统可以调节标本和物镜之间的距离而聚焦显微镜像。在一般情况下粗调和细调是独立的系统,通常用两个分离的旋钮操纵,低倍的实体显微镜常常只有一个粗调。载物台是放置样品的台面,一般具有可以在纵向和横向移动的机械移动器和样品夹,并且有刻度尺和游标尺,可以随意地移动标本,并能用于定位和测量。

传统显微镜的成像原理和放大镜相同,就是把被照射微小物体的反射光或透射光经过玻璃透镜的折射作用,形成一放大的像,由于玻璃透镜是各向同性的光均质体,因此可以运用斯涅耳折射率进行几何光学设计和计算。

图 2-24 是显微镜成像的几何光路示意图。图中物体 AB 位于物镜前方,离开物镜的距离大于物镜的焦距,但小于两倍物镜焦距;它产生的反射光经物镜以后,必然形成一个倒立的放大的实像 A′B′;A′B′位于目镜的物方焦点 F2 或 F2 的附近,再经目镜放大为虚像 A″B″后供眼睛观察。

　　可以看出,显微镜实际就是两个放大镜的复合,只不过此时目镜成像的不是物体本身,而是被物镜已经放大了一次的物体像。目镜所成的虚像 A″B″,可以位于无限远处(当 AB 恰好位于 F2 上时),也可以位于观察者的明视距离处(当 A′B′在图中焦点 F2 之右边时),其位置主要取决于 F2 和 A′B′之间的距离。

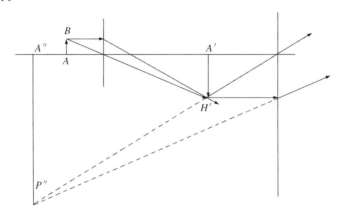

图 2-24　显微镜成像的几何光路示意图

2.7　不同类型光学显微镜的结构和技术特点

2.7.1　反射光显微镜

　　对于不透明样品,只能利用样品表面反射回来的光成像。这给早期显微镜带来问题,从照明源发出的光往往是以一定角度射向样品表面的,这样照明的均匀性不好。1886 年,索比发明垂直照明法之后,这一问题才得到解决。垂直照明除了可以采用半透明反光镜外(见图 2-25(a)),还可以采用贝雷克(Berek)棱镜(见下图 2-25(b))。用于金属观察的显微镜叫金相显微镜,由于金属样品基本都不透明,因而采用垂直照明,反射光观察,它们都属于反射光显微镜。

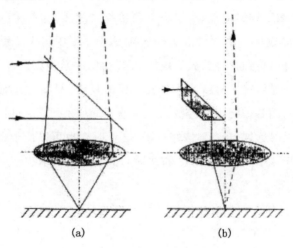

图 2 - 25　垂直照明原理

(a) 半透明反光镜；(b) 贝雷克棱镜

　　反射光显微镜可以有不同的载物台布置方式。按照图 2 - 26(a)所示，载物台在整个镜台的靠下端部位，样品的被观察表面面朝物镜向上，这被称为"正置显微镜"；另外一些情况下，载物台会布置在显微镜的顶端，如图 2 - 26(b)所示。与前一种情况相比，这时物镜、聚光镜和光源的位置均颠倒过来，故称为"倒置显微镜"。

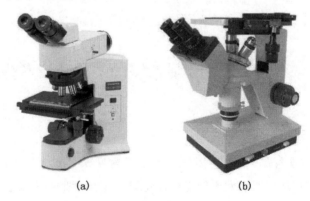

图 2 - 26　不同的载物台布置方式

(a) 正置金相显微镜；(b) 倒置金相显微镜

　　倒置显微镜的最大特点是有超长工作距离的聚光镜。这样便于附加一些其他装置如恒温控制箱、相差、微分干涉、荧光、偏光、显微操作器、热台等;有时为了研究需要使用特殊附件,比如 5-100X 平场高度消色差物镜。这种具有大空间的物镜便于配置高分辨率数字采集系统,使用起来更为方便快捷。

2.7.2　相衬显微镜

在普通光学显微镜下观察样品时,人们只能靠颜色(光的波长)和亮度(光波的振幅)的差别看到被检物的结构。对于无色、透明性好的样品,比如活细胞、油膜等,当光波通过它时颜色和亮度变化不大。因此在普通光学显微镜下观察生物活细胞,多将样品染色,但有些样品经染色就会发生变形,染色也可能使有生命的样品死亡。对这类样品,我们可以利用相衬显微镜来进行观察,这是 1935 年泽尔尼克在研究衍射光栅时发明的,也叫相差显微镜。

相衬显微镜的物理原理是:被观察样品整体并非完全均匀的,某个局部细节与其周围物质可能存在折射率或厚度的差异。这种结构差异虽然在颜色和强度上无差异,但对透过的光会引起位相上的差异,可以利用光的干涉原理,将人眼不可分辨的位相差转换为可分辨的振幅差,实现这一特殊功能的显微镜就是相衬显微镜。

在相衬显微镜的光路图中,在聚光器下部有一个叫相差环的环状光栅,光线通过它的圆形缝隙照射到被检物体上,产生直射光和衍射光两种光波。光通过样品时,若样品是完全均质透明的物体,光将继续前进而形成直射光;若遇到折射率不同的物质,由于光的速度减慢,这种光相位延后,而且光的行进路线发生偏离,这样就形成与直射光存在一个位相差的波,称作衍射光。在物镜的后焦面上,设有相差板,直射光通过共轭面,衍射光通过补偿面。直射波和衍射波互干涉,形成合成波,干涉的结果经过相差板转换为肉眼可识别的振幅差,即明暗衬度。背景为直射光,成像为直射光和衍射光的合成波。

相衬显微镜中的特别装置包括:环状光栅(相差环)、相差板、调整合轴的中心望远镜。环状光栅是由大小不同的环状孔形成的光栅,安装在聚光镜下面,光线只能通过环状光栅的透明部分射入。不同倍数的物镜要用相应的环状光栅。

相差板安装在物镜后焦面位置。直射光全部穿过相差板上的环纹,而衍射光多半穿过纹道的外部,前者叫共轭面,后者叫补偿面。相差板上装有吸收膜及推迟相位的相位膜,从而使直射光和衍射光之间产生了相差。如果相差板做得能使入射光波延迟 1/4 波长,那么两波的峰及谷将会重合,这将产生大振幅的合成波,细节就会明显地呈现出来。相差板除推迟直射光或折射光的相位以外,还有吸收光使光度发生变化的作用。

合轴调中望远镜,它是相衬显微镜专用合轴工具,只有当聚光镜下面的环状光环与相衬物镜中的相位环完全准确重合时,才算完全处于相差状态。否则将会造成低反差。

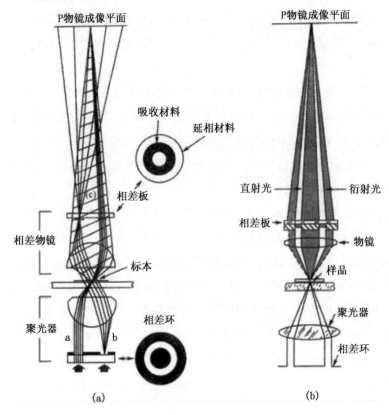

图 2-27　相衬光路示意图

(a) 直射光与衍射光相差光路图;(b) 直射光与衍射光成像图

2.7.3　荧光显微镜

除了利用反射光、吸收和透射光产生的信息进行显微观察外，人们也利用荧光现象。荧光是一种常见的光致的冷发光现象。当某种常温物质经某种波长的入射光（通常是紫外线或 X 射线）照射，吸收光能后进入激发态，并且立即退激发并发出长于入射光波长的出射光（通常波长在可见光波段），而且一旦停止入射光，发光现象也随之立即消失，那么具有这种性质的出射光就被称之为荧光。

荧光显微镜正是基于荧光发光原理，用人眼不可见的较短波长光照射被检测物，使样品受到激发，产生人眼可见的较长波长的荧光，这样进一步用显微镜放大，便可用来观察和分辨样品中产生荧光的成分和位置。

如图 2-28 所示，荧光显微镜利用一个高发光效率的点光源，经过滤色系统，发出一定波长的光作为激发光，经分色镜射向样品，使样品的荧光物质激发并发出一定的荧光，通过物镜和目镜的放大进行观察。

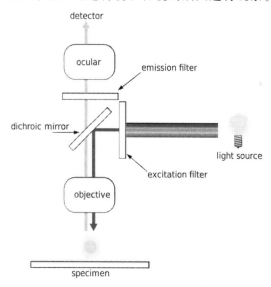

图 2-28　图荧光显微镜的原理图

荧光显微镜结构特点是具有荧光光源和滤色系统。荧光显微镜常用高压汞灯做荧光激发源。滤色系统由激发滤光片和阻断滤光片组成。激发滤光片放置于光源和物镜之间，也称为照明滤光片，其作用是选择激发光波长范围,使之单色。阻断滤光片多采用长波通滤片。其作用是与分色镜共同工作,滤除、吸收和阻挡激发光进入目镜,防止激发光干扰荧光信号和损伤眼睛,并可选择通过激发的荧光。

图2-29　荧光显微镜外观

　　荧光显微镜技术的优势在于荧光显微镜的分辨率超出传统显微镜。荧光显微镜能够直接显示细胞内的生物化学成分,并且显示的彩色效果好,有利于定量分析。荧光显微镜技术是一种示踪技术,如显示标记物质——荧光抗体等。荧光显微镜技术所用的方法非常简便易行。荧光显微镜技术在医学上所用色素的量是极其微小的,但显色效应不比传统显微镜差。

2.7.4　激光扫描共聚焦显微镜

1. 仪器的产生和原理

　　早在1957年,美国麻省理工学院的明司基(Marvin Lee Minsky)便提出共聚焦显微镜的构想,这是由于当时荧光显微镜照射样品时,荧光信号来自样品的不同深度,形成的荧光图像不在同一焦平面上。为此,他用点光源照明,在影像记录仪前的光学共焦面位置上放一个针孔,这样,让那些离焦光被滤除,从而提高了图像清晰度。

　　尽管分辨率提高了,但是由于点光源本身强度很弱,再加上针孔的限制,所以信号强度很低。后来随着扫描技术的发展,人们将这种很细的光束在样品表面逐行扫描成像,类似大家平时用到的显示器工作原理;当激光成为常规技术后,又引入激光束。1978年,托马斯和克里默设计了第一套激光扫描程序,20世纪80年代这项技术逐渐成熟并开始商品化。

　　自从第一台激光共聚焦显微系统问世以来,经科学家们不断开发创新,已更新了数代,如Leica、Zeiss、Nikon、Olympus等公司都先后研制了不同类型的共聚焦显微镜。这些仪器的结构大体相近,主要包括:显微镜系统、激光照射系统、扫描及检测系统、计算机及图像采集分析系统。

　　由于激光可以聚焦在不同的深度,对于透明样品,通过逐层扫描而显微成像,能够得到三维结构图像;对于不透明样品,能够得到表面信息。因此,共聚焦激光扫描显微镜一经出现便在生物学领域得到广泛应用,由此而产生集多种高精尖细胞分析及工程技术于一体的一批新技术。利用共聚焦光路和激光扫描不仅可以获得生物样品的显微断层图像,而且具有高灵敏度和能观察空间结构的独特优点,克服了以往对被检物体停留在表面、单层、静态情况下研究的局面,让今天的生命科学在三维立体、断层扫描、实时动态的观察基础上展开全方位研究。

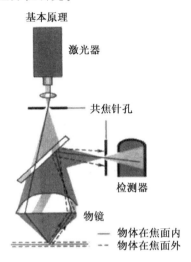

图 2-30　激光显微镜的原理图

2. 技术和应用特点

共聚焦光系统由于使用照明点和探测点共轭这一独特结构,从而有效抑制了同一焦面上非测量点的杂散光以及不同光束中不同表面杂散光,一定程度上改善了横向分辨率。由于使用共轭光路,使得来自样品的非焦平面光线被抑制,不能进入探测器,从而大大降低非焦平面光线对图像的干扰,正是由于这一点使共聚焦光路具有深度辨别能力,即具有了纵向分辨力,可对样品进行无损伤的光学切片。另外,适时共轭光路激光扫描克服了普通共轭光路不能对快速运动和变化的样品进行观察的缺陷,因而具备了时间分辨力。这些技术特点简单归结为:分辨率高,是普通显微镜的 1.4 倍;可实现图像的三维立体重构;扫描速度快且具多种扫描方式。

针对生物组织和细胞的应用,其特点主要有:可获得高灵敏度、高对比度的活细胞图像;可进行组织光切片观察;可对组织进行测量、定量、定位荧光分析。

2.7.5 体视显微镜

体视显微镜又称"实体显微镜",是一种具有立体感的仪器,它具有以下特点:

(1) 双目镜筒中的左右两光束不是平行的,而是具有一定的夹角,因此成像具有三维立体感。

(2) 像是正立的,这是由目镜下方的棱镜把像倒转过来的,便于操作和将图像与样品的实际位置对应。

(3) 放大率最高为 200 倍左右,有工作距离限制,有的体视显微镜在物镜前加上 0.5X 附加镜后,工作距离更长,便于操作。

(4) 焦深大,易于观察标本的断层,具有三维构像。

(5) 视场直径大,配上荧光装置和自动数字照相系统,可直接对大样品进行荧光观察、图像采集及分析。

光学显微镜作为历史最悠久的科学仪器之一,到今天已有四百多年的发展历程,但仍然在人类的生产、科研中发挥着不可替代的作用。和所有的现代仪器一样,它是科学和生产技术发展的产物,特别是与光学理论和技术的发展密不可分。在它诞生后不久,便发生了光的本质争论,可以说它的诞生和发展一次又一次推动了科学和生产技术的进步;与此同时,每一次科学革命也促进了显微镜的改造和发展。

2.8　光学显微镜支撑下的微观物质世界框架

凭借光的特性,人们制造了很多光学仪器。光学仪器让人们看到许多平时无法看到的微观世界的景象。凭借光学仪器的镜头,可以发现许多奇妙有趣的现象,即使用一个简单的放大镜,人们看到的细微之处也要比肉眼看见的大许多倍。因此,对光的利用一直伴随着人类科学的发展。

被恩格斯誉为 19 世纪自然科学 3 个最伟大发现之一的细胞学说,完全离不开显微镜的应用。在 16 世纪至 19 世纪,生物学和医学领域里的每一项重大的发现几乎都是由显微镜的一次重要改进所引起的,这些发现彻底打破了有机和无机的界限。

2.8.1　生命物质基础的探索——发现细胞

对生命物质基础的探索是从显微镜上开始的。1665 年,英国物理学家胡克在显微镜上观察到软木塞切片的蜂窝状小室,成为人类探索生命世界的标志性时刻。从 1665 年胡克发现细胞到 1839 年细胞学说的建立,经过了 174 年。在这期间,科学家对动、植物的细胞及其内容物进行的广泛研究无一不是借助显微镜完成的。1674 年,荷兰人列文虎克在显微镜上观察了血细胞、池塘水滴中的原生动物,在人类历史上第一次观察到完整的活细胞。

19 世纪初期,德国植物学家特雷维拉努斯(L. C. Treviranus)认识到细胞是植物的结构单位。1830 年意大利的爱米西和其他人制成了改进的消色差显微镜,使人们得以观察到有机细胞的详细情况。随后,1833 年英国植物学家 R・布朗(Robert Browm)在显微镜里发现了植物细胞体内的细胞核,接着又有人在动物细胞内发现了核仁。捷克人普金叶在 1835 年用显微镜观察了一个母鸡卵中的胚核,并指出动物的组织在胚胎中是由紧密裹在一起的细胞质块所组成的,这些细胞质块与植物的组织很类似。

在积累了大量显微观察的基础上,有人开始注意到植物界和动物界在结构上存在某种一致性,它们都是由细胞组成的,并且对单细胞生物的构造和生活也有了相当多的认识。在这一背景下,施莱登(Matthias Jakob Schleiden)于 1838 年提出了细胞学说的主要论点:"所有的植物都是由细胞组成的";翌年施旺提出"所有动物也是由细胞组成的",对施莱登提出的观点进行了补充。由此细胞学说被创立,在他们的理论中,虽然正确地指出新的细胞可以由老的细胞产生,却提出了一个错误的概念,即新细胞在老细胞的核中产生。后来,其他一些科学家纠正了这一错误,他们证明新细胞是靠分裂形成的,细胞核先在母细胞内分裂为二,然后是母细胞分裂为两个子细胞。1858 年德国病理学家魏尔肖(Rudolf Ludwig Karl Virchow)做出了另一个重要的论断:所有的细胞都必定来自已存在的活细胞。至此,以上3位科学家的研究结果加上许多其他科学家的发现,共同形成了比较完备的细胞学说。

细胞学说将动、植物在细胞层面上统一起来,暗示着整个生物界在结构上的统一性以及在进化上的共同起源,这一学说的建立推动了生物学的发展。

2.8.2　有机化学的突破——尿素的合成

比创立细胞学早10年,德国化学家弗里德里希·维勒(Friedrich Wohler)在人类历史上第一个通过人工合成方式获得了有机物。当时,他为了制备氰酸铵,先使用氰酸和氨气进行反应。结果意外发现生成物是草酸。后来他改用氰酸与氨水进行复分解反应,结果不仅形成了草酸,还形成一种不是氰酸铵的白色结晶物。经分析确定,这就是尿素。1828年,这一成果被发表在《物理学和化学年鉴》上,论文题为《论尿素的人工制成》。

在此之前,有机物只能依靠生命力在动植物有机体内产生,而在实验室里,人们只能合成无机物质,不能合成有机物质,由无机物合成有机物更不可能。人工合成尿素,在化学史上具有重大意义。首先,这一发现强烈地冲击了形而上学的生命力论,为辩证唯物主义自然观的诞生提供了科学依据。它填补了生命力论制造的无机物同有机物之间的鸿沟。其次,人工合成尿素在化学史上开创了一个新兴的研究领域,标志着一个有机合成新时代的到来。第三,人工合成尿素成为了同分异构现象的早期事例,成为有机结构理论的实验证明。

恩格斯曾指出,维勒合成尿素,扫除了所谓有机物的神秘性的残余,从此有机物与无机物的界限不复存在了。

19世纪的这两项伟大发现是现代物质结构的重要基础,当我们把自然界的物质分为有机和无机两大类时,人工合成有机物在模糊着两者的界限;当我们把生物界分为动物和植物时,细胞又将两者统一起来。我们已经知道这个物质世界有着这样的框架结构:在原子结构—分子结构基础上,构成有机物和无机物,有机物是动物、植物的基本组成,无机物根据其微观结构

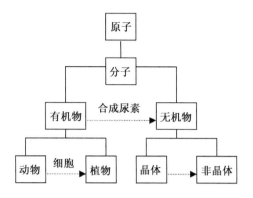

图 2-31　现代物质世界的基本框架

有序性可分为晶体、非晶体。在这个框架中，动物和植物由于细胞的发现而找到某种一致性，有机物与无机物之间通过合成尿素而联系起来，所有物质最终在原子层面上达到统一。

第 3 章
神秘射线引发的科学巨变
——精确的晶体结构测量

在像居里夫人这样一位崇高人物结束她的一生的时候,我们不能仅仅满足于只回忆她的工作成果和对人类已经做出的贡献。第一流人物对于时代和历史进程的意义,在道德品质方面,也许比单纯的才智成就方面还要大,即使是后者,它们取决于品格的程度,也许超过通常所认为的那样。……她在任何时候都意识到自己是社会的公仆……

——爱因斯坦《悼念玛丽·居里》

在北方的冬天,常会见到纷纷扬扬的雪花漫天飞舞,令人陶醉。当雪花潇洒地飘落到大地上,你有机会仔细地观察一下它们,出乎意料的是,你几乎难以找到形状完全相同的两片雪花。雪花是由小水滴凝结而成的,在自然界中经常见到,它们千姿百态,据说至少有 1 000 种不同形态。除水以外,我们这个世界上还有千千万万其他种类的物质,它们的形态也同样存在很大差异,那么物质为什么会有这么多种形态呢?

前面章节我们讲到宏观物质是由原子为单元堆积而成的,那么这种堆积是否有某种规律呢? 堆积方式与它们的宏观形态有联系吗? 自从人类能够制造出第一件工具那一天起,就再也离不开对各种材料的使用和依赖,也无法停下对物质认识的脚步,这种认识首先是从物质的形态开始的。

在人类文明的早期阶段,分别经历了石器、青铜器和铁器时代,以材料种属为标志进行历史时期的划分足以显示其在整个人类社会发展中举足轻重的地位。现代文明更加离不开对物质材料的依赖,我们日常使用的钢铁、铝、铜等各种金属,玻璃、塑料等各种非金属,还有天然形成的矿物、宝石等都是生产、生活的必需材料。另一方面,它们又都是由原子堆积而成的。其中一些物质的原子是按一定规律堆积的,而另外一些则是无序状态。那么,如何在原子水平上区别物质的这种本质差别呢? 这就要利用本章将要介绍的一种奇异的电磁波——X 射线。在人类探索物质世界的道路上,X 射线的发现是一道分水岭,它为现代物质观的形成奠定了基础。今天的人们已经可以在单个原子或分子的水平上对固体材料的性能进行操纵和控制,对物质材料的微观操控能力标志着当今的科技发展水平。

图 3-1　不同形态的雪花晶体

3.1　水晶,一种坚硬的冰?

大自然中,除前面提到雪花外还存在形形色色的固态物质,它们的外形迥异,有的天然形态规则,即便碎裂或较小的颗粒也会保持平整的外表面;有的天然形态虽不规则,却可以通过从溶液中析出结晶成变而得规则,最典型的例子是食盐。固体的这些特性在远古时代就被人们注意到了,特别是天然矿物,有些能够得到很大尺寸仍保持规则外形,它们被人们称作晶体;而另外一些尺寸小、没有明显规则外形的固态物质,则被当时的人们误认为为非晶体。因而,晶体在历史上曾像一个斯芬克斯之谜,它们总是那么稀少,弥足珍贵,而又色彩艳丽、光芒炫目,比如钻石等,早期的人们认为它们是从地心迸发出来的,被称为"来自地心的星",是财富与权力的象征。

　　水晶是另外一种较早引起人们关注的具有规则几何外形的矿物质,它的外表不仅由若干平面组成,而且这些外表面通常会呈某种对称性,常被当作珍宝或带有神秘色彩的宗教礼器。因为在欧洲,它常在阿尔卑斯山的冰川中被发现,而从未在火山附近出现,所以古罗马的自然哲学家普里尼(Pliny the Elder)误认为水晶是一种被长期冷冻的坚冰。这种观点在 17 世纪之前一直流行于西方,英语的"crystal"一词来源于希腊语,意思是由水凝结而成的或被压缩得非常坚硬的冰,后来用它泛指所有的晶体。

图 3-2　石英的外形

图 3-3　黄铜矿石

　　1669 年,丹麦地质学家、解剖学家斯蒂诺(Nicolaus Stino)对水晶,也就是石英晶体的外形做了细致的研究。他收集了大量来自不同地区的石英,对这些石英晶体上那些相似的外表面之间的夹角进行了测定,发现这些夹角基本相同,由此认识到晶面角守恒,引发了人们对晶体是由基本单元堆积而成的猜想,为现代晶体学的诞生铺平了道路。

　　在对晶体的外形进行研究的同时,人们也开始探寻晶体的内部结构。

早在光学显微镜出现之初，就有人试图对晶体的内部
做一些假想和猜测。1611 年，天文学家开普勒对雪
花的外形进行研究，推测其规整的外形是由于一些大
小相等的规则单元有规律地排列构成的。因为那时
的显微镜远远达不到原子分辨的水平，所以还谈不上
在原子水平上的晶体研究。但是，英国的胡克和荷兰
的惠更斯都曾用假想的球形或椭球形原子通过堆垛
来构成平坦的晶体晶面。当时现代原子学说还没有
确立，因此，在这样背景下提出原子晶体的概念实属

图 3-4　斯蒂诺像

难能可贵。大约过了一百多年，人们才开始逐步认识到外部对称性与其内
部规则结构之间的关系。

　　法国矿物学家阿雨（Reneé Just Haüy）曾对晶体学做出巨大的贡献，被
誉为现代晶体学之父。阿雨原本是一位牧师，业余研究植物学，走上晶体研
究之路纯属偶然。一次他不慎将朋友的冰晶石跌落在地，结果惊奇地发现
碎裂后的小块均有原始大块晶体一样的形状，从此对矿物学入了迷。与他
同时代的瑞典生物学家林奈乌斯（Carolus Linnaeus）曾按外形对晶体进行了
分类，同时做了大量的精确测量工作，这些实验成果对阿雨当时的研究帮助
很大，由此阿雨认识到：构成晶体外形表面的必然是某些特定的晶面，这些
晶面相互之间的晶轴比满足有理数关系，所以晶体的外表呈特定的多面体。
通过仔细研究解理碎裂的小晶体与原始晶体之间的形状关系，他还萌生了
晶体是由大量的类似晶胞的小"整体结构"堆积而成的想法，并于 1782 年提
出一切晶体都是由平行六面体堆砌而成的，即著名的晶胞学说。后来晶胞
被定义为构成晶体的最小单位，从而使人类对晶体的认识迈出了一大步。

　　1845 年，法国科学家布喇菲（Auguste Bravais）提出 14 种空间点阵学
说，认为组成晶体的原子、分子或离子是按一定的规则排列的，这种排列形
成一定形式的空间点阵结构。今天对晶体的确切定义也正是以此为基础
的，即原子、分子或离子在三维空间上有规则地重复排列构成的固体。当然
随着科学的进步，这种定义也逐步显现出局限性，比如液晶的出现表明液体
也有晶态形式，而上述定义显然无法将其涵盖其中。

图 3-5　阿雨像

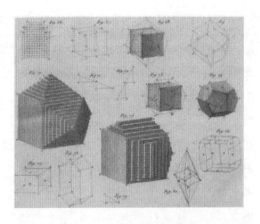

图 3-6　阿雨的晶体堆积模型

3.2　猝不及防的神秘访客

3.2.1　科学已经发展到顶峰

通过第一章的介绍我们已了解到：19世纪人类科学文明飞速发展，在电磁学方面掌握了电流及其性质、电磁力场与电磁感应，在光学方面光的波动说重新占主导地位，通过光谱分析揭示出太阳与恒星的组成成分，门捷列夫周期表让化学家能在新元素发现前预测它们的存在。此外，在热力学、分子运动、化学作用和效应等方面都建立了完整的理论体系。科学的胜利一个接着一个，尽管进展缓慢，却势不可挡地使人类解释和控制自然的能力不断增强。于是，人们想当然地认为仅通过一些机械原理便可扩大控制自然的能力，而且这种能力的扩展似乎没有止境，只要掌握一些基本科学原理就足以解释整个宇宙的奥秘。这些基本科学原理便是由牛顿与拉瓦锡（A. L. Lavoisier）所奠定的物理学与化学两座大厦，大厦的总框架已经被一劳永逸地规划好了，此后不会再有什么伟大的新发现了，剩下来的工作不过是把两座科学大厦进一步完善，使之更趋和谐一致，把度量弄得更加精密，填补几个明显的空隙而已。

由此可以看到当时人们对科学进展的普遍看法。1874年，量子论的奠基人普朗克(Max Karl Ernst Ludwig Planck)进入大学学习,当时慕尼黑的物理学教授菲利普·冯·约利(Philipp von Jolly)曾劝说普朗克不要学习物理,他认为"这门科学中的一切都已经被研究过了,只有一些不重要的空白需要填补"。幸好普朗克没有接受这个建议,否则 20 世纪科学史将会彻底改变。

这一时期在对物质的认识上,拉瓦锡用科学方法证明物质经过化学作用,虽然在表面上有所改变或被消灭,然而其总质量恒定不变,这样他就揭示了物质不灭规律,进一步加强了人们把物质看作是一种"实在"的普遍认识。与此同时原子论已基本被接受,但对原子和原子之间的结构并不清楚。有人假设:原子的表面非常粗糙,甚至有钩有齿,这样靠原子之间的冲撞与相互接触作用使它们聚集成宏观可见的物质,并由此解释物质的黏着性与其他性质。

图 3-7　德国硬币上的普朗克头像

纵观整个 19 世纪,科学发展的速度十分迅猛,个人已不能追踪其全部进程。一方面是科学研究的普及化,这使得科学事业不再像过去只是少数自然科学家或哲学家在自家关起门来进行的个人实验,而是由政府或商人资助的实验室出现在各大学或科学院。这样,不仅促进了学术交流,透彻研究每一学科的机会增多,而且使更多的研究者、甚至初学者也能掌握实验研究方法。另一方面,学科分类日渐细致化,知识的分科愈渐专门化,各学科间的隔阂增大,科学家个人能够致力于普遍性研究的机会减少了,他们各自为政、研究归于只见树木不见森林,这种倾向一直持续到 19 世纪末。

3.2.2　科学发现,往往就在这不经意之间

19 世纪后半叶,阴极射线研究一直是物理学的热门课题。在 1895 年伦琴(Wilhelm Konrad Röntgen)发现 X 射线以前,许多科学家都致力于这方面的研究,特别是法拉第、盖斯勒(Johann Heinrich Wilhelm Geißler)、戈尔茨坦(Eügen Goldstein)和发现电子的汤姆森等人已经对气体中的放电进行

了大量的实验研究。

阴极射线是低压气体放电过程中出现的一种奇特荧光现象,在近于真空的封闭玻璃管两端电极之间加有高电压时,就产生这种射线。阴极射线的穿透力很弱,连几厘米厚的空气都难以穿过。正是这种威力很小的奇特射线导致了 X 射线和电子的发现,有关电子的发现将在第 4 章中做详细介绍。

伦琴出生在德国尼普镇,3 岁时全家迁居荷兰并入荷兰籍,20 岁进入瑞士苏黎世联邦工业大学机械工程系学习。1900 年到慕尼黑大学任物理学教授和物理研究所主任,直至 1923 年 2 月 10 日在慕尼黑逝世。

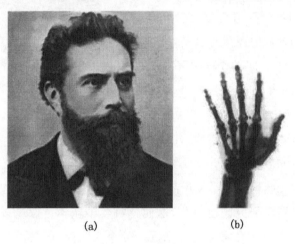

(a)   (b)

图 3-8   伦琴和他的手掌 X 射线透视照片

1895 年,伦琴在德国维尔茨堡大学物理所任物理学教授兼所长。当时他也对阴极射线进行了研究,偶然发现紧密封存的底片虽丝毫没有暴露在光线下,如果放在高度真空的放电管附近,仍然会变为灰黑乃至完全失效。对此,他感到非常奇怪。这年 11 月 8 日夜晚,长期进行真空阴极射线研究的伦琴走进实验室,再次把高压电流通入真空玻璃管。当时,房间一片漆黑,放电管用黑纸包严。突然他发现在不远处的小桌上有一块亚铂氰化钡做成的荧光屏在闪光。他是一位治学严谨、造诣很深的实验物理学家,没有放过这一细节,他将荧光屏移远,只见荧光屏的闪光不仅没有消失而且随放电过程的节拍断续出现。于是他意识到有一种不同于可见光的看不见的射线存在,他取来各种不同的物品,包括书本、木板、铝片等等,放在放电管和荧光屏之间,发现不同的物品遮挡效果很不一样。显然从放电管中发出了一种穿透力很强的射线,但当时他不知道这是什么射线,故称为 X 射线,后人也称其为伦琴射线。为了确证这一新射线的存在,并且尽可能了解它的特性,伦琴用了 6 个星期深入地研究这一现象。1895 年底,他以通信方式将这一发现公之于众。

图 3-9　伦琴的实验室

伦琴确定了这项重大的科学发现之后,用了很多年时间对 X 射线进行了大量研究,完成了《关于一类新的射线的初步报告》等 3 篇著名的论文,阐明了 X 射线的产生、传播,以及穿透力等方面的性质,并因此在 1901 年成为了首届诺贝尔物理学奖的获得者。伦琴还在物理学的其他许多领域中进行过实验研究工作,如电介质在充电的电容器中运动时的磁效应、气体的比热容、晶体的导热性、热释电和压电现象、光的偏振面在气体中的旋转、光与电的关系、物质的弹性、毛细现象等,并且都做出了出色的贡献。由于发现 X 射线的巨大成就,他在其他方面的贡献大多不为人所注意。

X 射线有强大的穿透力,能够透过人体显示骨骼和薄金属中的缺陷,在医疗和金属检测上有重大的应用价值,因此引起了人们极大的兴趣。此后,研究 X 射线盛况空前,许多欧美国家都竞相开展类似的试验并广泛应用于材料研究和医疗诊断。

在人类科学史上,出于偶然的伟大发现要远远少于我们的一般想像。但是伦琴看起来却非常幸运,在偶然的机会中找到 X 射线的踪迹。但 X 射线的发现真的是如此偶然的吗?

正如前文所述,19世纪是一个科学大发展的世纪。科学的发展带动了工业技术的进步,特别是电力工业的发展,电气照明得到广泛应用,促使科学家开始研究气体放电和真空技术,才有可能发现阴极射线,而正是在人们研究阴极射线的过程中将高速电子打到靶子上,才有可能激发出高频辐射,从而使X射线被发现。从外部环境来看,这种射线的发现是生产和技术发展的必然产物。所以,即使伦琴没有发现,也一定还会有人发现的。

然而,伦琴之所以能抓住这一机遇,又和他一贯严谨的作风、客观的科学态度分不开的。所以,从内在原因讲,他能有这一发现也和他高超的科学素养有必然联系。同一时期,不少科学家都展开了阴极射线研究,当时许多人都知道照相底片不能存放在阴极射线装置旁边,否则有可能变黑。但大多数人错误地将其归因于照片质量问题。例如,1887年,著名的英国辐射科学家克鲁克斯(William Crookes)也曾发现过类似现象,他把变黑的底片退还厂家,认为是底片质量有问题。另有一位英国牛津物理学家斯密士(F. Smith),他发现保存在盒中的底片变黑了,这个盒子就搁在克鲁克斯型放电管附近,他只叫助手以后把底片放到别处保存,并没有认真探索原因。

有些研究者注意到X射线的相关现象,但没有进一步深究。比如,1880年,德国物理学家戈尔茨坦在研究阴极射线时就注意到阴极射线管壁上会发出一种特殊的辐射,使管内的荧光屏发光。当时他正在为阴极射线是以太的波动这个错误论点辩护。他认为这个现象正好说明了他的观点,没有想到要进一步追查根源,于是就错过了发现X射线的机会。1890年2月22日,美国宾夕法尼亚大学的古茨彼德(A. W. Goodspeed)在和他的朋友金宁斯(W. N. Jennings)拍摄电火花和电刷放电之后,又演示了克鲁克斯管实验,结果在照片上发现电火花轨迹之外还有两个圆盘,但他没有介意,随手把底片扔到废片堆里,就将此事遗忘了。6年后,得知伦琴宣布发现X射线,古茨彼德才想起这件事,重新加以研究。1894年,JJ汤姆森在测阴极射线的速度时,也作了观察到了X射线。他当时没有功夫专门研究这一偶然现象,只在论文中提了一笔,说看到了放电管几英尺远处的玻璃管上也发出荧光。

还有的研究者干脆因无法解释这种现象而放弃。德国物理学家勒纳德(Philipp Lenard)是研究阴极射线的权威学者之一。他在研究不同物质对阴极射线的吸收时,也曾遇到过 X 射线。后来他在 1906 年获诺贝尔物理奖的演说词中说:"我曾做过好几次观测,当时解释不了,准备留待以后研究,不幸没有及时开始。"。

X 射线与这么多著名的科学家擦肩而过,最终将机会留给了一代科学巨匠伦琴,正是应验了法国生物学家巴斯德的那句名言:机会总是偏爱头脑有准备的人。在几十年的科学实践中,伦琴培养了敏锐的观察和判断能力,能够洞悉实验事实背后的科学规律,同时又具有锲而不舍、刨根问底的精神,一旦发现机会,绝不轻易放弃,所以将偶然的机会变成必然的成果。在发现和机遇之间存在某种特殊的联系,只有那些摆脱任何偏见、将完美的实验技术和极端严谨的科学态度结合起来的科学家才能把握住这样的机遇。伦琴正是以这样出色的科学素质成就了 X 射线的伟大发现。

3.2.3 调彻微观世界之光

X 射线的发现是经典物理学与近代物理学的转折点。到 1890 年为止,物理学看起来似乎已经很完善了,当时已有的重大成就有:牛顿三定律、万有引力定律、光的色散、偏振和干涉现象以及光的波动性、热力学、热动力学、能量守恒和转换定律、麦克斯韦气体动力学、安培、奥斯特、法拉第的电磁现象和电磁感应定律,等等,除了 1887 年发现的光电效应现象尚无法解释外,其他均已得到完满解决。这些成果成为今天经典物理学的范畴,它们整体上已告完成,仅有一些细节尚待更新与完备。

X 射线的发现对于整个自然科学的发展有极为重要的意义。它的发现在 19 世纪末犹如一声春雷,唤醒了沉睡的物理世界,唤醒了更多的科学家,把人们的注意力引向更广阔的天地,揭开了现代物理学革命的序幕。它像一根导火索,引起了一连串的反应,引领更多科学家投身于 X 射线和阴极射线的研究,紧接其后的放射性、电子以及 α、β 射线相继被发现,不仅为原子物理的发展奠定了基础,而且很快被应用于医学领域,开创了放射学这门新学科,对于当时医术水平的提高产生了极其重要的影响。

科学发展的特点之一是继承性和连续性,一个重大发现的意义不仅在于其本身的作用,而在于它所起到的承上启下的效果,X 光的发现正是如此。一石激起千层浪,1896 年法国科学家贝克勒尔(Antoine Henri Becquerel)在

X光启示下,想到阴极射线照射下是否还可能产生新的物质射线,从而得到氧化铀射线,由此发现元素的放射性。1898年,居里夫人发现钋和镭元素,开创了放射科学,为人类认识质量和能量的关系奠定了实验基础。镭的发现证明了原子是可分的,宣布人类开始进入原子核能时代。人们对微观物质世界的认识上升到了一个全新的领域。

20世纪初叶,正是光的波粒之争接近尾声的时刻,X射线性质的确立也为波粒二象性提供了重要依据。此时,新的物理学学说渗入牛顿体系中,打破了这一体系在当时对实验结果解释的至尊地位,促使这一体系与其他学说融合,建立起一些全新的概念,其中最重要的是普朗克提出的量子概念。1900年他在黑体辐射的光谱研究中,发现能量分布具有量子整数倍的规律,由此开辟了物理学史上的新篇章,即近代物理学。

图3-10   居里夫妇在实验室里

爱因斯坦在《悼念玛丽·居里》中说道:"在像居里夫人这样一位崇高人物结束她的一生的时候,我们不能仅仅满足于只回忆她的工作成果和对人类已经做出的贡献。第一流人物对于时代和历史进程的意义,在道德品质方面,也许比单纯的才智成就方面还要大,即使是后者,它们取决于品格的程度,也许超过通常所认为的那样。……她的坚强,她的意志的纯洁,她的律己之严,她的客观,她的公正不阿的判断——所有这一切都难得地集中在一个人身上。她在任何时候都意识到自己是社会的公仆,她的极端谦虚,永远不给自满留下任何余地。由于社会的严酷和不公平,她的心情总是抑郁的。这就使得她具有那严肃的外貌,很容易使那些不接近她的人发生误解——这是一种无法用任何艺术气质来解说的少见的严肃性。一旦她认识到某一条道路是正确的,她就毫不动摇地并且极端顽强地坚持走下去。"

在研究 X 射线的性质时,英国科学家莫塞莱(H. G. J. Moseley)发现 X 射线具有标识谱线,其波长有特定值,与 X 射线管阳极元素的原子内层电子的状态有关,后来证实它是由于原子中内层电子跃迁所发出的辐射。由此可以确定原子序数,并了解原子内层电子的分布情况,之后开创的 X 射线荧光光谱学和电子能谱学都是以此为基础的。

伦琴在发现 X 射线之初,无法确定这一新射线的本质。直到 1912 年,他的同胞冯·劳厄(Max von Laue)才从晶体衍射的新发现判定 X 射线是频率极高的电磁波。此后,科学家利用 X 射线的衍射现象,建立了以 X 射线为基础的晶体学,由此打开了研究晶体微观结构的大门。此外,根据晶体衍射的数据,可以精确地求出阿伏伽德罗常数。

3.3　巧妙揭开 X 射线面纱

3.3.1　识破"庐山"真面目——利用硫酸铜晶体的精巧实验

自伦琴发现 X 射线以来,虽然十多年过去了,但人们对它的本质并不了解,正像对光的本质一样,X 射线究竟是一种电磁波还是微粒辐射呢? 这对当时科学界来说还十分模糊,许多科学家积极投入其中,不断进行研究探讨。同时,人类有关晶体的知识已经积累到相当多的数量,并且已初步建立起现代晶体的正确概念。正是在这种背景下,借助 X 射线的发现,德国科学家劳厄对晶体进行了 X 射线衍射实验,一石二鸟,证实了晶体的结构,同时也首次使人们正确地认识到了 X 射线的本质。

1910 年,作为青年研究生的厄瓦耳德(Ewald)在慕尼黑大学索莫非耳德(Arnold Sommerfeld)教授指导下撰写有关光学性质方面的博士论文,于1912 年完成初稿。当时厄瓦耳德与该校的物理学家劳厄讨论他有关对光散射问题的新发现。讨论过程中,劳厄向厄瓦耳德询问晶体共振体的间距,厄瓦耳德回答说约为可见光波长的 1/500～1/1000。按当时矿物学家的观点,晶体是由规则排列的共振体(偶极子)所构成的空间点阵,劳厄认为:各共振体间距如按 $10^{-8}\sim10^{-7}$cm 量级计算,则利用波长为 10^{-8}cm 量级的射线照射晶体,就有可能发生衍射。其他一些著名物理学家并未认同这一设想,一方面当时人们对 X 射线的本质并不十分清楚,另一方面他们考虑晶体中共振体的间距可能比 X 射线波长更大,因而不可能产生相干散射(衍射)现象。但劳厄仍坚持用实验证明这一设想,当时得到伦琴原来的两名研究生的协助,他们认真考虑了各种实验条件和影响因素,改善实验设计,终于在 1912 年春完成了这一划时代的发现。从整个实验设计到具体操作,青年研究生都发挥了重要作用。青年学生精力充沛,思想敏锐,善于发现问题,更富有创新精神,在人类重大科学发现的过程中,从来没有离开他们的直接参与。

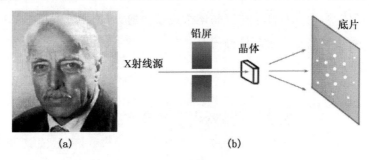

(a)   (b)

图 3-11   冯·劳厄和他的晶体实验示意图

劳厄的实验方法(用晶体作试样,得到了透射衍射花样的照片。如果将试样转动,照片上的斑点也作相应变化,因而证明这些斑点确系由于衍射而产生的。对称性较高的晶体,得到的衍射花样对称性相应良好。)

劳厄实验的成功可以看作是微观物质世界探索历史上的一个里程碑,同时也奠定了其射线衍射学开拓者的历史地位。实验结果证明了 X 射线的波动性本质及晶体结构排列的周期性质,实验的重要意义在于:

(1)劳厄实验证明 X 射线本质是一种电磁波,同可见光一样沿直线传播。劳厄把 X 射线在晶体中的衍射类比于可见光在划线光栅上的衍射现象,当可见光波长与光栅条距同数量级时才发生衍射现象,而 X 射线在晶体中发生的衍射也说明射线的波长与晶体晶格的尺度相当。由衍射的斑点证明了晶体中原子排列的周期性。

(2)劳厄实验证明了波的波粒二重性。普朗克 1900 年提出的量子论只是理论上的模型,1905 年爱因斯坦提出的波粒二象性还没有更充分的实验可证明,也就是说人们对光的波动性认识已相当清楚了,如光栅衍射等,而对波的粒子性认识还不完全清楚。可见光的波长太长,波动性明显,相反粒子性不明显。而 X 射线波长远小于可见光波长,它的光电效应、粒子性明显,波动性却不明显。劳厄用 X 射线这种电磁波照射到固定不动的单晶体上,产生了衍射,从而证实了 X 射线的波动性本质。

3.3.2　又是电磁波

与可见光一样,X 射线的本质是一种电磁波,因而都会产生反射、折射、衍射、吸收、偏振、散射和光电效应等现象,区别只是波长更短、能量更高,波长分布在 0.01 ~ 10nm 段。图图 3 - 12 显示:其短波段与 γ 射线长波段相重叠,长波段则与真空紫外的短波段相重叠。

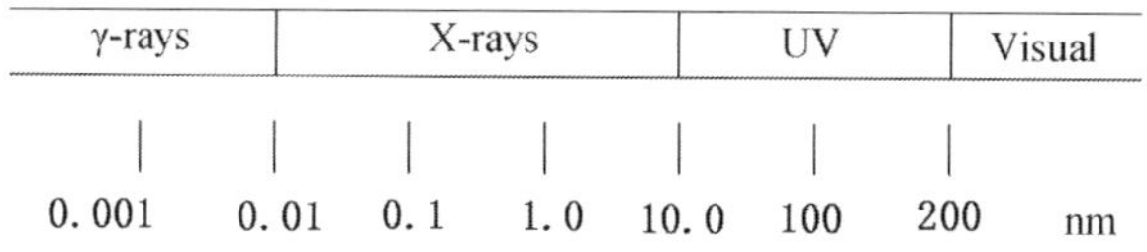

γ-rays	X-rays	UV	Visual

| 0.001 | 0.01 | 0.1 | 1.0 | 10.0 | 100 | 200 | nm |

图 3 - 12　X 射线在电磁波谱中的波长频段

X 射线也呈现明显的二象性,即在某些情况下表现为波动,而在另外一些场合表现为粒子。X 射线可以看成是由一种量子或光子组成的粒子流,每个光子具有一定的能量,能量范围:124~0.124 keV,表 3 - 1 列举了几种元素的 Kα 线能量。根据量子理论,能量与波长有如下关系:

$$E = h\nu = h\frac{c}{\lambda} = \frac{1.24}{\lambda}$$

其中,E 单位为 keV;λ 为 nm。

表 3 - 1　几种元素的 Kα 线的波长与能量

公式	MgKα	CaKα	FeKβ	CuKα	PbKα	MoKα
$E=1.24/\lambda$	1.253	3.690	7.057	8.049	10.553	17.489
λ	0.9895	0.3360	0.1757	0.1540	0.1175	0.0709

3.3.3　X 射线,留下你的"指纹"

那么 X 射线是怎样产生的呢? 前文提到伦琴使用阴极射线管时偶然发

现了这种射线,所以这种射线最早是通过人工方式产生的,将高速电子束流打在金属板上就会激发这种射线。那么发生在金属板内的这种激发又是一个什么样的过程呢?

前文讲过莫塞莱曾用 X 射线轰击不同金属得到一系列特定波长的 X 射线光谱。1920 年,柯塞尔(W. Kossel)依照波尔的电子能级理论,对这些 X 射线光谱提出了正确、合理的解释,与此同时巴克拉(Barkla)也曾独立地提出了同样的理论。根据量子理论,电子按泡利不相容原理不连续地分布在 K、L、M、N(对应于 $n=1,2,3,4$)…等原子内部不同能级的轨道(壳层)上,而且按能量最低原理首先填充最靠近原子核的第 K 层,再依次填 L、M、N 等。柯塞尔据此推测:如果内层电子空缺,便会有外部的电子补充,即所谓的电子跃迁过程,并伴有能量向外辐射,X 射线便是电子向内层跃迁时将能量以电磁波的形式向外辐射出去。由于相邻壳层间的能量差随着主量子数 n 的减小而增加,所以从 $n=2$ 到 $n=1$ 的电子跃迁会导致非常强烈的辐射(波长短、能量高),而从 $n=5$ 到 $n=4$ 的外层电子跃迁就弱得多(波长长、能量低)。

由此可见,发生这种辐射激发的关键是内壳层必须产生至少一个电子的空位,即电子从内壳层(如 K 壳层)的轨道位置上被移开。而采用何种方法产生电子空位并不唯一限定,莫塞莱用的是 X 射线,而伦琴用的是电子束。以电子束为例,当具有足够能量的电子(大于或等于壳层电子的结合能)轰击金属板(或阳极靶)时,将原子内层的某些电子逐出,使原子电离而处于激发态,这些空位必将被较高能量壳层的电子所填充;当高能量电子跃迁到低能级轨道时必然产生多余的能量,它们以 X 射线光了的形式辐射出来,结果得到具有固定能量,固定波长的所谓"特征"X 射线。总之,只要 K 层上一旦产生空位,它便可以被该原子 L 或 M 壳层上的电子填充,这样就导致短波长、高"穿透"X 射线的产生。

在现代 X 射线仪中,射线是由 X 光管产生的。X 光管实际就是一个较为完备的阴极射线管,在这里空位是这样产生的:被加热的细丝状阴极材料发出一束电子流,在经过数千伏的高电压加速以后,打在所谓的"阳极靶"上,阳极靶通常是采用一些耐高温且导电的金属材料。高速电子流碰撞金属靶,把自身能量的一部分传递到金属靶;如果入射电子的能量足够高,就会将靶中的原子 K 壳层电子打出,从而产生电子空位。

特征 X 射线就像人手的指纹一样有其独特唯一性,之所以被冠以"特征"二字是因为:其一,这些射线的波长特定;其二,这些波长与特定元素相联系,换句话说就是每个元素都产生属于自己的那个特定波长的 X 射线,且唯一对应。这意味着我们可以通过这些特征谱线找到某种物质所含有的全部元素组成,这就是人们常说的 X 射线荧光光谱元素分析。为什么不同元素都具有自己的"特征"谱呢? 首先让我们看一下 X 射线光谱的组成。

3.3.4　连续 X 射线谱

在一幅完整的 X 射线光谱图中(如图 3-13 所示)通常有两部分,一是不对称的宽峰胞叫做连续谱(见图 3-13 中下方);另一部分是强度很高的尖峰(图中两个突起的尖峰)谱叠加在连续谱上。前者与可见光区域中的白光相似,通常称之为白色辐射或全辐射。每一根特征谱线对应特定波长的单色光,与靶材物质的特定原子结构有关。

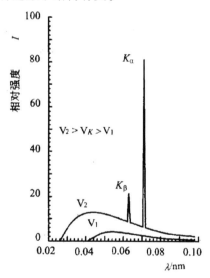

图 3-13　连续 X 射线谱与特征 X 射线谱

按照经典电动力学概念,一个连续高速运动的电子,到达原子核时,因突然受阻于强电场而减速,产生极大的负加速度,这种负加速度一定会引起周围电磁场的急剧变化,产生电磁波,并以光子的形式辐射出去。电子如果经过多次碰撞,每碰撞一次都产生光子,而越是在后期碰撞产生的光子能量越低。大量电子经过多次碰撞,能量逐步损失,于是产生能量从低到高的连续光子流,构成连续 X 射线谱。

此外,从统计学上看,到达靶上的电子数量巨大,它们作用的时间和碰撞的次数不会相同。比如当管电流强度为 10mA,即 0.01C/s 时,电子电荷为 1.6×10^{-19}C,则一秒钟时间内到达阳极靶上的电子数目为:

$$n = 0.01/1.6 \times 10^{-19} = 6.25 \times 10^{16}$$

这样大数量的微观粒子表现在宏观上就呈现出波长连续变化的谱。通常,连续谱总是先于特征谱出现的,即使在较低激发电压条件下,电子束也能产生连续谱。

3.3.5　特征 X 射线谱

特征 X 射线(也称标识 X 射线)是在连续射线产生后才产生的,如图 3-13 所示,它叠加在连续谱之上。快速运动的电子与物质相撞是一种电子减速和能量转移过程。当电子击出原子内层靠近原子核的被束缚很紧的电子,形成内电离时,外层的一个电子便会跃入空位,从而导致其发射特征 X 射线。在元素周期表中,各种元素的特征谱线形成了有规律排列的 K,L,M,N,…若干谱系,它们的同名谱系(比如同为 K 系)激发电位和同名特征光谱的波长变化规律是:随原子序数的增加,波长变短,而与施加的电压和电流的大小无关。元素的原子结构决定了不同元素有各自相应的波长,这一规律是由莫塞莱发现的,他在波长和原子序数之间建立了如下数量关系:

$$\sqrt{\frac{1}{\lambda}} = K(Z - \sigma)$$

式中,λ——某系的标识射线的波长;

　　K、σ 对给定的标识射线系均为常数

但是要想产生这种特征谱,必须要在阴极射线管上施加一个最小的加速电压,这就是激发电压。例如,在钼靶射线管中保持管电流一定,增加管电压,当管电压超过 20kV 时,便出现波长一定的特征峰。峰位与外加电压大小无关,峰强与外加电压有关。它的产生依赖于空位及电子跃迁,所以必须在加速电压达到一定数值后,能够使靶材原子激发才行,表 3-2 列举几种不同靶材的激发电压,而工作电压一般为激发电压的 4~5 倍。

表 3-2 几种不同靶材的激发电压

| 阳极物质名称 | 原子序数 Z | K 系标识射线的波长/nm | | | | 吸收限 λ_K/nm | 激发电压/kV | 工作电压/kV |
		K_α (注)	$K_{\alpha 2}$	$K_{\alpha 1}$	K_β			
Cr	24	0.229 100 2	0.229 360 6	0.228 970 0	0.208 487 2	0.207 020	5.41	20~25
Fe	26	0.193 735 5	0.193 998 0	0.193 604 2	0.175 661 0	0.174 346	6.40	25~30
Co	27	0.179 026 0	0.179 285 0	0.178 896 5	0.162 079 0	0.160 815	6.93	30
Ni	28	0.165 918 9	0.166 174 7	0.165 791 0	0.150 013 5	0.148 807	7.47	30~35
Cu	29	0.154 183 8	0.154 439 0	0.154 056 2	0.139 221 8	0.138 059	8.04	35~40
Mo	42	0.071 073 0	0.071 359 0	0.071 930 0	0.063 228 8	0.061 978	17.44	50~55
Ag	47	0.056 087 1	0.056 379 8	0.055 940 8	0.049 706 9	0.048 589	22.11	55~60

注：$K_\alpha = (2 \times K_{\alpha 1} + K_{\alpha 2})/3$

3.3.6　短波限

前文提到,在连续光谱形成时,高速电子不和靶物质原子的内层电子相撞,而是穿过靠近原子核的强电场时被减速。这也是一个量子过程,电子所减少的能量作为一个 X 射线光子而被释放,其频率 ν 由爱因斯坦方程给出。以这样方式产生的 X 射线与被轰击原子的序数无关,但能量有最高限度,此时波长达到最小值,被称为"短波限"。

从能量守恒的角度可以解释短波限的出现原因:假设能量为 eV(e 为电子电荷)的电子与原子碰撞产生相应频率的 X 射线光子,由于所产生的光子的能量至多等于那个入射电子的能量为 eV,即光子能量 $h\nu$ 永远小于或等于 eV,

有数学式: $h\nu_{max} = eV$,

又因为频率与波长有关系: $\nu_{max} = c/\lambda_{min}$,

所以有: $\lambda_{min} = hc/eV$

此时,X 射线光子具有最高的能量(频率最大/波长最短),λ_{min} 即为 X 射线谱的下限波长 λ_0。

图 3-13 中,每一谱线都存在着短波限 λ_0。λ_0 的大小与 X 光管所加电流 i 和靶材(原子序数 Z)无关,仅取决于加速电压,与加速电压 V 成反比关系,因此,加速电压较高,短波限更小。

3.4　当 X 射线与物质相遇

既然 X 射线是一种电磁波,那么当它与物质相遇时会发生什么情况。一束 X 射线照射到物体时,由于其能量远远高于可见光,所以将会产生图 3-14 所示的各种次级信号,包括:散射 X 射线、荧光 X 射线、电子、热能和强度衰减的透射 X 射线。其中,散射 X 射线分为相干和非相干,相干 X 射线作入射光源用来进行衍射分析;利用荧光 X 射线可以进行元素成分分析;在产生的电子信号中,光电子和俄歇电子被分别用于光电子谱分析和俄歇电子谱分析。了解这些信息的产生机理,不仅对 X 射线本质的理解更深入一步,而且也对加深微观物质结构的概念非常有益。本节将扼要地介绍 X 射线与物质的相互作用及其性质。

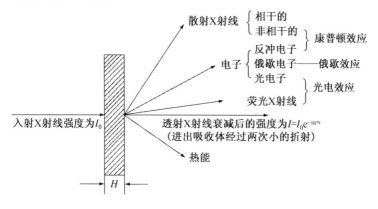

图 3 - 14　X 射线与物质的相互作用

3.4.1　被"逐出"的电子

通过吸收一个 X 射线光子(量子)也可使原子呈激发状态。如果光子能量足够高,从吸收原子的某一电子壳层逐出一个电子,这就是 X 射线诱导产生的光电子(见图图 3-15)。由于这种光电子克服了内层束缚而逃逸出来,因而带有它与原子的结合能等物质内部电子结构的信息。通过分析这种光电子谱,可以精确再现元素内部的电子结构,比如元素的电子价态等。光电子能谱技术的主要工作原理基于以下公式:

$$E_B = h\nu - E_k - W$$

式中,E_B 是电子结合能;$h\nu$ 是光子能量;E_k 是电子动能;W 为能谱仪的功函数。

上述方程右边三个量,由于 X 射线光子的能量($h\nu$)可以通过控制能谱仪的 X 射线源保持某一具体数值,电子动能可以通过电子能谱分析器获得,能谱仪的功函数是与仪器相关的某一固定数值,所以电子结合能便可计算出来。

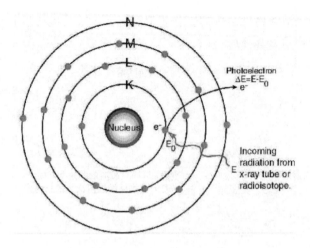

图 3-15　X光电子产生机理示意图

3.4.2　X射线——从看不见的光到看得见的光

原子在 X 射线光子激发下,如同被高速运动电子轰击一样,也能发射出特征辐射。若要激发某个壳层,X 射线光子能量必须等于或超过该壳层相应谱系的量子波长。因此,K 层吸收导致 K 层激发,且随之发射 K 系辐射,这就是 K 系 X 射线荧光。X 射线荧光属于特征辐射,它与元素原子的结构一一对应,因而可用来进行元素成分分析。

当入射辐射的波长等于量子波长时,吸收出现突变,这种吸收的突变点称为吸收限或临界吸收波长。吸收限的发生机制和 X 射线荧光的完全相同,可以看作同一种量子化的吸收和发射过程,用能级图很容易示意地说明(图图 3-16)。近代量子力学揭示了原子结构的细节,从而引伸出比较详细和完整的能级图,K、L、M、N...特征谱系中,K 系波长最短,其次为 L 系、M 系,依次类推。H 和 He 不存在特征谱;较轻的元素,只出现 K 线系;而随原子序数增加,还会出现 K 和 L 线系,重元素则有 K、L、M、N 等线系。

K 线系有 3 条强度很高的谱线分别是 $K_{\alpha1}$、$K_{\alpha2}$ 和 K_{β}。其中 $K_{\alpha1}$、$K_{\alpha2}$ 两条最强,二者波长相差很小,相互靠得很近,许多情形下它们是不可分辨的,这两条双线常被统称为 K_{α} 线。K_{α} 线的波长用权重平均值来表示:

$$\lambda K\alpha = (2\lambda K\alpha1 + \lambda K\alpha2)/3$$

第三条线 K_β 线的波长比 K_α 约短 10%，强度约为 K_α 的 $1/7$，或为 $K_{\alpha1}$ 的 $1/5$。K_α 线是作为衍射分析的主要射线源。

M 层与 K 层上电子的能量差比 L 层与 K 层上电子的能量差大，因而电子由 M 层跃、K 层时所产生的 K_β 线的波长较之由 L 层跃 K 层时所产生的 K_α 线的波长短。K_β 线的强度只有 $K_{\alpha1}$ 的 $1/5$，原因是：电子由 L 层跃迁到 K 层的几率比由 M 层跃迁到 K 层的几率大 5 倍，故 K_β 线的光子数目少许多，强度低。

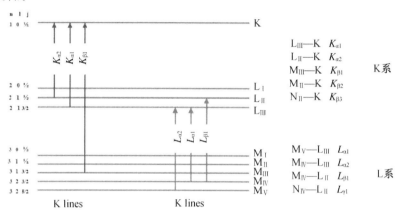

图 3-16　K 和 L 系特征 X 射线部分能级图

3.4.3　吸收——像可见光一样衰减

图 3-14 中，一部分 X 射线穿透物质形成透射 X 射线，这是 X 射线最显著的特性之一：贯穿不透明物质的能力。但是透射 X 射线与入射束相比，在强度上有所减弱，这意味着：当 X 射线经过物质时，都会有某种程度的吸收。X 射线吸收如同寻常光线通过不完全透明的介质时一样，遵循同样的 Lambert 吸收指数定律（如下式），即强度按指数规律衰减。

$$I = I_0 \exp(-\mu\rho x)$$

I_0——入射光强度；

μ——质量吸收系数（$\mathrm{cm^2/g}$）；

ρ——密度（$\mathrm{g/cm^3}$）；

x——辐射通过吸收体的厚度（cm）。

上式中的质量吸收系数 μ 与线吸收系数 α 有关系 $\mu＝\alpha/\rho$。对于单色的入射 X 射线束,当经过同样厚度的吸收物质时,吸收的百分数相同,它和物质的物理及化学状态无关。因此,对于给定的 X 射线束,冰和水的线吸收系数要比蒸气的线吸收系数大得多,但三者的质量吸收系数却相同。质量吸收系数这种显著的特性将 X 射线与可见光严格区别开来。例如,金刚石对可见光是完全透明的,石墨碳则是很强的吸收体,然而对于 X 射线来说,两者具有相同的质量吸收系数。液态和固态水银对可见光是不透明的,但水银蒸气几乎完全透明,当然这 3 种形态对 X 射线都具有相同的质量吸收系数。当吸收物质为化合物、合金或固溶体而不是单一元素时,其质量吸收系数由它的组成元素及所占成分比例算出。

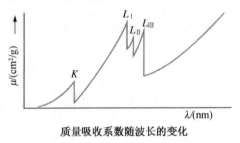

质量吸收系数随波长的变化

图 3 - 17   质量吸收系数随波长的变化

质量吸收系数 μ 受到入射波长 λ 和元素原子序数 Z 的影响。在吸收曲线上,吸收限存在的表现形式如图 3 - 17 所示,吸收系数随着波长的从右向左减小而迅速地降低,但在一些特定波长位置出现吸收系数突然上升的变化点。以铂为例来说,随波长从 1.5Å 减小到 1.07Å 处,吸收系数迅速降低,在 1.07Å 处出现第一次陡峭升高;之后,很快又出现两次上升,在 0.9Å 之后继续快速降低;0.16Å 处再次突然升高,在此之后,质量吸收系数不断降低。吸收限意味着在频谱这一点上,X 射线具有从某一壳层逐出一个电子的足够能量。故波长一旦短于吸收限,更多的能量提供给被逐出的电子,射线就表现出被强烈吸收的现象。当波长的减小和光子能量增加远超过临界激发数值时,电离的可能性减小了,光子通过物质而不发生变化也不被吸收的机遇加大。因此在吸收限的短波一侧,吸收迅速地减少;而在吸收限的长波一侧,光子尚未具有从有关壳层逐出一个电子的足够能量,因而吸收很小。图中从 0.9Å 到 1.1Å 3 个连续的吸收限对应 L 层的 3 个能级,0.16Å 处的对

应 K 吸收限。

　　了解 X 射线的吸收规律可以帮助制造各种衰减片、吸收片,比如在衍射技术中,需要选择滤波片单色化 X 射线光源;另一方面,在防护 X 射线时,选择防护材料、计算它们厚度都可以此作为依据。比如吸收是按照原子序数 Z 的四次方增加,故重元素是最有效的吸收体,铅板是一种最常用的防护材料,因为它的原子序数高达 $Z=82$,且价格较低。

3.5　与晶体的不解之缘

　　20 世纪初期,原子学说已成为人们关于微观物质世界的成熟理论,但是还没有确凿的实验证据揭示原子是如何构筑宏观物质的。人们已知物质世界是由数量有限的化学元素组成,但是还不很清楚这百十种元素如何构成自然界如此丰富的物质形态,特别是对同素异构体之间表现出的迥异物理性能,更是令人困惑。比如,石墨和金刚石同是由碳原子构成的,为什么在物理性能上表现出巨大的差异(见表 3-3)。这些问题自从 1912 年劳厄完成 X 射线衍射实验后,谜团被逐步解开。原来晶体在宏观上的外形、对称性和一些物理性能与其内部原子排列方式有着必然联系,利用衍射仪等工具人们掌握了固态物质的内部结构,从而证实了:正是碳原子空间排列的方式不同造成了金刚石与石墨在性能上的巨大差异。

表 3-3　金刚石与石墨的物理性能比较

	金刚石	石墨
外观	无色透明、正八面体	深灰色,细鳞片状固体
光泽	光彩夺目	略带金属光泽
硬度	Mohs 硬度 10 级	Mohs 硬度 1~2 级
导电性	无	良好
导热	良好	好

　　X 射线与晶体注定有着不解之缘,从劳厄为证实 X 射线的波动性而将它照射晶体的那天起,两者再也没有分开过,X 射线衍射法是确定晶体有规

则内部结构的最重要分析方法,是研究固体微观结构的最有效工具。

3.5.1　自然界的对称法则

在介绍 X 射线衍射法之前,首先先让我们了解一下晶体的特性。美学中经常会谈到对称,自然界中普遍存在这种最简单的美学特征,而在物理学中它也是一种普遍规律,通过对称原则,科学家由电子预言正电子的存在,从物质概念出发猜测对称的反物质存在,并且最终一一证实。晶体也不例外,它的对称性是在劳厄的衍射实验中第一次揭示出来的。如图 3-18 所示,当年照片上对称的衍射斑点反映了晶体内部结构的对称性。爱因斯坦对此称赞道:这是物理学最美的实验。因为这不仅证实了晶体的对称性,更重要的是为光量子学说提供了有力的证据,光的波粒二象性理论牢不可撼的地位由此确立了。

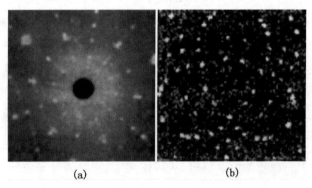

(a)　　　　　　　　(b)

图 3-18　X 射线衍射斑点的对称性

(a) 红宝石;(b) 硅

晶体对称性的科学定义是晶体相对于一些几何元素(对称元素)进行一定的动作(对称操作)之后,晶体又恢复原状,与操作之前原子排列方式没有任何区别。这种对称性体现在宏观和微观两个方面:前者是指晶体理想外形中常常呈现形状和大小相同的等同晶面(围成晶体的平滑表面称为晶面),各对称元素交于一点,晶体多面体的外形呈现出一定的对称性,由此构成封闭且规则的晶粒多面体外形;后者是指从微观角度原子或原子集团可以被看成在三维空间中的无限周期排列的阵点,平移可以让这些阵点复原,因此平移对称性是微观对称的最主要特征。

X射线衍射揭示出的关于晶体微观结构最重要的事实是:晶体是由原子或原子集团以规则的、重复的图案排列组成的。从微观角度来看,这种有规则的内部排列的直接后果是晶体的不均匀性,或称为各向异性。但由于原子和分子极为微小,所以晶体在宏观上看来是均匀的。一般说来,晶体在互不平行的方向上性质是不同的,某些与结构排列有关的物理性质随方向而变化。但这不是一概而论的,例如,氯化钠立方晶体在光学上是各向同性的,而在硬度上则是各向异性的。至于其他性质,如密度和比容,显然是和方向无关的。

3.5.2　晶体属性之外的微观世界

自从劳厄的实验之后,人们通过X射线很容易区别晶体和非晶体。结果人们发现原来被当成非晶体的很多物质其实是晶体,岩石和泥土、金属和合金、木头、混凝土、甚至纺织品纤维,它们都是晶体,或者至少是部分程度的晶体;橡皮有的时候也会变成晶体,就连骨骼、头发、肌肉纤维和动物的筋腱也是部分程度的晶体,自然界真正的非晶固体是非常少的。借助X射线衍射仪,实验室中常见的固态化学无机物中,百分之九十五以上都被证明是晶体;而在矿物中,百分之九十八以上均显示出一定的晶体结构。

那么什么是非晶体呢? 简单地说它是指那些无法检测出晶体性质的固体物质。玻璃、某些树脂和聚合物属于非晶体。它们的衍射花样类似液体,是在熔体不能结晶的条件下由冷却的液体形成的,因而被简单地看成是黏度非常大的过冷液体。研究人员从前曾把很细小的沉淀物和各种碳素叫做非晶体,现已查明它们是由特别微小的晶体所组成。

我们平常接触到的许多固态粉末物质几乎看不出像大块晶体那样的规则几何外观,原因在于它们是由许多微小的晶体互相以无规则取向集合而成的。多晶体物质基本是由大量的单个晶体组成的,除用特殊方法制成的单晶体外,金属都是多晶体,大多数矿物也是以多晶体形式出现,矿物学家称之为块状晶体的实际是宏观单晶体。如果各个小晶粒的取向是紊乱无规则的,那么大块的多晶体物质(大块是与单个小晶体的尺寸相比较而言)一般将是各向同性的。在任一给定方向上,其性质是各单个小晶粒的矢量性质之平均值。

　　非晶体与晶体在物理性质上的主要差别是:非晶是各向同性的,在不同方向上性质没有差别。加热时,它们不是在一个确定的温度下熔化,而是以觉察不到的程度逐渐软化变成流体,不呈现熔解热。而晶体是有严格确定的熔点和一定的熔解热,当温度升高到某个确定温度即熔点时,保持原子呈规则排列的作用力被克服了,因而发生熔化;在这个温度,由于每单位质量的晶体需要用来克服晶体内作用力的能量是一定的,所以熔解热也就是固定的了。

　　非晶体看来很坚硬,但在压力下它们会缓慢地流动,断裂时,它们变成表面弯曲的不规则碎块,其断口称为"贝壳状"断口。而晶体在压力作用下,一旦发生断裂,大多沿某一晶面发生解理断裂,断口成规则形状。

　　传统上晶体多是固体,因此晶体的简单定义是:原子在空间周期排列构成的固体。但是在液体中也发现了晶体,这样将晶体局限在固体的定义就显得不合理了。因此可以从晶体形态学的观点出发对晶体作这样的定义:晶体是一个由平滑表面围成的多面体,是一种均匀的、各向异性的物体,构成晶体的原子或分子由于它们之间相互力的作用而聚集在一起,并保持有规律的周期排列。

　　在一个发育完善的晶体上,晶面使得整个晶体具有某种特征对称性的外形。但是,在良好条件下生长以致能产生理想而完整的多面体外形的晶体毕竟是很少的。一般说来理想晶体外形会出现两类的偏离:一是等同晶面的大小在一个单晶体上可能有所不同,有的甚至会完全消失;二是晶体表面往往不是绝对平整光滑的,而是粗糙不平,存在许多细微的凸起、凹坑和条纹,等等。因此,在自然界中天然形成的理想多面体晶体少之又少。

　　即使是同一种化合物构成的晶体也可以呈现出多种不同外观形态,比如本章开始介绍的雪花晶体。由于晶体表面的数目及其相对大小都不同,因此,所谓的生长习性也是在变化着的。在不同产地的各类矿物中,这种晶体形状的变化是很普遍的,在实验室的样品中也经常会见到。对于一种给定的晶体类型来说,其生长习性变化多样,而内部结构则是确定不变的,通过粉末衍射花样可以证明这一点。晶体出现不同的生长习性是由于该物质的结晶条件不同造成的,通常把少量异类物质掺进正在结晶的溶液中能够影响生成晶体的外形。

　　但是晶体与非晶体的区别正在变得越来越模糊。传统概念认为：固态金属都是晶体。20 世纪 50 年代初，美国的 Duwez 首次报道了利用材料急冷技术（10^7℃/s）使金属冷却成玻璃态的奇迹。自此以后，各国研究者相继在许多合金中进行快凝技术，研制了许多具有不同成分结构和优异性能的新型非晶合金。

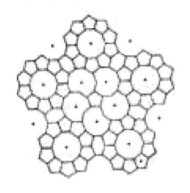

图 3-19　准晶结构示意图

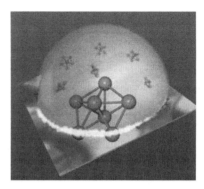

图 3-20　过冷水的五重对称结构

　　准晶的发现将非晶和晶体之间联结了起来。准晶是一种介于晶体和非晶体之间的固体。准晶具有完全有序的结构，然而又不具有晶体所应有的平移对称性，因而可以具有晶体所不允许的宏观对称性（图 3-19 所示为准晶结构）。1984 年底，D. Shechtman 等人宣布，他们在急冷凝固的 Al Mn 合金中发现了具有五重旋转对称但并无平移周期性的合金相，在晶体学及相关的学术界引起了很大的震动。不久，这种无平移周期性但有位置序的晶体就被称为准晶体。

　　最近的研究表明：在自然界中存在天然准晶。早在 1724 年 Fahrenheit 就已经发现天上的云中有过冷水存在，相关研究至今仍是热点。所谓"过冷水"是指低于 0 度仍保持液态的水，实际上低于熔点而能保持液态的"过冷"现象在自然界中是普遍存在的。过冷水有一个特性，对过冷水施加一点微小的震动，整个溶液迅速从震动点开始结晶。这是由于尽管过冷水自身不能形成晶核，但一旦有外来因素，结晶条件便成熟，结果晶粒会迅速长大。在 2010 年 7 月第一期《自然》杂志上，法国 CEA、CNRS 和 ESRF 科研团队合作研究过冷水的最新研究果表明，过冷水具有五重对称结构（见图 3-20）。对过冷水的研究，有助于理解自然界过冷熔体的结构与特性。

3.5.3　周期排列的最小单元——晶胞

　　现代晶体学科学地建立了一整套系统的概念和理论,以便于研究和计算晶体的结构。晶胞的概念早在1782年便由阿雨提出了,它是晶体中最小的结构重复单元。为了便于晶体结构的研究,后来晶体学家在此基础上,把空间点阵的阵点连接起来作为棱边,构成一个平行六面体,其3个不同方向上的棱长分别为 a、b、c,称为3个晶轴,晶轴的长度不一定相等,也不一定互相垂直。3个晶轴之间的夹角分别用 α、β、γ 表示。其中,a、b 的夹角为 γ;a、c 的夹角为 β;b、c 的夹角为 α(见图3-21)。

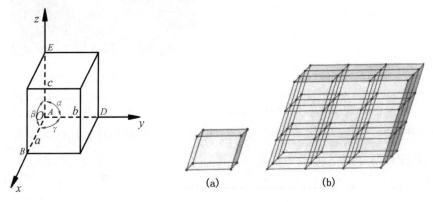

图3-21　晶体的晶胞参数　　　　　　　图3-22　晶胞示意图

　　有了晶胞的概念,我们就可以将整个晶体看成是由晶胞并置堆砌而成,每个晶胞都是包含着晶体花样的一个完整单元(图3-22)。真实晶体可以看成由这些单胞在空间堆垛起来的,每个单胞的体积都是相同的。确定划分晶胞要遵循两个原则:一是尽可能反映晶体内结构的对称性;二是尽可能小。实际上在一个给定空间点阵中选择单胞时,要考虑到数学计算和显示对称性的方便。当3个晶轴方向上相邻阵点的间距和这3个方向之间的夹角得到确定后,一个空间点阵就完全确定了。这些间距称为点阵的初基平移或单位平移,它们和单胞的边长相等。

3.5.4　对称让晶体变得简单

　　自然界有几十万种晶体,它们千姿百态、形状各异,如何对它们加以区别呢？一种简单的方法是按照晶体的宏观对称性划分晶体,这样可以得到七大类,称为七大晶系,分别是:立方系、四方系、正交系、菱方系、单斜系、三斜系、六方系,(见图 3-23)。这七大晶系中,有些类型在平行六面体的内部或表面出现原子阵点,即:根据晶胞体内或面上是否带心的情况,可将晶体进一步划分为不同的空间点阵。1845 年,布拉菲证明总共存在 14 种不同的空间点阵,所有这些空间点阵都呈现出同一性的特征。如果对每种晶体点阵都能选出对称性最高的单胞,那么任一种点阵的对称性都是某一晶系的对称性。

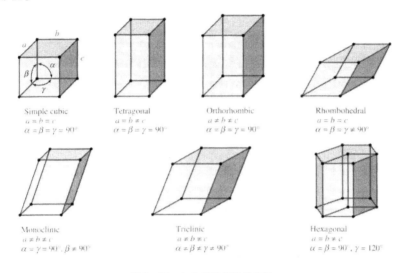

图 3-23　七大晶系晶胞示意图

图 3-24 为十四种布拉菲点阵,表 3-4 列出了它们在七大晶系中的分布:立方晶系共有 3 种布拉菲点阵,其中带心点阵有体心和面心两种;四方晶系有两种点阵,带心点阵为体心;正交晶系共有四种点阵,其中 3 种是带心点阵;单斜晶系由简单和底心两种点阵组成;其余 3 个晶系只有简单点阵。总之,简单点阵共有 7 个,用字母 P 表示,其余的都是在心部有额外阵点的复杂点阵。

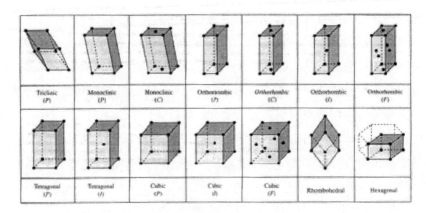

图 3 - 24　14 种布拉菲点阵

表 3 - 4　七大晶系与 14 种布拉菲点阵的关系

晶系	点阵常数	布拉菲点阵	点阵符号	单胞内阵点数
立方晶系	$a=b=c$ $\alpha=\beta=\gamma=90°$	简单立方	P	1
		体心立方	I	2
		面心立方	F	4
四方晶系	$a=b\neq c$ $\alpha=\beta=\gamma=90°$	简单四方	P	1
		体心四方	I	2
正交晶系	$a\neq b\neq c$ $\alpha=\beta=\gamma=90°$	简单正交	P	1
		体心正交	I	2
		底心正交	C	2
		面心正交	F	4
菱方晶系	$a=b=c$ $\alpha=\beta=\gamma\neq90°$	简单菱方	P	1
六方晶系	$a=b\neq c$ $\alpha=\beta=90°,\gamma=120$	简单六方	P	1
单斜晶系	$a\neq b\neq c$ $\alpha=\gamma=90°\neq\beta$	简单单斜	P	1
		底心单斜	C	2
三斜晶系	$a\neq b\neq c$ $\alpha\neq\beta\neq\gamma\neq90°$	简单三斜	P	1

3.5.5　简洁的方程——X 射线衍射理论之基

几乎与劳厄同时,在英国有父子俩人从数学出发,推导出更为简洁的衍射方程,这就是著名的布拉格方程。

小布拉格　　　　　老布拉格

图 3-25　布拉格父子像

1. 布拉格方程

X 射线既然是一种电磁波,就会如同可见光一样发生干涉、衍射等一些波的特有现象。由于它的波长数量级是在 0.01~10nm 范围内,无机物的原子间、甚至包括部分有机物分子基本都落在这一范围,于是三维晶体的原子或分子阵列可以起到狭缝光栅的作用,产生衍射现象。1912 年,布拉格父子在下例几项假定下推导出简单的衍射方程:$n\lambda = 2d\sin\theta$

(1) 原子不作热振动,并理想地按空间点阵的方式排列;

(2) 原于中的电子皆集中在原子核的中心;

(3) 入射 X 射线束严格地互相平行并有严格的单一波长;

(4) 考虑的晶体是一个理想晶体,由无穷多个晶面组成。

(5) 在一般照相时,晶体到底片的距离约为几十毫米,因此,当观察散射

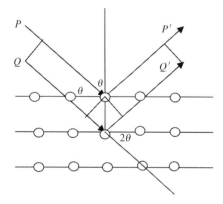

图 3-26　布拉格方程衍射图

波在底片上各点的干涉结果时,认为从晶体的所有原子到底片观察点的反

射线是互相平行的。

利用镜面反射相似性原理,当入射线束照射到晶体上时,会被原子晶格平面反射,入射角与反射角相等。当一束光被多层原子平面反射时,不同原子平面的反射束之间会产生波程差,图 3-26 中画出第 1、第 2 层原子平面的反射线,如果两原子层面之间的距离为 d,入射角和反射角均为 θ,则两反射线之间的波程差为 $2d\sin\theta$。当这个波程差是射线波长的整数倍时,发生干涉加强,否则会减弱直至相消为 0,这样便形成了衍射花样。

入射光一般采用某一已知波长的固定光束,只要能测量出这些衍射线的位置 θ,就能计算出相应的晶面间距。对于低对称性晶系,布拉格方程导出的 d 的表达式较繁杂。为了得到在给定晶系中进行计算所需的特殊形式的方程,只需在 d 处代入所属晶系的 d 即可。由于布拉格用一叠平行的原子平面的"反射"对 X 射线的衍射效应所作的解释比较简单,因而得到广泛接受,在 X 射线晶体学领域占有重要地位。晶体中原子或分子单元位于空间点阵的交叉点;而重要的晶体表面则是阵点(原子或分子)最密排的那些面;与每个可能的晶体表面或晶面平行的是一系列等间隔的等同晶面。

当一束 X 射线射到一个扩展晶面并按布拉格所述的方式反射时,这个现象就不同于通常的光在表面上的反射。与晶体表面平行的实际上是一系列无限的等间隔的原子平面层,X 射线被明显地吸收之前会穿透到几百万层的深度。可以认为在每一层原子平面上,原射线束的微小部分将被反射。为了使这些微小的反射线束能以有明显强度的单束射线出现,它们在穿出表面下附近的原子层时应当不被吸收,正同它们反射出来那样;更重要的是来自相邻原子层的反射线不应相互干涉而消失。如果上述条件能够满足以使反射线会加强而不相消的话,那么,在晶体内这一系列位置不太深的晶面都将对反射做出贡献。

2. 复杂的衍射强度

有了布拉格方程,我们就知道了发生衍射的角度 θ,也就是衍射峰出现的位置,接下来一件重要的事情是还需要知道这些衍射峰的强弱。于是我们不得不提出这样一个问题,到底哪些因素会影响衍射峰的强度?

1. 完整晶体和不完整晶体

首先最关键的是晶体本身的质量,布拉格方程的前提假设是针对理想晶体的。理想晶体是指周期性贯穿始终的完美晶体,即在整个晶体范围内,原子全部位于无畸变的空间点阵的阵点上。这种晶体对 X 射线的吸收可以忽略。当阵点被实际原子替代后,在各个不同原子面上反射子波相互作用,因此得到衍射结果,衍射强度就是这些相互作用的结果。针对某一具体晶面,与满足布拉格方程的 θ 角仅仅偏离几秒,衍射强度急速变为 0。因此,在一个很小范围内,强度急速地增加,达到一个很高的值,然后迅速又下降到 0。总之,理想晶体在相长干涉时会变得很强,相消干涉时会几乎完全消去。

但是对于实际晶体,衍射峰并不像理想晶体那样窄。例如,Compton 在用 $\lambda = 0.708\text{Å}$ 的 MoKα 射线得到方解石(CaCO$_3$)的试验测量值是理论计算值的 4 倍多。Allison 和 Parratt 的实验结果表明:对于波长不太短的入射束,方解石能够获得接近完整晶体的表面。金刚石晶体似乎也有类似的完整性。但是,大多数其他晶体的实验测量峰宽比理论预测值大许多倍。最初,人们对实际晶体所得到的试验结果感到很困惑。此外,研磨的或粗磨的晶体表面衍射峰更宽,表明这种操作在某种程度上破坏了晶体表面层的点阵规则性。因此,即使是制备得很精细的试样,绝大多数晶体也显著地偏离对理想完整晶体所假定的完整性。

于是人们假设了第二类理想晶体,即理想不完整晶体。这种晶体被想像为由完全任意排列的微小晶粒构成,即由细小的结晶粉末构成。因为晶粒很小,所以每个晶粒造成的射线束能量损失可以忽略不计。在这种情况下,不同晶粒的反射波之间不存在相位关系,因此,总的反射是各个小晶粒的贡献的总和。

介于理想晶体和理想不完整晶体之间的,是不完整的单晶体。它是由相互间近于平行但又不完全平行排列的小晶体碎块(即晶块)构成,这些晶块边长大约为 10^{-5} 厘米,它们偏离平行排列的角度为几分、几秒或呈弧形。这样的晶体就是嵌镶晶体。在给定的方位下只有一部分嵌镶块能反射入射的 X 射线束,但是,晶体稍微转动就能使其他的嵌镶块进入反射位置,很明显地增加了全部反射的角范围。实际晶体的不完整性与这种嵌镶结构有关,点阵的挠曲或其他原因也能引起不完整性。

2. 初级消光和次级消光

实际晶体衍射强度比完整晶体理论预期值低,除了正常吸收外,还有初级消光和次级消光两种效应的影响。图 3 - 27(a)示意了初级消光过程,入射束 R 以入射角 θ 照射到某一晶粒的(hkl)晶面族上,且刚好满足布拉格方程。随着入射束 R 的深入,第一层晶面引起的反射束 R_1 与零层反射束 R_0 之间的波程差满足光束波长的整数倍,使得干涉加强。但 R_1 也会被它上面的零层晶面背面再反射变成 R_2,R_2 与 R_1 波程相差 λ/2;R_2 被第一层晶面反射形成 R_3,若 R_3 与 R_2 相差 kλ,则与 R_1 相差(k+1/2)λ;这样 R_3 与 R_1 反相。如果 R_3 射出晶体,因为 R_1、R_0 相位相同,故 R_3 与 R_0 必然反相,于是二者 发生相消干涉,整个衍射强度减弱,这就是初级消光。

大多数实际晶体是接近于镶嵌结构的不完整晶体,这些镶嵌结构近乎平行排列,但相互之间也存在一些小到几秒或几分的角度差异,可被看作单晶体内更细小的晶粒。当入射线照射这样的晶体时,因处于表面的镶嵌块 A 的衍射会减弱入射束的强度,如图 3 - 27(b)所示,对于内部的镶嵌块 B 来说,入射束强度 I_1 比初始入射束的强度 I_0 小许多。射线越深入样品内部,强度减弱越多。这种因衍射而造成的强度减弱就是次级消光,它可以被看作前一镶嵌块对后一块有屏蔽作用,引起吸收稀疏的增加,通过附加吸收进行校正。这种次级消光对低 θ 角影响更显著,强反射比弱反射的次级消光要大。

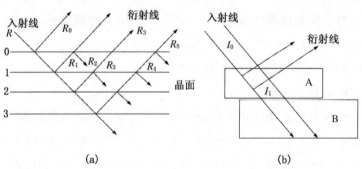

图 3 - 27　初级消光和次级消光
(a) 初级消光;(b) 次级消光

3. 相对强度和绝对强度

在研究工作中,衍射强度数据的质量直接决定了研究的质量。一般情况下,人们将某一个衍射峰与经过校准的强度标尺的比值作为相对强度,更为简便的处理是采用同个衍射图谱中的最强峰作为强度标尺,它基本能满足许多常规的衍射工作需要。

　　但是,还有一些研究工作要求能获得最精确的绝对强度数据。在晶体进行衍射测量后,将所有衍射峰的积分总强度与入射线束的强度之比作为绝对强度,这样的强度数据最为精确。这种绝对强度数据对于确定复杂晶体的原子位置,是十分必要的。关于键型、键的本质以及各种键结构对分子正常状态的贡献等的研究都与原子间距的微小变化有关,只有根据完整而精确的强度数据才能可靠地确定这种微小变化。

　　4. 衍射强度的产生及影响因素

　　(1)电子对 X 射线的散射。X 射线是电磁波,因此当它们由射线源向外发出的时候,会随之产生一个周期性变化的电场。在这些波的通路内,每个电子均被这个变化的电场激发,发生周期性的振动,而电子本身就变为有相同频率和波长的电磁波波源。于是,在那里由这种相互作用产生一个新的 X 射线球面波,该球面波以电子作为原点,并从入射线取得能量。这个过程就是人们所说的电子对 X 射线束的散射。

　　射强度为:

$$I_e = I_0 \, \frac{e^4}{m^2 r^2 c^4} (\frac{1 + \cos^2 2\theta}{2})$$

其中,电荷为 e,质量为 m,入射强度 I_0,c 为光速,r 是 PO 距离,2θ 为入射线与散射线之间的夹角,$(1 + \cos^2 2\theta)/2$ 为偏振因子或极化因子。入射 X 射线是非偏振的,经过衍射(或散射)后,变成了偏振光,这一点与可见光经反射后变成偏振光非常相似,而且偏振光的强度随衍射的角度而变化。

　　(2)原子对 X 射线的衍射。原子是由带正电的核和围绕它周围的电子云构成。除了氢原子,其他元素均含有多个电子,这些电子与核电荷的数目相等,都等于该元素的原子序数。原子散射主要是由其中的电子引起,虽然原子核也带电,但由于其质量过大,引起的散射相对电子很小,可以忽略。所有电子都在入射束的电场作用下发生受迫振动,从而形成新的电磁波源。一个原子内若干个电子的散射波是合成在一起的,因此一个原子的散射效应实际上与原子内的电子数有关。电子是分布在整个原子体积内,而不是集中一点,它们形成的散射波之间有相位差,这使得原子的总散射强度并不简单地是这些电子单个散射强度的算术和。通常会用原子散射因子 f 来

表示其散射能力,数学表达式为:

$$f = \frac{E}{E_e} = \frac{\text{原子的散射振幅}}{\text{一个电子的散射振幅}}$$

$$= \sum_{j=0}^{z} \exp 4\pi i r_j \frac{\sin\theta}{\lambda}\cos\varphi_j$$

其中,φ_j 是任意两个电子之间的距离矢量与散射和入射差矢量之间的夹角(图 3-28 中 OO' 与矢量 $S-S_0$ 的夹角)。当散射角 $\theta=0$ 时,f 最大,且 $f=Z$。

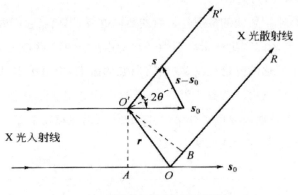

图 3-28 两个电子相互作用下的散射

(3)结构振幅和结构因子。一个晶胞中可能由若干个原子组成,每个原子都对散射强度构成影响。与一个原子内的若干电子散射相似,一个晶胞的散射能力也是这些原子散射能力集合而成的。若 f_j 是晶胞中第 j 个原子的散射因子,ϕ_j 是该原子与原点位置上原子散射波的位相差,则该原子的散射振幅为:$f_j A_e e^{i\phi}$,A_e 一个电子相干散射振幅。

若有 n 个原子组成的一个晶胞,其总散射振幅 A_c:

$$A_c = \sum_{j=1}^{n} f_j A_e e^{i\phi_j} = A_e \sum_{j=1}^{n} f_j e^{i\phi_j}$$

结构因子定义为晶胞总散射振幅与单个原子散射振幅之比,即:A_c/A_e,故有:

$$F = \sum_{j=1}^{n} f_j e^{i\phi_j} = \sum_{j=1}^{n} (f_j\cos\phi_j + i f_j\sin\phi_j)$$

结构因子表明:散射强度不仅与原子的散射因子 f_j 有关,还与原子间的散射相位差ϕ_j有关,而相位差又取决于原子在晶胞中的相对位置,这样就可以通过衍射强度信息反推出原子结构。最典型的例子就是一些带心点阵会造成系统消光,如体心立方结构中,位于中心的原子组成的晶面正好与其相邻的平行晶面构成半个层间距,这样原本应该产生衍射的这些晶面不再发生衍射,这就是所谓的系统消光。根据这种系统消光规律,可以反推出晶体中的对称元素和所属空间群,进而得到晶体的结构。

(4) 镶嵌结构与入射线的发散。镶嵌结构不仅引起次级消光,而且会引起衍射线有一定的角宽度。由于这些镶嵌块不严格平行,入射线并非总是严格的平行光,或多或少有一定的角发散度,这样非平行的入射光照射到有镶嵌结构的晶体上,每个方向上的线束都总能与正好满足布拉格衍射条件的镶嵌块产生衍射信号,于是形成分布在一定衍射角宽度内的衍射峰,且总衍射强度大于没有镶嵌结构或完全平行光照射情况下的强度。

(5) 温度因子。布拉格方程推导的前提条件中,首先假设原子不作热振动,是在某一位置上固定不动的理想状态,而实际情况是原子在不停地作振动,温度越高,原子振动的幅度越大。原子的这种热振动可以想象原子尺寸被增大了,于是原子内各电子散射线之间的相位差加大了,等同于各散射线在原有位相基础上附加一个相位差,这使得衍射强度减弱,且温度越高减弱越强。

温度对结构因子的影响可以将其以公式表达为:$F_T = F e^{-MT}$

其中 e^{-MT} 为温度因子,也称为 Debye-Waller 因子,用 D 代表。

(6) 吸收因子。物质对 X 射线的吸收是指入射 X 射线能量转变成其他形式的能量。也叫真吸收,它是由原子内部电子跃迁或逃离原子之外而引起的,例如入射 X 射线的一部分能量转变成光电子、俄歇电子、荧光射线、正负电子对等个体的能量以及热散能量,其余部分仍以光能传播,形成透射光。

3.5 节介绍了吸收定律,即:$I = I_0 \exp(-\mu_\rho x)$,如果将 $\exp(-\mu_\rho x)$ 看作吸收因子 A,则吸收公式变为:$I = A I_0$。在衍射条件下,吸收因子不仅与物质的吸收系数有关,还与衍射几何(即样品形状及其与入射束的相对位置关系)有关。如在 Bragg-Branteno 和 Debye-Scherrer 两种衍射几何中,吸收因子就有较大区别。前者样品为平板状,射线不能穿透样品,吸收因子与衍射角无关;后者是圆形细棒状样品,射线穿样品而过,吸收因子随衍射角的减小而增大。

3.6　X射线衍射实验装置

实验室完成X射线衍射测量就是获得上述衍射峰的角度位置和强度的过程,使用的实验装置主要包括四大部分:

(1)X射线源是指X射线发生器及其准直光路系统;

(2)测角器用于安装试样及样品室、光学元件和探测器等,功能是通过测量衍射角确定衍射线的具体位置;

(3)探测器的主要功能是探测衍射X射线信号,将光信号转换成电信号;

(4)控制和数据处理系统功能是控制仪器运转,对探测到的信号进行放大和筛选等。记录探测到的衍射线的位置和强度,对实验数据进行各种处理和分析。

3.6.1　X射线光管原理及设计

1. 早期X射线光管的设计

X射线光管是产生X射线的装置,通过高速电子与物质的交互作用产生X射线。早期的X射线管就是阴极射线管,或称克鲁克斯管。虽然它们能产生一些X射线,但效率还不高。在早期的衍射工作中,科学家曾使用了经过许多改进的气体管或冷阴极管,它们后来又被热阴极管所代替,演变成现在的标准X射线管。以气体管和热阴极管说明X射线管的一般工作原理。

(1)气体管。伦琴最初使用的X射线管和早期的气体管,实质上都是一个装有一对金属电极并在两极间通以高压直流电的玻璃管或玻璃泡。当这个系统中的气压降至零点几毫米汞柱时,加上电压,由于稀薄气体电离,便产生出少数电子和正离子。正离子撞击阴极,放出另外的电子。这些电子从阴极垂直地呈直线状投射出去,当它们和管前壁或另一电极碰撞时就产生 X 射线,此电极即为阳极靶。

由于所产生的 X 射线的特性在一定程度上取决于残余气体压力,早期的冷阴极管使用起来并不方便。管子工作时,除非采取某些措施,否则残余气体的压力是变化的。另外,所加电压的高低对所产生的 X 射线的特性也有影响。如果电压变化,通过管子的电流也随之变化,这是因为电流与形成的离子数目有关,而离子数目本身又取决于所加电压与气压的大小。由于不能独立地改变电压和电流,并且难以使残余气体压力保持恒定,这使得早期气体管的使用较为困难。气体管的优点是谱线纯净,从一个管子可得到几种辐射。此外,在实验室中使用比较便宜。

(2) 热阴极管。为克服气体管气体压力不稳定的缺点,美国科学家库利吉(William David Coolidge)于 1912—1913 年间发明了热阴极管或真空 X 射线管。它是将玻璃管中尽可能抽成高真空,使管内剩余的气体量很小,因此电子必须由其他的来源提供。通常利用钨灯丝被加热至白炽状,发射电子。此时灯丝的绝对温度为 1800~2600K,加于阴极和靶之间的高电压使热电子流过管子,形成管电流,完成电子传输。

热阴极射线管最显著的优点是管流和管压可以独立变化,改变两者之中的任何一个量,对另一个量均没有明显的影响。而在气体管中,管流和管压是相互关联的。

热阴极管的缺点是钨蒸气在靶面上沉积,导致辐射不纯。这类管子经常由于污染而报废,如果忽视这一点,使用不纯的辐射就会导致错误的研究结果。另一缺点是灼热的阴极钨灯丝会因蒸发而逐渐变细,直至报废。此外,这种管子的输出功率很低,即使在最佳的工作状态下,X 射线的输出功率仅为供给管子能量的 0.2% 左右。这样小的输出功率只有其中一小部分能通过衍射装置细小的狭缝或针孔,再加上滤波片,射线束的强度进一步降低,最终用于晶体衍射试样的 X 射线能量只不过是输入管中总能量很微小的一部分而已。

2. 现代衍射管的设计

在进行晶体分析和 X 射线衍射研究的初期,人们就开始注重 X 射线源的设计。其中主要的设计目标有:①增加 X 射线的强度;②使管子窗口对射线束的吸收减至最小;③避免由于钨在靶面上沉积而使辐射不纯;④具有防电击和防射线的特点。不久以后,特殊设计的衍射管开始商品化供应了,其中的几种在目前仍为很完善的装置。

(1) 热阴极管的改进。增加射线束的强度可用多种方法实现。其中,线焦斑是一个重大的改进。电子束在与管轴垂直的靶面上产生尺寸为 1.2mm 宽、12mm 长的线焦斑。当沿这种焦斑的长度方向与靶面成 6°角观察它时,将得到 1.2mm 见方的投射焦点,从而可以提供两个夹角接近 180°的强射线束。当沿垂直于线焦点的长度方向观察时,则投射焦点为一很细的线焦,这对直线狭缝很有用,但对针孔狭缝来说,则光束太弱。管子以 90°的间隔开 4 个窗口,这样得到两个线焦斑和两个点焦斑。

若能将管子设计成可在更高的电压和电流下工作,就可以得到较强的射线束,但这需要克服一个难题。在早期的管子中,工作时靶面的温度几乎使之呈樱红色,靶子要用大块金属制成以消散热量,因为高速电子的能量约有 98% 不可避免地在靶面上变为热量。有时通过装在管外的辐射散热片将热量导出。但是,最良好的冷却效果还是给靶子通以循环冷却水。采用水冷时,管子的导热效率也很重要,因为即使有足够的水流量,如果热量从靶的正面到背面的传递受到限制,则靶子背面铜块是冷的,但靶面仍然是热的。一旦靶面过热,将产生麻坑或者熔蚀,甚至造成靶面金属与其背面铜块分离。若使靶面摆动或者旋转则可以向管子输入较大的能量,因为这时扩大了焦点面积,即焦点面积以恒定地移动位置的方式将比较冷的金属带入电子束的路径中。

更进一步提高射线束强度的方法是减少 X 射线通过管壁时的吸收,具体方法是通过给现代 X 射线管配置特别透明的窗将射线束引出。对于铜和原子序数比铜小的元素所产生的波长来说,这种窗口尤其需要。窗口材料是由原子序数尽可能低的元素组成,含有硼、锂和铍,而不含普通玻璃通常有的硅、钠和钙的林德曼玻璃,曾被广泛地用作窗口材料。但它在潮湿空气中容易受潮变质,并且对于比铜辐射长的波长来说透明度太低。最良好的窗口材料为铍金属薄片,通过加入钛,可把它加工成展性薄片。因为铍是热和电的良导体,所以这种窗口可以紧靠焦点而不会因受二次电子轰击而过热和带电荷,因此衍射装置可紧靠 X 射线源(焦点)以使强度额外增加。

在热阴极管中,要消除钨蒸发造成的污染是一个难题。想防止钨丝缓慢蒸发是达不到的,但是增加阳极和阴极之间的距离可使它的蒸发减至最小。将铍窗口设计成能够凹进放电室的壁内,这样就可以完全屏蔽钨的蒸气。

热阴极管被商品化后,成为封闭式X射线管(结构如图3-29)。大多数制造商采用铅衬里和防电击电缆对封闭式X射线管提供接地的防电击防护。在许多市面上销售的衍射装置中,既有通过管子设计,也有通过衍射装置本身的管套和变压器箱柜的设计,来实现防射线和防电击。

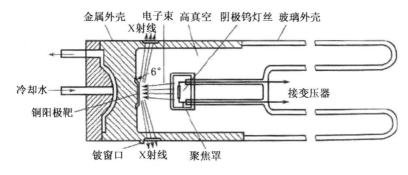

图3-29 实验用X射线发生器

(2) 气体管的改进。气体管经过改进演变成现代冷阴极管,主要用于极特殊的场合中。在衍射实验工作的初期,这种管子很受人们欢迎,这是因为通过更换靶面能使同一个管子提供几种辐射,并且这种管子可用于实验室中。近代冷阴极管,除了在阴极和阳极端之间有玻璃或瓷制的绝缘体以外,一般为全金属管。因为衍射管几乎都是在靶面处于地电位下工作的,故气体管的整个阳极端和靶面一样,备有冷却水道。这种管子一般有一套可更换的靶面。阴极通常是伸入到管子中的金属阳极端,而阴极终端为可更换的凹面铝制阴极头。阴极棒通常需要稍微进行冷却,这可通过它内部的压缩空气流或用一套外部散热片来实现。薄的铍窗已经标准化了。因为阴极头通常正好伸入阳极罩内,把现代气体管设计成完全射线防护型(只能透过窗口形成有用的射线束)是相当简单的,故在良好的设计中,所有辐射均能被阳极罩和阴极棒的金属部件挡掉。

这种气体管在大约0.001mm汞柱的真空度下工作,用高速机械油泵进行抽气就能达到该真空度,它的工作稳定性很好。许多气体管和电子式X射线管一样,在工作中是能自整流的。如果用安装在聚焦杯内的热钨丝来代替气体管的冷阴极,并用油扩散泵维持较好的真空度,则冷阴极管就变成可拆卸的热阴极管了。这种装置集中了气体管和电子式 X 射线管两者的所有优点。

(3) 旋转阳极靶光管。封闭式 X 射线管工作时,高电压加速的电子轰击靶,大部分能量转化成热能,只有 1% 形成 X 射线,即便使用水冷,封闭式射线管的最大功率仅为几千瓦。因此,提高功率的主要障碍是克服靶的温度过高。如果通过旋转阳极靶,可以避免电子束长时间轰击靶面的同一部位,有效地降低靶面的工作温度,这样射线管的功率可以提高到几十千瓦,产生的射线亮度也随之大幅提高。

日本 Rigaku 公司生产的一款 UltraX 18 型旋转阳极靶光管(图 3-30)。功率最高达 18kW,相应电压 60kV、电流 300mA;如果以 40kV 电压工作,电流不变,则功率为 12kW。线束的焦点尺寸有 3 种规格 1×10mm,0.2×2mm,0.3×3mm。

旋转阳极靶光管主要是为提供高强度的光源,这可以有效减少样品的被照射时间。对于一些有机生物样品,长时间照射会破坏样品的结构,特别是一些在测试过程中需要保持鲜活的生物样品,要尽量缩短测试时间。管子性能的提高取决于靶面旋转速度和焦斑的长、宽尺寸。一般来说,旋转速度 1 000~3 000 转,单位面积上负荷的功率是普通封闭靶的十多倍。

(4) 微焦点 X 射线管。一些特殊工作常常需要尺寸极小而强度很高的 X 射线源,微焦点 X 射线管就属于这一类射线源。这种射线源焦点尺寸小的只有几十微米,输出功率仅几十瓦,亮度却高达 ~ 10^{10}/光子数 · s^{-1} · cm^{-2} · $mrad^{-2}$,是普通封闭靶的十多倍。主要用来进

图 3-30　Rigaku 的 UltraX 18 型
转靶光管高频高压发生器

行需要高亮度的各种微区实验,比如微区衍射、显微荧光分析,蛋白质结构测定、小角散射、脱溶产物鉴别等一些常规实验室光源无法完成的工作。图图 3-31 是牛津公司生产的 Nova 600 和 Ultra Bright 两款微焦点光源,总

功率分别是 60 瓦和 80 瓦。配合毛细管和准直器等光学元件，可以收集大角度范围内的 X 射线，从而大幅提高入射线的强度。日本理学（Rigaku）公司也生产一种 MicroMax™ 型微焦点光管，与多层膜光学组件配合使用，最大功率只有 30 瓦，光通量可与 5kW 的旋转阳极靶光管相当。

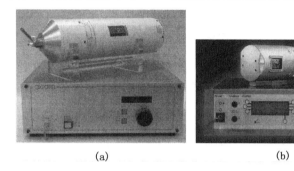

(a)　　　　　　　　　(b)

图 3-31　牛津公司生产的两种不同规格的微焦点光管

(a) Nova 600 型；(b) Ultra Bright 型

3.6.2　为什么要单色化

直接由 X 射线源发出的光波并非纯色，根据 3.4.2 节介绍，K 系有 3 条主要谱线，其中 K_α 是双线，两者很难区分。但布拉格方程的前提是采用理想单色光照射，这样衍射技术大多数情况下要求单色的 X 射线光源，因此要找到适当的方法从 X 射线谱中分离出合适的波长。在一定光管电压下产生的 X 射线不但含有全部 K 系标识谱，而且还有分布在很宽波段范围内的连续谱。连续谱中每一个波长都能被晶面衍射。$K_{\alpha 1}$ 的强度最大，是入射光源中最理想的部分。但实际上它的谱线与 $K_{\alpha 2}$ 靠得很近，强度是 $K_{\alpha 2}$ 的两倍，如果对衍射数据的要求不是特别高，双线本身是可完全令人满意的，但如果需要严格的单色化，就必须将谱线分离出来。对于大多数实验室的衍射工作，单色化可采用滤波片来完成，而要求比较严格时则应采用晶体单色器。

1. 滤波片单色法

滤波片的工作原理是利用元素的吸收限，如图 3-32 所示，如果选择吸收限介于 K_α 和 K_β 特征峰之间的某种元素作滤波片，图中虚线为该元素的吸收曲线，实线为某种阳极靶的标识谱，经过滤波后，标识谱中 K_β 被滤除，只剩下 K_α（见图 3-32(b)）。

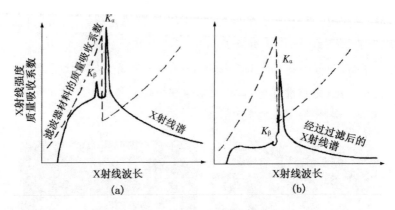

图 3-32 X射线吸收与谱峰的关系

能够起到滤波作用的元素物质必须与阳极靶材料满足一定的匹配关系,滤波片元素的 K 吸收限应恰好处于靶材谱线短波的一侧,这也是滤波片的一般选用原则,具体如下:

设靶物质原子序数为 $Z_靶$,所选滤波片物质原子序数为 $Z_片$,则当靶固定以后,应满足:

当 $Z_靶 < 40$ 时,则 $Z_片 = Z_靶 - 1$;

当 $Z_靶 > 40$ 时,则 $Z_片 = Z_靶 - 2$。

比如 29 号元素 Cu 是最常见的阳极靶,与其相匹配的滤波片是 28 号元素 Ni;对于 42 号的 Mo 靶则选择 40 号的 Zr 作滤波片。

锆金属箔基本上可得到纯粹的 MoK_α,铌金属箔(吸收限波长=0.653埃)也是 MoK_α 辐射单色化的良好滤波片材料。重要的是滤波片厚度需适当,利用吸收公式很容易计算出针对不同辐射的滤波片厚度。厚度不足,则不能将相当强的 K_β 谱线削减到很低的强度;过于厚,则会使 K_α 辐射强度降低,这样会过度增加测量时间。合适的厚度能够保证衍射信号有较高的信噪比,加滤波片前的强度不应大于加滤波片之后的一倍以上。有时为了获得更近乎单色的射线束,会加装两个滤波片,例如罗斯(Ross)首先提出的衡消滤波法即属于此。

2. 晶体单色化方法

晶体单色器可提供严格的单色辐射。这种单色辐射能够降低背景的干扰,对于某些特殊研究,如非晶质径向分布、小角散射、某些高精度衍射标定等,它都是首选的最佳入射光源。晶体单色器是很简单的装置,通过单晶体的某一特定晶面衍射将发自光管的 K_a 双线分开,得到非常纯净的 K_{a1} 线束,将分离出的 K_{a1} 线作为上述特殊研究的入射线束。

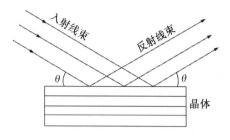

图 3 - 33　平晶单色器的工作示意图

　　图 3 - 33 为最简单的平晶单色器。一块取向性非常好的单晶体,保持晶体表面与其某一晶面族(比如{100}晶面族)平行。该晶面族的晶面间距为一固定值 d,这样,每一特定波长的线束都有相应的布拉格反射角 θ 与之对应。比如对某一阳极靶的 K_a 双线,a_1 和 a_2 的波长分别是 λ_1 和 λ_2,于是有两个布拉格角 θ_1 和 θ_2 分别两个波长对应。当一束 K_a 双线以 θ_1 入射角 照射到单色器表面,则只有 $a1$ 波长的光被反射,由此完成单色化功能。

　　入射光束通常是 K_a、K_β 混合在一起的射线,有时还会混有 白色光,因此需要根据实验研究的不同要求得到不同单色化程度。如果想只留下高纯度的 $K_{a}1$ 线,就需要完全滤除 $K_{a}1$ 之外的其他波长,但一般情况下,滤除 K_β 只保留 K_a 即可满足试验要求。可见若要保持高纯度的单色光,会致使射线束的强度大幅下降,因此平晶单色器的射线利用率很低。为了克服这一缺陷,可以采用弯晶等一些经特殊加工的单色器。尽管单色化的衍射效率很低,但由于没有背景,所以测量时间并没有因此而大幅增加,相反,这样的低背景数据采集具有较高的信噪比,更便于精确地进行衍射测量。此外,通过选取尽可能强的反射晶体,可最大限度提供尽可能强的射线束,采用某些增加晶体反射强度的加工技术,以及通过最优化的安装晶体的方法可以实现这一目的。

表 3 - 5　几种晶体单色器对 CuK_a 的反射本领

单晶体	反射晶面(HKL)	晶面间距 d/(Å)	CuK_a
Al	200	2.02	24~29.5
NaCl	200	2.815	31~45

（续表）

单晶体	反射晶面（HKL）	晶面间距 d/（Å）	CuK$_\alpha$
石英	10$\bar{1}$1	3.333	43
LiF	200	2.01	93～110
石墨	0002	3.345	500～620

表 3-5 列举了几种单色器晶体对 CuK$_\alpha$ 的反射能力，其中以石墨的为最强。这种单色器是由瑞宁格最先提出的，他在 1956 年提出将它用于 X 射线单色的可能性，后来由橡树岭国家实验室和联合碳化物公司共同开发出高取向度的准石墨单晶，并用作单色器，反射效率是 LiF 的 4～6 倍。

除单色化作用外，单色器有时起准直器的作用，以产生很窄的射线束，此时要求晶体应当尽可能完整，即不具有嵌镶结构。一般来说，对单色晶体还有这样一些要求：必须具有一定面积的反射面，厚度约为 1.5 毫米；应在 X 射线长时间照射下无明显的改变；所采用的强反射必须具有低的布拉格角，以便保持偏振为最小。当然，没有一种晶体能满足所有这些要求，因此必须根据研究的具体需要选择单色器。

对于不同的阳极靶，应选择不同的弯晶单色器的加工参数。表 3-6 列出石英弯晶单色器用于 Cu、Fe、Mo、Cr4 种阳极靶的 K$_\alpha$ 线时相应的弯曲半径、工作角度和距离等参数。

表 3-6   石英弯曲晶体单色器的一些主要参数

曲出半径/（毫米）			薄片表面与反射面的夹角 α	X 射线波长/（Å）	θ	X 射线管到单色器中心的距离 SC/（毫米）	反射线的聚焦点到单色器中心的距离 PC/（毫米）
薄片切割的	薄片表面弯曲的	反射晶面的					
500	250	500	3°	CuK$_\alpha$=1.54	13°21′	88	141
500	250	500	3°	FeK$_\alpha$=1.94	16°49′	118	170
1000	500	1000	1°30′	MoK$_\alpha$=0.71	6°28′	87	138
400	200	400	3°	CrK$_\alpha$=2.29	20°01′	115	155

3.6.3   粉末衍射仪几何布置及测角器

劳厄发现晶体衍射不久，弗里德里奇（Friedrich）和凯恩（Keene）分别观察到石蜡、金属薄板产生的 X 射线衍射环,遗憾的是那时人们并不承认这些样品是晶体,因此他们也就与发现粉末衍射失之交臂。

X 射线粉末衍射仪是目前得到最广泛使用的一种衍射仪,它的雏形是布拉格电离室谱仪。电离室谱仪早在 1913 年就已用来测量单晶体的反射,它是采用白色 X 光源照射单晶体,晶体不同的晶面间距 d_{khl} 将 X 射线色散成各种波长谱。衍射仪与电离室谱仪不同,它是采用单一波长的 X 射线为入射光源,不同 d_{khl} 的晶面将衍射波分散开来。粉末衍射仪采用探测器代替原来的照相胶片,并且通过各种精确的几何布置来提高强度和分辨率。

最早的探测器是由盖革和密勒提出的,也称为盖革计数器,它比电离谱仪的灵敏度高得多。后来,勒盖雷(LeGalley)总结了 X 射线计数器的许多基本优点,设计成衍射仪,但它最大的弱点是信号微弱。美国海军研究室的弗里德曼(Friedman)设计了第一台计数器式粉末衍射仪,由北美飞利浦(Philips)公司完成了商业化制造。在第二次世界大战期间,切割石英振荡片所用的早期盖革计数器装置,帕里什(Parrish)和他的同事们在原有的基础上作了改进,才渐渐地发展成为今天的精密仪器。

3.6.3.1　粉末衍射仪的几何关系

1915—1917 年,荷兰的德拜(Peter Joseph Wilhelm Debye)、瑞士的谢乐(Paul Scherrer)以及美国的哈尔(Hull)分别独立设计发明了粉末衍射装置,这是一种结构非常简单的装置,采用的是德拜-谢乐衍射几何,简称 D-S 衍射几何。具体是将粉末颗粒粘在玻璃细丝或金属丝上,入射线采用一平行的单色 X 射线细束。这种衍射几何存在着这样一些缺点:入射线利用率不高,强度低,实验时间长;利用滤色片,单色性差;使用不长的三孔准直器,光的平行性不佳;衍射谱分辨率不高。德拜因利用偶极矩、X 射线和电子衍射法测定分子结构的成就而获得 1936 年诺贝尔化学奖。

西曼(Seemann)和鲍林(Bohlin)为了解决 D-S 衍射几何中因使用平行光而使入射光有效强度不高的缺点,提出了使用发散入射光,并让衍射光聚焦的衍射几何,简称 S-B 衍射几何。

图 3-34 所示的 S-B 衍射几何中,样品被制成一块弧形板置于 *AB* 弧段,照相底片置于 *MN* 弧段记录信号,入射光从狭缝 S 以扇形方式照射到样品上,若发生布拉格反射时,衍射线汇聚于 *MN* 上的相机底片上,比如 *F* 点。

可以看出：通过这个圆，更多的样品可以参与衍射，并最终又汇聚一点，被全部采集利用。因此，该圆有聚焦作用，被称为聚焦圆。

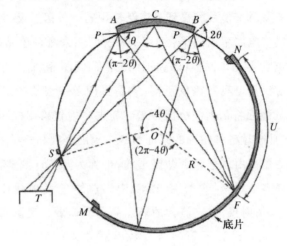

图 3 - 34　S-B 衍射几何示意图

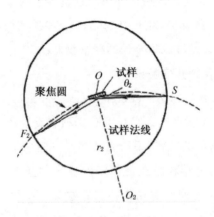

图 3 - 35　B-B 衍射几何圆

对 S-B 聚焦几何关系进行修改后应用到所谓的 Bragg-Brentano（B-B 衍射几何）X 射线粉末衍射仪上。在 S-B 布局中，弯曲试样上不同的晶面产生的衍射线与试样表面之间的距离不相等，采用照相底片可同时记录这些晶面间距的信号，对数据采集没有太多的影响。但如果采用探测器记录衍射信号时，是逐点扫描记录的，如果沿聚焦圆进行扫描，则需要复杂的机械机构。为此，需要保持着试样到探测器的距离不变。

为了达到这一目的，将试样表面制成平面的而不是弯曲的，并且试样的转动速度为探测器转动角速度的一半,这样试样表面在任何时候都保持与聚焦圆相切(图 3-35)。随着探测器 F2 以样品 O 为中心向大的角度方向转动,聚焦圆半径逐渐地减小。由于采用平试样而不是弯曲试样,试样的表面与聚焦圆并非完全吻合,因此这样的聚焦是不严格的,只能算作准聚焦。尽管存在这样的缺点,但由于光源及衍射聚焦点与试样中心点的距离不变,使仪器构造简单,因此这是得到最广泛使用的一种粉末衍射仪。

3.6.3.2　粉末衍射仪的测角器

测角器是依据衍射几何关系,针对研究目标设计不同类型的机械机构,规定各种部件间的几何关系、运动方式和相对位置,实现前述的角度测量功能。换句话说,测角器是安放试样、产生衍射、确定衍射线位置的装置。在入射和衍射光路上分别安放部分光学元件(狭缝、索拉光阑、单色器等)及探测器。测角器的试样台装置不仅可以安装样品,还可以给试样创造一定环境条件,如温度、压力、气氛或机械运动(转动、振动或拉伸)等。

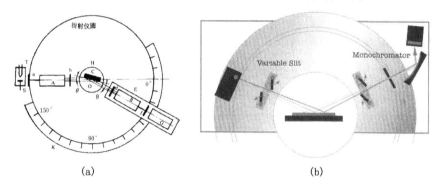

(a)　　　　　　　　　　　　(b)

图 3-36　B-B 衍射几何测角器

(a) 样品和探测器以 θ-2θ 方式转动;(b) 样品和探测器 θ-θ 方式转动

按 B-B 衍射几何设计的测角器有两种转动方式,一是光管不动,样品以一定角速度转动,探测器以 2 倍的角速度同时转动,这被称为 θ-2θ 方式转动(见图 3-36(a));另一种是样品不动,光管和探测器都以同样的角速度转动,这被称为 θ-θ 方式转动(图图 3-36(b))。由于光管重量大,保持固定不动,有利于测角器保持良好的机械精度和使用寿命,因此前一种方式在过去机械加工水平不高的时候用得较多。后一种方式,样品固定不动,因此样品不需要加压制成,减少了晶体颗粒取向性的影响,也可以测量一些流动性样品,而目前的加工能力完全能够保证足够的机械精度,所以目前越来越广泛地得到使用。

　　B-B 衍射几何的光路如图图 3-37 所示,光源焦点经过第一个索拉狭缝和发散狭缝后照射到样品,反射线经由散射狭缝、第二个索拉狭缝、接收狭缝到单色器,在通过单色器接收狭缝进入探测器。其中发散、散射、接收狭缝控制线束在水平方向上的宽窄或防止杂散射线进入探测器,索拉狭缝由一系列平行的金属板组成,主要控制射线在垂直方向上的发散度。光路上还可以布置石墨单色器,有时也会简单地用滤波片对射线束进行单色化。

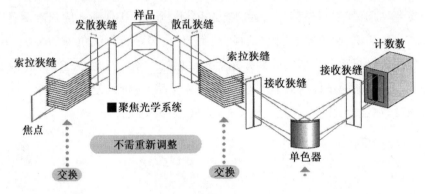

图 3-37　X 射线仪的光路系统

3.6.4　"看见"X 射线

　　当年伦琴是通过两种方式发现 X 射线的,后来它们演变成最早的 X 射线探测方法。一是荧光屏法,就是利用荧光物质使 X 射线发出可见光,1903年有人发现硫化锌也具有荧光效应,后来人们将含有微量镍的硫化锌涂于硬纸板上制成特殊的 X 射线荧光屏。在 X 射线的作用下,这种化合物能发出可见的黄绿色荧光。今天在日常实验中,这种荧光屏的使用机会不多,主要用于调试仪器或准直光路时,探测 X 射线的存在或确定 X 射线束的位置。二是照相法,X 射线对照相底片的光化学作用和可见光是相同的。因此,可以利用照相底片对 X 射线进行感光,照片的处理程序和可见光的基本相同。

　　今天,绝大多数实验室中的衍射仪都早已采用辐射探测器法,作用是接收样品衍射线(光子)信号转变为电(瞬时脉冲)信号。由于 X 射线光子对气体和某些固态物质有电离作用,可以用它们来检查 X 射线的存在与否和测量它的强度。按照这种原理制成的探测 X 射线的仪器有气体电离探测器和各种辐射计数器。

1. 气体电离探测器和正比计数器

气体电离探测器通过收集射线在气体中产生的电离电荷来测量核辐射。主要类型有电离室、正比计数器和盖革计数器。它们的结构相似，一般都是具有两个电极的圆筒状容器，充有某种气体，电极间加电压，差别是工作电压范围不同。电离室工作电压较低，直接收集射线在气体中原始产生的离子对。其输出脉冲幅度较小，上升时间较快，可用于辐射剂量测量和能谱测量。正比计数器的工作电压较高，能使在电场中高速运动的原始离子产生更多的离子对，在电极上收集到比原始离子对要多得多的离子对（即气体放大作用），从而得到较高的输出脉冲。脉冲幅度正比于入射线损失的能量，适用于能谱测量。盖革计数器又称盖革-密勒计数器或 G-M 计数器，它的工作电压更高，出现多次电离过程，因此输出脉冲的幅度很高，已不再正比于原始电离的离子对数，可以不经放大直接被记录。它只能测量粒子数目而不能测量能量，完成一次脉冲计数的时间较长。

1908 年，德国物理学家盖革（Hans Wilhelm Geiger）按照卢瑟福的要求，设计制成了一台 α 粒子计数器。1920 年起，盖革和德国物理学家密勒（E. Walther Muller）对计数器作了许多改进，灵敏度得到很大提高，此即盖革计数器，它是最常用的一种金属丝计数器（图 3 - 38）。两端用绝缘物质封闭的金属管内贮有低压气体，沿管的轴线装了金属丝，在金属丝和管壁之间用电池组产生一定的电压（比管内气体的击穿电压稍低），管内没有射线穿过时，气体不放电。当射线的一个光子进入管内时，能够使管内气体原子电离，释放出几个自由电子，并在电压的作用下飞向金属丝。这些电子沿途又电离气体的其他原子，释放出更多的电子。越来越多的电子不断电离越来越多的气体原子，最终使管内气体成为导电体，在丝极与管壁之间引起迅速的气体放电现象，产生"雪崩"。从而有一个脉冲电流输入放大器，并被放大器输出端的计数器接受。计数器自动地记录下每个光子飞入管内时的放电，由此可检测出光子的数目。

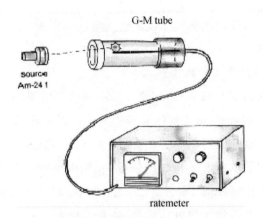

图 3 - 38　盖革计数器工作原理

　　目前使用的气体探测器是在盖革计数器基础上发展而来的正比计数器，主要有两种构造：一种是流气式的，另一种是密封式的。前者使用寿命长，但需要日常气体消耗和维护；后者气体被密封在探测器腔室中，随着气体的老化而失去使用功能。

　　2. 闪烁计数器。

　　闪烁计数器与正比计数器是目前使用最为普遍的计数器。它的发明首先得益于光电倍增管的出现。1929 年科勒（L. R. Koehler）制成了第一种实用光电阴极——银氧铯阴极，从此出现了光电管。1934 年库别茨基（Leonid Aleksandrovitch Kubetsky）提出了光电倍增管雏形。1939 年兹沃雷金（V. K. Zworykin）制成了实用的光电倍增管。

　　光电倍增管利用电子次级发射的倍增放大作用以测量弱光强度，是灵敏度极高、响应速度极快的光探测器。这种扫描器件实际上是一种电子管，感光的材料主要是金属铯的氧化物，其中掺杂了一些其他活性金属（例如镧系金属）的氧化物进行改性，以提高灵敏度和修正光谱曲线，用这种材料制成的光电阴极射线管，在光线的照射下能够发射电子，称为光电子，它经栅极加速放大后冲击阳极，最终形成了电流。

　　1947 年美国的科尔特曼（J. W. Coltman）和美籍德国物理学家卡尔曼（Hartmut Kallmann）证实，由闪烁体、光电倍增管和电子仪器组成的闪烁计数器可用于探测射线，且效率比盖革计数器高。

　　闪烁计数器由闪烁晶体和光电倍增管组成（图 3 - 39）。光电倍增管则由左侧闪烁晶体旁的光阴极与以后的多个倍增电极构成。工作时,闪烁晶体被 X 射线光子激发出可见光,并具有形成多个可见光光子的放大作用;可见光进入光阴极后激发光电子;光阴极与第一个倍增电极以及以后的各倍增极间加电压,光电子在倍增管中被电压加速,并激发出更多的光电子,形成逐级放大的效应。

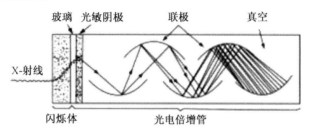

图 3 - 39　闪烁计数器原理

闪烁晶体有无机闪烁体和有机闪烁体两类。固体的无机闪烁体一般是指含有少量混合物(激活剂)的无机盐晶体,纯无机盐晶体加了激活剂后发光效率明显提高。最常用的无机晶体是用铊激活的碘化钠晶体,即碘化钠(铊),最大可做到直径 500 毫米以上。它有很高的发光效率和对 γ 射线的探测效率。其他无机晶体还有碘化铯(铊)、碘化锂(铕)、硫化锌(银),还有新出现的有锗酸铋等等,各有特点。气体和液体的无机闪烁体,多用惰性气体及其液化态制成、如氙、氪、氩、氖、氦等。

有机闪烁体大多属于苯环结构的芳香族碳氢化合物,可分为有机晶体闪烁体、液体闪烁体和塑料闪烁体。有机晶体主要有蒽、芪、萘等,具有较高的荧光效率,但体积不易做得很大。液体闪烁体和塑料闪烁体都由溶剂、溶质和波长转换剂组成,所不同的是塑料闪烁体的溶剂在常温下为固态。还可将被测的放射性样品溶于液体闪烁体内,这种"无窗"的探测器能有效地探测能量很低的射线。液体和塑料闪烁体易于制成各种不同形状和大小,塑料闪烁体还可以制成光导纤维,便于在各种几何条件下与光电器件耦合。

3. 固体探测器

固体探测器也叫半导体探测器,是以半导体材料为探测介质的辐射探测器。最通用的固体材料是锗和硅,实际就是一个 PN 结,其基本原理与气体电离室相类似。固体探测器发现较晚,1949 年麦凯(K.G. McKay)首次用

α射线照射 PN 结二极管观察到输出信号。20 世纪 50 年代初晶体管问世后,晶体管电子学的发展促进了半导体技术的发展。

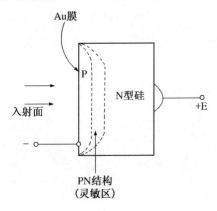

图 3-40　金/硅面垒型探测器

固体探测器有两个电极,加有 300～400V 的偏压。当入射光子进入探测器的灵敏区时,即产生电子—空穴对。在两极加上电压后,电荷载流子就向两极作漂移运动,收集电极上会感应出电荷,从而在外电路形成信号脉冲。但在固体探测器中,入射光子产生一个电子—空穴对所需的平均能量为气体电离室产生一个离子对所需能量的十分之一左右,因此固体探测器比闪烁计数器和气体电离探测器的能量分辨率好得多。固体探测器的灵敏区应是接近理想的半导体材料,而实际上一般的半导体材料都有较高的杂质浓度,必须对杂质进行补偿或提高半导体单晶的纯度。1958 年,金硅型探测器首次出现(见图 3-40)。1969 年,美国芝加哥大学的麦格雷戈等人首次采用液氮冷却的锂漂移硅探测器,并与低噪声光反馈的电荷灵敏前置放大器配合,在太阳耀斑爆发期间测量 4～40keV 能段内的太阳 X 射线辐射;同轴型高纯锗(HPGe)探测器和高阻硅探测器等主要用于能量测量,这些探测器已陆续投入使用,而固体探测器也得到迅速发展和广泛应用。

半导体探测器的优点是输出脉冲幅度与能量成正比, 可用来测量能量,能量分辨率高于正比计数器和闪烁计数器;脉冲上升时间较短,可用于快速测量;窗可以做得很薄,可测量低能 X 射线;结构简单,体积小,重量轻,不用很高电压,适合空间环境的严格要求。其缺点是不能做大做厚,难以测量高能辐射和低强度辐射;输出信号小,电子线路复杂。

4. 二维探测器

探测器发展的初期主要围绕点探测器和一维探测器,为了提高探测效率,二维探测器(面探测器)越来越受到研究者的青睐。现在最常见的二维探测器包括在气体探测器基础上发展起来的二维多丝正比计数器,固体探测器向二维发展,形成阵列探测器(面探测器)、电荷偶合探测器(charge coupled device,简称 CCD)超能探测器和类似照片底片的影像板等。下面介绍几种目前常见的二维探测器。

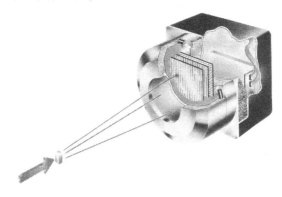

图 3 - 41　Hi-Star 二维探测器

1) 二维多丝正比计数器。

多丝正比计数器是在正比计数器的基础上发展而来,经典的正比计数器是由一根金属丝作阳极,多丝正比计数器则采用多根金属丝。波兰籍法国物理学家夏帕克(Georges Charpak)从 1959 年起到欧洲核子研究中心工作,就一直致力于对新型粒子探测器的探索。他对正比计数管做了重大改革,并于 1968 年首次发表了他的开创性研究成果。多丝正比计数器由大量平行的金属细丝组成,所有的细丝都处于两块相距几厘米的阴极平面之间的一个平面内,阳极细线的直径约为十分之一毫米,间距约为一或几毫米。当时人们普遍认为,这类多丝结构会因相互感应等问题而不能正常工作。夏帕克认为每根丝都会像正比计数管一样地工作,并可使空间精度达到一毫米或更小。每根丝都能承担极高的粒子记录速率,可高达每秒几十万次。同时,这种结构能以模块方式组成所需的各种体积和形状,易于做成大面积探测器,适于进行不同规模和特点的实验。在多丝正比正比计数器出现之前,这类记录常用的是各种照相法,所获图片要靠特殊的测量器具进行分析,工作过程缓慢。1992 年,夏帕克因多丝正比计数器的发明和发展的卓越贡献而被授予诺贝尔物理奖。德国布鲁克(Bruker)公司生产的 Hi-Star(见 3-41)和万特二维探测器(VÅNTEC)就属于这种类型。

2) 阵列探测器。

固体探测器进一步发展,把多个固体探测器排列在一起就形成了二维平面阵列。固体探测器由一个半导体探测器和一个计数系统组装而成,半导体一般为硅二极管制成。一个硅二极管为一个像元,大小 150 微米见方,它再与一个计数电路连接。50×50 个像元构成一块模板。一个探测器由 20×20 块模板并排而成。总尺寸为 15cm×15cm 其上有 1000×1000 个像元。

一个 X 射线光子在硅二极管中激发出许多电子—孔穴对(每对需3.7eV 的能量)。在反向偏压的作用下,电子、孔穴奔向两极,输出一个脉冲。脉冲经放大、成形、甄别后输入计数器计数。外存储器地址与二极管的位置相对应,存入脉冲的高度与 X 射线的能量成比例,而脉冲数目与 X 射线光子数成正比。

硅二极管阵列面探测器是一类正在发展中的探测器,它有很多优点,比如:对 X 射线吸收强,1 mm 厚的硅片对 12keV 的 X 射线可吸收 98%;光电效应好,每 3.65eV 即可产生一个电子—孔穴对,一个 10keV 的光子可产生 3220 个电子—孔穴对;探测速度快,电荷从被探知到记录只需几个 ns,远快于 CCD;不易使像发生畸变。尽管这种探测器构造复杂,造价昂贵,发展不快,但由于它的一些特性比目前在用探测器(如正比、闪烁、CCD 等)更优越,未来很有希望成为 X 射线领域的主要探测器。

3) 影像板探测器。

影像板探测器(image plate,简称 IP)也能提高采集效率。IP 的像元尺寸为 $50\mu m \times 50\mu m$ 或 $100\mu m$,探测器结构及工作原理示意见图 3-42。用单色 X 射线从水平方向入射照射单晶体,同时使晶体绕测角头的垂直轴转动,则所有衍射线都应分布在以垂直轴为轴心的一系列圆锥上;如果 IP 以某一速度横向匀速移动,并使该速度与测角头的转动速度保持某种匹配关系,这样在 IP 上会形成一系列平行 IP 移动方向的衍射斑点图,它们分别代表着 0,±1,±2 层线,这实际上就是用 IP 替代照相底片的回转晶体法。

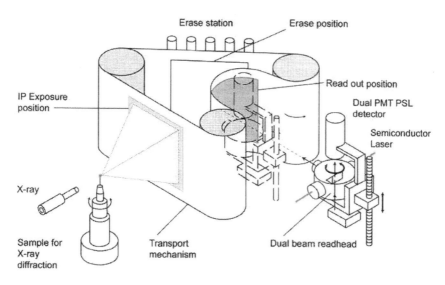

图 3-42　影像板探测器结构与工作示意图

　　其他二维探测器还有 CCD。CCD 是由半导体光敏材料制成的阵列式集成电路,基本单元是金属氧化物半导体电容(MOS)或 PN 结型的光电二极管。衡量 CCD 的一个重要指标是噪声,即在无信号输入情况下产生的输出。热噪声也称暗电流,是由热激发产生的电子。将 CCD 的温度降至液氮温度($-196℃$),暗电流可比室温降低 3 个数量级。如对一个 $10\mu m \times 10\mu m$ 的像元,其暗电子数可以从 6.25×10^3 个/像元降到 6.25 个/像元。图 3-43 是布鲁克公司的 PLATINUM 200 探测器,其内核是 1600 万像素的仙童 CCD486 芯片,有效面积 $140mm \times 140mm$,具有暗电流低、维护简单的焦耳—汤姆逊致冷等特点。

图 3-43　PLATINUM 200 探测器

3.6.5　为什么是单晶衍射仪

单晶体 X 射线衍射分析的基本方法为劳厄法与回转晶体法。劳厄法是最早出现的单晶测量方法,以白色辐射即连续 X 射线为光源,将单晶样品置于样品台上不动,用平板底片记录产生的衍射斑点,底片置于样品前方者称为透射劳厄法,底片处于光源与样品之间者称为背射劳厄法。劳厄法的衍射谱图见图 3 - 18,谱图不易解析,但包含的信息丰富,因此劳厄法结合同步辐射装置,已成为目前时间分辨的单晶衍射主要技术。回转晶体法以单色 X 射线为光源,发出的光照射转动的单晶样品,用一圆柱形底片记录产生的衍射斑点,底片的轴线为样品的转动轴。以此为基础,结合衍射仪法,人们发明了在衍射仪上完成单晶体衍射分析的所谓四圆衍射法,这种单晶衍射数据采集方法是衍射技术的一大进步。

四圆衍射法有 4 个独立运动的圆,它们是指 φ、χ、ω、2θ(见图 3 - 44(a)),故称为四圆单晶衍射法。其中,φ 圆是围绕安置晶体的轴旋转的圆;χ 圆是安装测角头的立面大圆,测角头可在此圆环上运动;ω 圆是与立面 χ 圆正交的圆,χ 圆是绕垂直轴转动形成的圆,即晶体绕垂直轴转动;2θ 圆与 ω 圆是同心圆。除了测角器有较大区别外,四圆衍射仪和粉末衍射仪结构基本一致,主要包括光源系统、测角仪系统、探测器系统和计算机等部件。利用四圆单晶衍射仪已成为单晶体结构分析的最有效方法。

单晶分析的步骤主要有:获得质量良好的单晶体并进行分选,选择合适的晶体,一般为直径 0.1~1mm 的完整晶粒;然后用胶液将它粘在玻璃毛细管顶端,安置在测角头上,测角头安装在 χ 圆环上,对单晶体样品进行对中;测定初级晶胞参数及定向矩阵(确定是否是单晶),准确收集衍射位置和强度数据,数据采集过程是先转动三轴(φ、ω、χ)使反射晶面族的法线进入赤道大圆,然后转动 $\theta(\omega)$ 和 2θ,调整入射线和反射线的位置,使探测器探到衍射线;最后,进行单晶体结构的解析和描述,测定晶胞参数及各个衍射的相对强度数据后,需将强度数据统一到一个相对标准上,对一系列影响强度的几何因素、物理因素加以修正,由强度数据得到结构因子 $|F_{hkl}|$ 值。

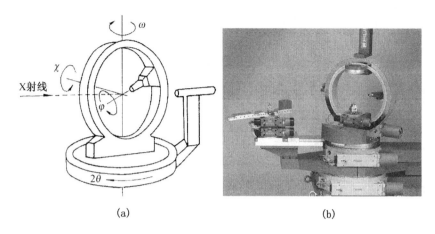

图 3 - 44　四圆单晶衍射法原理及衍射仪

(a) 四个独立运动圆的相互关系；(b) 四圆衍射仪

由于数据采集是探测计数器逐点扫描，如果用点探测器系统，则采集时间过长。随着探测器技术的发展，出现了各种类型的面探测器，如二维气体探测器、电荷偶合装置(charge couple device，简称 CCD)，若采用这类探测系统，则数据采集时间大大缩短。目前最广泛使用的是 CCD 面探测法，它在数小时内可测出晶体结构，而传统点探测器的四圆衍射仪可能需要数天，更早的照相法可能要数月。

3.6.6　X 射线的安全防护

电磁辐射危害人体的机理主要是热效应、非热效应和自由基连锁效应等。

(1) 热效应。人体 70％以上是水，水分子受到电磁波辐射后相互摩擦，引起机体升温，从而影响到体内器官的正常工作。

(2) 非热效应。人体的器官和组织都存在微弱的电磁场，它们是稳定和有序的，一旦受到外界电磁场的干扰，处于平衡状态的微弱电磁场即将遭到破坏，人体也会遭受损伤。

(3) 自由基连锁效应：从现在关于氧化应激的机理发现。过量的辐射使人体产生了更多的自由基。自由基，化学上也称为"游离基"，是含有一个不成对电子的原子团。由于原子形成分子时，化学键中电子必须成对出现，因此自由基就到处夺取其他物质的一个电子，使自己形成稳定的物质。

早期许多从事 X 射线的工作人员,由于受到过量 X 射线的照射致残或死亡。X 射线衍射设备所引起的辐射损伤几乎都发生在操作人员的手指上。现代晶体衍射 X 射线管窗口发出的射线束非常强,即使人体瞬息间暴露于靠近管子部位的直射线束中,也可引致永久性的皮肤灼伤。在使用的射线束中,射线的剂量率为每秒几千伦琴(R)。一伦琴剂量可使 0.001293 克空气电离,并在空气中产生带有一个静电单位电荷的正离子和负离子的 X 射线量。生物有效剂量是一个与辐射损伤有关的重要量。吸收剂量的单位为拉德(伦琴吸收剂量),而生物有效单位剂量为雷姆(人体伦琴当量)。对于 X 射线衍射工作中用的 X 射线来说,用拉德或雷姆表示的剂量在数值上与在空气中测量的用伦琴表示的照射剂量相当。

为了保持工作人员照射剂量远低于允许的计量率,可采用许多有效的防护措施。许多实验室采用配戴底片徽章的方法来检查工作人员所受到的连续照射剂量。安全装置应包括遮蔽 X 射线管射线出口的光闸和防止射线从 X 射线管窗口与光学元件连接处向旁边散射的联结器。用小型盖革计数计或计数率计来检查 X 射线实验室的设备是很方便的,每个衍射实验室在它的设备当中,都应有这种仪器。在操作人员的实验室中,设计和安装好的所有特殊的衍射装置必须同样达到安全防护的要求。最后,在衍射实验室中,应当张贴醒目的标记提醒参观者和工作者注意辐射危害。操作者应避免让自己的身体暴露于原射线束或次级射线束中,X 射线照射对人体的影响是累积性的,它可造成严重且永久性的辐射损伤。

X 射线衍射装置的危险性不仅来自 X 射线本身,也来自发生器所用的高电压。通常用于 X 射线衍射的电压为 25~55kV,必须避免人体和 X 射线设备高压部分的任何接触。现代的 X 射线衍射发生器通常均有防射线和防电击的设计措施,以适应操作人员安全的需要。

3.7　从一张单晶衍射照片到 DNA 结构的发现

自伦琴发现了 X 射线并由此荣获 1901 年的首届诺贝尔物理学奖以来的一百多年间,从物理到化学再到生理医学领域,X 射线被广泛应用,借助这种技术获得诺贝尔奖者多达几十人。利用一种实验技术而获得如此丰硕的科学成果,这是科学史上前无古人的奇迹,可以说诺贝尔奖见证了 X 射线技术的成长,同时也伴随着它一起成长。

在衍射领域,第一个诺贝尔奖是 1914 年的物理学奖得主劳厄,此后不久,布拉格父子因提出布拉格方程而获得 1915 年物理学奖。此外,荷兰的物理化学家德拜等发明了 X 射线粉末衍射法,获得 1936 年的诺贝尔奖。

后来利用衍射技术的诺贝尔奖得主很多都是因解开了一些重要物质的晶体结构而获奖。其中包括:美国著名化学家鲍林(Linus Carl Pauling),他通过 X 射线分析推算出了各种离子化合物的半径,并总结出形成离子化合物的五条规则,在此基础上阐明了化学键的本质,提出了蛋白质 DNA 结构,获得了 1954 年诺贝尔化学奖;英国生物学家肯德鲁在 1957 年利用 X 射线衍射技术测定了鲸肌红蛋白和马血蛋白的结构,阐明了蛋白质的螺旋结构中氨基酸单位的排列,得到了球蛋白晶体的第一个三维电子密度分布图,荣获了 1962 年诺贝尔化学奖;英国女化学家霍奇金在 1942—1949 年间,完成了对晶状青霉素的结构分析,拍摄了维生素 B12 的第一张 X 射线衍射图,阐明了这个复杂分子的立结构和原子排布,荣获 1964 年诺贝尔化学奖;英国化学家桑格和美国化学家吉尔伯特分别确定了胰岛素分子结构、DNA 核苷酸顺序和基因结构,获得了 1980 年诺贝尔化学奖;美国化学家豪普特曼和卡尔,因开发了应用 X 射线衍射确定物质晶体结构的直接计算法而荣获 1985 年诺贝尔化学奖;米歇尔等三位德国生物化学家用 X 射线衍射测定了光合中心膜蛋白/色素复合体的晶体结构,对阐明光合作用的光化学反应的本质做出了极其重要的贡献而荣获 1988 年诺贝尔化学奖。

特别值得一提的是 DNA 双螺旋结构的发现,这项科学成果完全有赖于 X 射线衍射技术。1951—1953 年间,美国的生物物理学家沃森(James Watson)和英国化学家克里克(Francis Crick)利用 X 射线分析研究了脱氧核糖核酸 DNA 的结构,提出了 DNA 分子的双螺旋结构模型,从此揭开了分子生物学研究的序幕,为分子遗传学的发展奠定了基础(见图 3 - 45b)。它被认为是 20 世纪自然科学最重大的突破之一,他们由此荣获了 1962 年诺贝尔生理学及医学奖。

DNA 的结构起源可追溯到英国科学家威廉·阿斯特伯里（William T. Astbury），1943 年,他通过 X 射线结晶衍射图认为,DNA 分子是多聚核苷酸分子的长链排列。然而阿斯特伯里所拍摄的衍射图片不够清楚,并不能真实反映 DNA 清晰的图像。20 世纪 40 年代末,英国伦敦国王学院的威尔金斯（Maurice Wilkins)和弗兰克琳（Rosalind Franklin)小组测定了 DNA 在较高温度下的 X 射线衍射,纠正了阿斯特伯里发现中的缺陷,而且初步认识到 DNA 是一个螺旋形的结构。

弗兰克琳出生在伦敦一个富有的犹太人家庭,15 岁就立志要当科学家,但父亲并不支持她这样做。她早年毕业于剑桥大学,专业是物理化学。1945 年,当获得博士学位之后,她前往法国学习 X 射线衍射技术。她深受法国同事的喜爱,有人评价她"从来没有见到法语讲得这么好的外国人"。1951 年,她回到英国,在剑桥大学国王学院取得了一个职位。那时人们已经知道了脱氧核糖核酸(DNA)可能是遗传物质,但是对于 DNA 的结构,以及它如何在生命活动中发挥作用的机制还不甚了解。弗兰克琳也加入了研究 DNA 结构的行列,然而同事威尔金斯并不喜欢她进入自己的研究领域,但是后来随着研究的发展,威尔金斯似乎再也无法深入到更深层面了解 DNA 的真实结构。这时弗兰克琳在法国学习的 X 射线衍射技术在研究中派上了用场。她凭着独特的思维,设计了新颖的实验方法,成功地拍摄了 DNA 晶体的 X 射线衍射照片(见图 3 - 45a)。把这些 DNA 的 X 射线衍射图汇总, DNA 的结构形状越来越清晰,越来越全面。但两人的关系却越来越糟,他把她看作是自己的技术副手,她却认为自己与他地位同等,两人的私交恶劣到几乎不讲话。当时的剑桥,对女科学家的歧视处处存在,女性甚至不被准许在高级休息室里用午餐。她们无形中被排除在科学家间的联系网络之外,而这种联系对了解新的研究动态、交换新理念、触发灵感极为重要。

与此同时,沃森和克里克也在进行 DNA 结构的研究。沃森本来在美国从事噬菌体遗传学研究,希望通过噬菌体来搞清楚基因如何控制生物的遗传。他在丹麦学习时,有一次听威尔金斯的学术报告,他在看了 DNA 的 X 射线衍射图片后认定,一旦搞清 DNA 的结构,就能了解基因如何起作用。于是他立即去英国学习 X 射线衍射技术。在剑桥大学的卡文迪许实验室里,沃森遇到了当时也正在研究 DNA 结构的克里克。

卡文迪许实验室创立于 1874 年,麦克斯威尔、卢瑟福、玻尔等一批物理学大师都在这里工作过,先后造就了近 30 位诺贝尔奖获得者。20 世纪初,物理学家汤姆森领导这个实验室时,形成了一个"茶歇"的习惯,大家聚在一起利用喝茶的时间,有时是海阔天空的议论,有时是为某个具体实验设计的争论,不分长幼,不论地位,彼此可以毫无顾忌地展开辩论和批评。利用这样的机会,沃森、克里克、威尔金斯和弗兰克琳等有机会在一起讨论,并向包括布拉格等在内的老一辈晶体学家和蛋白质结构专家们请教。

1953 年 2 月,沃森、克里克通过威尔金斯看到了弗兰克琳在 1951 年 11 月拍摄的一张十分漂亮的 DNA 晶体 X 射线衍射照片,这一下激发了他们的灵感。他们不仅确认了 DNA 一定是螺旋结构,而且经分析得出了螺旋参数。他们采用了弗兰克琳和威尔金斯的判断,并加以补充:磷酸根在螺旋的外侧构成两条多核苷酸链的骨架,方向相反;碱基在螺旋内侧,两两对应。一连几天,沃森、克里克在他们的办公室里兴高采烈地用铁皮和铁丝搭建着模型。1953 年 2 月 28 日,第一个 DNA 双螺旋结构的分子模型终于诞生了。

在 1953 年 2 月底,33 岁的弗兰克琳已经在日记中写道,DNA 具有两条链的结构。这时她已经确认这个生物分子具有两种形式,链外面有磷酸根基团。1953 年 3 月 17 日,当弗兰克琳将研究结果整理成文打算发表时,发现沃森和克里克破解 DNA 结构的消息已经出现在新闻简报中。4 月 2 日,沃森、克里克和威尔金斯的文章送交《自然》杂志,4 月 25 日发表,接着他们在 5 月 30 日的《自然》上又发表了《DNA 的遗传学意义》一文,更加详细地阐述了 DNA 双螺旋模型在功能上的意义。当 1953 年初 沃森和克里克构建出 DNA 分子双螺旋结构模型时,弗兰克琳却对这一进展并不知情。她更不知道的是,沃森和克里克曾看过她拍摄的能验证 DNA 双螺旋结构的 X 射线晶体衍射照片,并由此获得了重要启发。

弗兰克琳的贡献是毋庸置疑的:她分辨出了 DNA 的两种构型,并成功地拍摄了它的 X 射线衍射照片。沃森和克里克未经她的许可使用了这张照片,但她并不在意,反而为他们的发现感到高兴,还在《自然》杂志上发表了一篇证实 DNA 双螺旋结构的文章。1962 年,当沃森、克里克和威尔金斯共同分享诺贝尔奖时,弗兰克琳已经因长期接触放射性物质而患乳腺癌英年早逝。"科学玫瑰"没等到分享荣耀,在研究成果被承认之前就已凋谢。

图 3-45 DNA 结构的发现

(a) DNA 分子的 X 射线衍射谱图;(b) 沃森和克里克在他们的 DNA 模型前

故事的结局有些伤感。按照惯例,诺贝尔奖不授予已经去世的人,而且同一奖项至多只能由 3 个人分享。目前,科技界对弗兰克琳的工作给予很高评价,假如弗兰克琳活着,她会得奖吗? 后人为了这个永远没有答案的问题进行过许多猜测,对威尔金斯是否有资格分享发现 DNA 双螺旋结构的殊荣存在很大争论。

故事的另两个主角也留给人们深刻的思考。1953 年的沃森和克里克都是名不见经传的小人物,37 岁的克里克连博士学位都还没有得到。他是个不拘小节又相当狂妄的聪明人,不太受老板布拉格欢迎,甚至一度有可能被炒鱿鱼。受到前人的影响,他们原来按照三股螺旋的思路进行了很长时间的工作,可是工作陷入僵局。在发现正确的双股螺旋结构前两个月,他们看到蛋白质结构权威鲍林一篇即将发表的关于 DNA 结构的论文,在文章中他将 DNA 确定为三螺旋模型。作为年轻人,他们没有选择对权威无原则的屈服,而是向同事们请教并认真思考后,决然地否定了权威的结论。更为关键的是在否定权威之后,他们加快了工作,终于在不到两个月的时间内取得了后来震惊世界的成果。

两位年轻科学家没有迷信权威,而且敢于向权威挑战,这需要勇气,更需要严肃认真的实验工作和深厚的科学功底。整日焦虑于 DNA 结构的沃森和克里克在看了弗兰克琳的那张照片后,立即领悟到 DNA 是两条以磷酸为骨架的链相互缠绕形成的双螺旋结构,氢键把它们连结在一起。他们在 1953 年 4 月 25 日出版的《自然》上报告了这一发现。在那篇划时代的论文发表前,布拉格并没有因为前嫌而否定克里克的工作,而是伸出援手,认真修改并热情地写信向《自然》推荐,在一个以学术为重的研究机构,这种现象才是正常的,而人际关系对研究事业不应有干扰。

　　双螺旋结构显示出 DNA 分子在细胞分裂时能够自我复制,完善地解释了生命体要繁衍后代,物种要保持稳定,细胞内必须有遗传属性和复制能力的机制。这是生物学的一座里程碑,分子生物学时代的开端。两位年轻的科学家之所以能取得如此辉煌的成就,首先得益于他们作为创新者所必备的品质:破除迷信,敢于向权威挑战。其次,在良好的学术氛围中,他们能够自由地交换各种信息和意见,又得到实验室主任布拉格的指导和鼓励,这些都是他们取得成就的重要因素。

3.8　充满活力的 X 射线技术

3.8.1　X 射线分析方法的发展

　　自 X 射线被发现之后,它被迅速应用于生物医学、工业生产及科学研究等人类生活的各个领域。1896 年 5 月,首先在医学界用于人体异物检查和帮助骨折复位,后正式作为人体透视方法。这种透视照相的方法被延伸到工业零件的内部损伤检测,称作无损探伤。

　　1912 年,劳厄实验证明了 X 射线本质和可用于晶体衍射分析之后,X 射线衍射技术迅速发展起来。1912—1913 年,布拉格父子总结出布拉格定律,这种形式简单的数学公式成为 X 射线结构分析的基础。1913 年厄瓦耳德根据吉布斯的倒易空间概念,提出倒易点阵并构造出反射球,从而完成了后人所称的厄瓦耳德图解法。1913—1916 年,达尔文和厄瓦耳德建立了衍射动力学理论,为完整晶体形貌照相分析技术建立了动力学衍射方法。1930年—1940 年,柏尔格和几尼叶建立了衍衬法和聚焦法。1948—1982 年 Stocks、Warren、Wagner、Wilkens 和 Wang 等人利用 X 射线衍射效应对缺陷晶体进行分析,发展了所谓线形分析技术。

在 X 射线荧光效应方面,1909 年,英国物理学家巴克拉(Charles Glover Barkla)发现了元素发出的 X 射线辐射都具有和该元素有关的特征谱线,获得了 1917 年的诺贝尔奖;1913 年,物理学家莫塞莱(Henry Moseley)进一步发现若用适当能量的射线照射不同元素物质时,会产生不同波长的特征 X 射线,总结出莫塞莱定律,奠定了 X 射线光谱学研究的基础;之后瑞典物理学家卡尔·西格班(Karl Manne Georg Siegbaln)继续研究射线谱学,提高了 X 射线谱系的分析精度,并获得了 1924 年的诺贝尔奖,由此形成了元素分析的 X 射线荧光技术。

在 X 射线散射方面,1923 年,美国科学家康普顿(Arthur Holy Compton)和我国科学家吴有训共同发现非相干散射现象,康普顿由此获得了 1927 年的诺贝尔奖。1939 年,柏尔格和几尼叶又建立了小角散射法以及非晶体射线散射和径向分布函数分析。1975 年 Wagenfeld 进行反常散射研究和偏径向分布函数计算。此外,1980 年 Toe baker 用扩展 X 射线吸收精细结构研究原子分布,建立了所谓 EXAFS 方法。

需要指出的是,在 X 射线的发展中也凝结着中国科学家的智慧。中国科学家吴有训为康普顿效应的发现做出重要贡献。1921 年,大学刚毕业的青年吴有训成为美国芝加哥大学的一名研究生,在康普顿教授指导下从事 X 射线散射谱的研究。第二年,他在实验中发现,MoKα 线经一些轻元素散射后,波长变长。接下来的几年,他协助康普顿教授对这一现象的物理本质进行深入分析,并认识到这是一种非相干的散射,从而完成了 X 射线史上继射线本身被发现和晶体衍射之后第三个里程碑式的发现。

康普顿散射的形成机制是由于 X 射线与电子碰撞时发生能量损失,电子获得动能成为反冲电子,X 射线光子的方向改变,波长变长,这是电磁波非常显著的粒子特性。在此之前,尽管爱因斯坦早在 1905 年就提出了光的量子理论假说,但迟迟没有实验证据,因而没有得到科学界广泛的认可。康普顿散射的发现,彻底肯定了电磁波的波粒二象性,进一步坚实了量子力学基础。

另外,在 X 射线激光研究方面,我国科学家张杰教授也在国际上做出突出贡献。1984 年,他曾在英国牛津大学领导一个包括中、英、法等国科学家在内的联合研究小组,在进行复合机制 X 射线激光实验中,成功地获得增益系数为 12.5/cm 的高增益 X 射线,创造了世界新记录。

3.8.2　未来发展趋势

X 射线分析技术包括 3 个方面:一是透视术,如人体透视学和金属零件探伤等;二是光谱术,包括荧光化学成分分析、光电子能谱分析和微区电子探针成分分析等;三是晶体衍射术,包括运动学理论中的晶体结构类型和结构不完整性分析。

透视术是根据物质对射线的吸收效应大小来分析出物体内部缺陷的物象、形态、组态;光谱术中荧光光谱是根据物质的发射线谱特征来分析出物质的化学成分、单质组元、含量,光电子谱除了可以分析元素成分外,还可以得到元素的化学态;衍射术是根据晶态物质对 X 射线的衍射效应来分析物质的相组成。

X 射线分析技术发展趋势是微量化分析、高分辨和原位在线分析等,这不仅对入射光束有非常高的要求,而且新型的专业化附件也随之出现。

第一,是微细光束技术。通过微焦点技术,如毛细管、Göbel 镜、Montel 镜等,人们已在实现入射束斑的微小化和高强度方面迈出了一大步。比如 Göbel 镜是由 Herbert Göbel 于 1995 年设计发明的,它是通过人工方法在抛物面上制备纳米多层膜,从而提高入射光的光通量和平行度。目前利用类似的相关技术,人们已得到发射光束直径只有 $10\mu m$ 的束斑。但是研究人员在这方面还有更高的需求,因此未来微细光束将有更大的发展。

第二,是获得高强度的入射光束和高分辨的信息。由于越来越多的微量样品需要进行 X 射线分析,针对这类样品只有从两方面解决:一是提高入射光的强度,二是提高探测器的灵敏度。近年来,新型高灵敏度的探测器发展迅速,特别是二维探测器、高能阵列探测器更是受到普遍关注。由此可预料,高灵敏的探测器将会在 X 射线分析中发挥重要作用,也应是未来的一个重要发展方向。

对于提高入射光强度,除了前文所述的旋转阳极等高功率实验室光源,等离子体 X 射线源、X 射线激光等一些新兴光源正被越来越多地应用。等离子体光源就是通过各种方法,如真空放电、高强度的电子脉冲、激光等轰击靶面,靶的表面迅速离化形成高温高密度的等离子体,进而发射 X 射线,它是一种高辐射强度的独立点光源。

X 射线激光是 1981 年美国在地下核试验中进行核泵浦 X 射线激光实验中成功获得的。自世界上第一个红宝石激光于 1960 年出现以来,科学家就一直非常注重在 X 射线波段实现激光辐射以增加 X 射线的强度。1976 年科学家预言称,X 射线激光能用制造可见光激光的方法制造出,即通过原子内部电子从高能级向低能级跃迁,释放单色光的方法。X 射线激光除了具有普通激光相干性强、发散度小的特点外,兼具有波长短和相干性好的特点。其单光子能量比传统的光学激光高上千倍,具有极强的穿透力。

自 X 射线激光问世以来,得到世界各国的普遍重视,并迅速得到发展和应用。1984 年,美国利用高功率激光器作激励源,在实验室测到了 X 射线激光,这极大促进了它在实验室研究中的应用。1994 年,美国利弗莫尔实验室用世界上功率最大的激光器的 3000 焦激光能量泵浦钇靶,产生了波长 15.5 纳米的饱和 X 射线激光。1996 年底,中国科学家张杰领导的联合研究组,在英国卢瑟福实验室利用多路激光器轰击钐靶,在泵浦能量仅为 150 焦的情况下,成功地获得了波长为 7.3 纳米的 X 射线激光饱和增益输出,为在"水窗"波段实现增益饱和输出的 X 射线激光带来了巨大的希望。

2009 年 4 月,美国的直线加速器相干光源创下 0.15 纳米的最短波长世界纪录。2011 年 6 月,日本理化研究所和高辉度光科学研究中心的研究人员利用建在兵库县的 X 射线自由电子激光装置发出了波长仅 0.12 纳米的 X 射线激光。研究人员将 X 射线自由电子激光装置的监视器、电磁石等硬件,以及精密控制各种仪器的软件都按最佳设计进行了彻底调整,从 2 月底装置运转开始,仅用了 3 个多月时间就发射出了世界上最短波长的 X 射线激光。而当年美国的调整过程花费了几年时间。

2012 年 2 月,美国能源部斯坦福直线加速器中心(SLAC)的科学家制造出了世界上波长最短、最纯的 X 射线激光。该项目的负责人 Nina Rohringer 说:"X 射线能帮助人们深入观察原子和分子世界"。为了制造这种原子激光,Rohringer 和他的同事利用强大的 X 射线激光从位于密封舱中的氖原子内层中敲除电子,从而在氖原子外壳上留下"小洞"。当其他电子再回落填补这些"小洞"时,大约有 1/50 的原子通过发出一个在 X 射线范围内的光子来回应。这些 X 射线接着又激发临近更多的氖原子,随之产生了更多的

X 射线,如此的多米诺效应将原始 X 射线激光放大了 2 亿倍。这项成就打开了向一系列新的科学发现进军的大门,未来该项实验将利用氧气、氮气或含硫气体来制造波长更短、能量更高的原子 X 射线激光。

　　X 射线激光被看作是能给原子世界照相的"梦幻之光",潜在的应用前景非常大。在从基础研究到应用开发的广阔领域,比如膜蛋白的结构分析、纳米技术等领域,X 射线激光的应用前景都受到关注。水窗的饱和 X 射线激光是目前唯一能够对生物活体细胞进行无损伤三维全息成像和显微成像的光源,借助于它有可能解开生命之谜。未来将出现的原子 X 射线激光与 SLAC 直线加速器相干光源产生的 X 射线激光不同,波长只有后者的 1/8,并且颜色更纯,能够清楚地区别以前不可能看到的超快反应的细节。科学家们有望以原子分辨率清楚地观察植物是如何将太阳能转化为糖,以及太阳能电池是如何产生电流的。最近美国科学家制造出的这一束波长最短、单色最纯的 X 射线激光,使得上述想法成为可能。

　　此外,将一些大型科学装置引入日常的分析研究中已变得越来越普遍,下节介绍的同步辐射就是其中之一,它是目前已知最好的 X 光光源。

　　X 射线技术的应用领域正在不断扩大,例如医学上有扫描透视设备,工业上有射线印刷术(即光刻),还有 X 射线天文学等。随着纳米技术的发展,越来越多的纳米样品需要 X 射线技术表征。通过 X 射线小角散射技术(SAXS),不仅可以得到纳米颗粒的尺寸大小、还可以得到形状、尺寸分布、有序结构等信息。SAXS 是 X 射线在小角度(或低角度)的散射现象,它研究的是在倒易点阵原点(000 结点)附近的相干散射信息。当 X 射线束穿过试样后,围绕底片上的入射点附近有一个散射斑点,大小为十分之几度至几度($10^{-2} \sim 10^{-1}$ 弧度数量级),包含有粒度在几百个埃以下的超细粒子的大小、形状及分布等重要信息。SAXS 可用来分析特大晶胞物质、非晶体物质等的微观结构。未来 SAXS 技术将成为强有力的纳米材料研究手段。

3.9　最亮的光源 ——同步辐射

　　在人造光源的历史上,曾先后出现过 4 种光源,对人们的生活产生直接的重大影响。最早发明的是电光源,即弧光灯和白炽灯,前者是 1807 年英国的戴维制成的,但真正意义上的电光源是美国发明家爱迪生 1879 年发明的白炽灯,此后白炽灯得到广泛应用,人们才可以随心所欲地取用人工光源,驱除了黑暗。第二个出现的人工光源是伦琴发现的 X 射线源,人们利用它看到了物质内部的原子结构。此后直到 20 世纪 60 年代,美国和前苏联的一批科学家研制出第三种人工光源——激光光源,它是一种波长单一、准直相干性好的高亮度光源,有很强的功率,大到激光核聚变用的 1 万亿瓦的激光、小到电脑中的光驱、图书馆中识别条形码用的激光扫描器、激光笔,还有医院中用的激光刀等等。激光高度的准直性使它可以从地球射到月球再反射回地球,可精确地测定地球与月球之间的距离。第四种光源就是同步辐射光源。它的产生机理在 20 世纪初就有人提出,但直到 1947 年人类才在电子同步加速器上首次观测到这种电磁波,并称其为同步辐射,后来又称为同步辐射光。

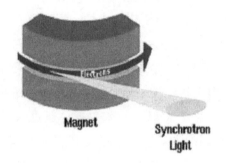

图 3 – 46   同步电磁辐射产生过程

3.9.1   同步辐射的历史和今天

1947 年 4 月,美国通用公司的赫伯·勃洛克(Herb Pollock)和助手兰茂尔(Langmuir)、F. R. 埃德(Elder)和鸠韦奇(Gurewitsch)正在使用他们建造的一台 70MeV 同步加速器工作,这台装置的一个特点是其真空腔是透明的,可看到腔内发生的情况。机械师哈勃(Floyed Haber)看到了腔内有火花,还以为出了问题,勃洛克(Pollock)等作了更仔细的观察研究后发现这一很亮的光点的颜色是会变的,加速器内电子的能量从 70MeV 逐渐降低时,光点的颜色由蓝白色经黄色至红色,到 20MeV 时光点消失。他们证实这就是许多学者预言过的高速电子在做圆周运动时发出的辐射,就这样,人们首次观察到电子的电磁同步辐射。

　　同步辐射高能电子束团在环形加速器或正负电子对撞机的环形轨道上,接近光速运动着的电子或正电子在做曲线运动时沿切线方向飞出来的连续电磁辐射波(图 3 - 46)。对于这种高速运动的电子在速度改变时会发出辐射的现象经历了长期的理论研究,最早的认识可以追溯到法国的 A. 里纳德(Lienard)在 1898 年发表的论文《汇聚电荷按特定轨道运动产生的电磁场》(Elctric and Magnetic field produced by an Electric Charge Concentrated at a Point and Traveling on an Arbitrary Path),他在理论上预言,沿半径为 R 做圆周运动的电子因不稳定性将发出电磁辐射,并给出了瞬时辐射功率表达式:

$$P = 2/3(e^2 \, c\beta^4/R)(E/mc^2)^4$$

其中 e、m、β、E 分别为带电粒子的电荷、静止质量、相对论速度和能量,c 为光速。这奠定了现代同步辐射的理论基础,即相对论性带电粒子做曲线运动时将发出电磁辐射,且关于能量损失率的公式也完全相同。

　　但是真正从实验上观察到这种辐射却颇费周折。首先,只有以近光速运动的很高能量(几十 MeV 或更高)的电子才可能产生这种辐射,同步辐射是由高能电子在做曲线(加速)运动时发出的辐射,其产生的必要条件是高能电子,电子能量需达到 MeV 乃至 GeV。实现这一条件是在五十多年后,这也就是实验观察比理论研究晚了半个世纪的原因所在。自从卢瑟福 α 粒子散射实验以后,粒子加速器持续成为科学家的研究热点,得益于此,电子加速器迅速得到发展。20 世纪 40 年代在高能物理研究过程中,各种高能加速器被科学家搭建起来,1944 年布鲁埃特试图利用 100MeV 电子感应加速器寻找电磁辐射,这些电子加速器最终成为获得同步辐射的技术基础。从理论上讲,可以发射同步辐射的不仅是电子或正电子,其他的荷电粒子也可以,但它们都较电子重得多,加速它们的能量也要大得多,故目前实际应用中都是采用电子或正电子来产生同步辐射的,它们在原理上并无太大的区别。

　　里纳德的理论预言是建立在麦克斯韦尔的理论和赫兹的实验基础上的。1873 年,麦克斯韦尔论证电荷密度和电路发中变化都会导致向外辐射电磁场,1887 年,赫兹证明了这种波的存在。在此基础上,1898 年里纳德提出了同步辐射的基本理论和公式。

此后不久,出现了 20 世纪的两位科学巨匠爱因斯坦和玻尔,他们分别提出了相对论和量子论,奠定了当今科技的两大支柱。量子论阐释了光的一般产生机理:电子环绕原子核运动,只能处于不连续的状态,即量子在轨道上运动,不同的状态具有不同的能量。当给电子提供足够的能量时,可以使它们从正常状态跳到较高能量状态,当电子从一个高能量状态跳回到另一个低能量状态时,会把多余能量以光的形式释放出来,于是产生了光。当大量电子同步跳跃时,即产生激光。与电子跳跃间距相应的能量差越大,释放的能量也越大,相应的光的波长就越短,从红色移到紫色、紫外,短到一定程度就是 X 射线区域,这就是 X 射线的产生机理。可见,电光源、X 射线和激光都是由原子内电子状态从高到低的跃迁产生的光辐射;而同步光源则完全是另一种机制,是因带电粒子,特别是电子,运动速度发生变化时伴随产生的光辐射。

1908 年,剑桥大学三一学院的乔治·肖物(Gorge A. Schott)发表的一篇论文中系统阐述了同步辐射理论,并将其用于所有单电子的运动或多种电子集团的运动。一个电子在圆形轨道上运行的辐射是他讨论的众多问题中的一个。他推导出了同步辐射的所有特性,如能量的损失,他证实里纳德的结论:"能量的损失是随着电子能量的 4 次方增加的";他还导出了辐射的角度分布和偏振,以及频率分布及描述辐射光谱的公式。

1939 年,前苏联列宁格勒大学物理研究所的鲍默兰舒克(I. Pomeran-chuk)在研究宇宙线时注意到宇宙线的电子在进入地球磁场后会因产生辐射而失去能量,但他提出这一现象只对那些初始能量大于 10^{16} eV 的电子才是重要的。1943 年,他和阿奇默维(Arzimovich)在前苏联的物理学杂志上发表了另一篇重要的理论文章,介绍了他们推导出的能量的损失和辐射的角度分布和处理了辐射的光谱问题,建立了它的一般特性。

另一篇被广泛引用的理论文章是施温格(J. Schwinger)1945 年发表在物理学报上的,论文是关于在任意轨道上运动的电子所发射辐射的性质的最优美描述,他作出了一个重要的贡献是考虑到了所作的推导与 Airy 数之间的关系,减少了公式还使用了列表函数。这使得同步辐射的设计者有可能精确地预言他所设计的辐射具有怎样的特性。

我国已故学者朱洪元院士在同步辐射理论方面曾做出重要贡献。他在题为《论高速粒子在磁场中的辐射》的论文中，讨论了宇宙线中不同能量的高能电子进入地球磁场后发射出的辐射的强度。此种辐射的机理实质上即为同步辐射的发射机理，是一篇重要的关于同步辐射性质的文献。此文发表在 1947 年的《英国皇家学会会刊》上。

经过近半个世纪的理论研究和探讨，人们越来越清晰地认识到：电子绕圆周运动、方向不断变化，速度也就时时在变化，因此电子运动能量的一部分就不断转化为电滋辐射，即在电子运动的切线方向不断产生电磁辐射。其波长决定于电子的能量，其聚焦性能在很大程度上也取决于电子的能量。当我们利用高能电子轰击靶做高能物理研究时，这种电磁辐射成了"祸害"。高能物理学家建造回旋加速器，希望得到高能量的电子，而回旋加速器中的电子在获得能量的同时，它们以同步辐射的形式丢失能量，限制了电子能量的提高。

然而，在高能物理看来是"祸害"的这种效应却日益被人们利用，"同步光源"甚至超过加速器原本的设计目的而得到广泛应用。1967 年以后，当初被看作有害产物的电子同步加速器，逐渐成为一种从红外到硬 X 射线范围内都有着广泛应用的高性能光源。今天，同步辐射光源是开展凝聚态物理、材料科学、生命科学、资源环境及微电子技术等多学科交叉前沿研究的重要平台。

前三代同步辐射经历了三十多年的发展。最初的同步辐射是高能加速器上的一种不受欢迎的"副产品"，只是"寄生"地利用从偏转磁铁引出的同步辐射光，这种"副产品"就是第一代同步辐射光源，出现在 20 世纪 70 年代，因为电子储存环本身是为高能物理实验而设计的，故又称"兼用光源"，北京高能物理研究所的同步辐射光源（BSRF）即属此类；当同步光源的应用日益广泛后，它反客为主，转副为正，第二代同步辐射光源出现在 20 世纪 80 年代，它的电子储存环是专门为使用同步辐射光而设计的，主要从偏转磁铁引出同步辐射光，合肥中国科学技术大学内的 800MeV 同步辐射光源（NSRL）和台湾新竹的同步辐射装置（SRRC）即属此类；第三代同步辐射光源出现在 20 世纪 90 年代，它的电子储存环对电子束发射度和大量使用插入件进行了优化设计,使电子束发射度比第二代小得多,同步辐射光的亮度大大提高,如加入波荡器等插入件可引出高亮度、部分相干的准单色光,上海的同步辐射光源(SSRF)即属此列。仅仅三十多年的时间,同步辐射已经历了三代的发展,目前全世界有近八十台装置在运行或建造之中,这足以说明同步辐射应用的重要意义和光明的发展前景。

3.9.2　不断完备着的同步辐射装置

加速电子获得高能电子束是产生同步辐射的基本条件,然而高能电子并不是必须在同步加速器上才能产生,早期的研究主要是在加速器上完成的。加速器的发展经历了这样几个阶段:

1. 直线加速器

加速电子(或其他带电粒子)被施加电压高就能使粒子加速到高的速度或能量。这种加速需要在高真空或超高真空条件中进行。对于电子,其带电量为一个电子电荷 e。如要将电子加速到数十 keV 的能量. 就要用数十 kV 的电压。在一般的实验室 X 射线发生器中,就是直接利用高电压来给 X 射线管中的电子加速的。如需 200keV 或 3MeV 的高能量,则需要把 200kV(或 3MV)的电压分成很多段来进行加速,以避免高压击穿。在采取了各种措施后,这种高压型加速器的高电压可做到数十兆伏。若需更高的能量,就不能直接用高压加速。但高压加速的原理仍是基础。

利用由电感、电容构成的谐振电路产生的强烈电振荡来加速电子是一种较好的方法。在电感、电容两端产生的高电压以接近正弦(或余弦)的方式变化着,正负交替,要利用这种交变高电压来加速带电粒子,只有在合适的相位范围内才能做到,如果相位不对,非但不能加速反而会造成减速。为了使被加速粒子所获能量比较一致,只能用一狭小的相位范围,也即狭小的时间范围,因为电压是变化着的,时间范围大了,不同时间被加速的粒子所获能量就会有不同。显然,用这种高频高电压加速的粒子流在时间上是一段一段的、脉冲式的,是很窄的粒子流,成为一个一个束团,加速的重复频率最高可与高电压频率相同。

为了多次利用高电压来加速,有人把多个中空的金属圆筒有间隙地排列在一直线上,并将高压高频交变电源间隔地耦合到各圆筒上,则在圆筒之间及圆筒与电子枪之间存在着高电压,但其相位是轮流反相的。

2. 回旋加速器和电子感应加速器

如要用直线加速器得到很高的电子能量,整个加速器要做得很长,很不经济。到了 20 世纪 20 年代,回旋加速器和电子感应加速器相继发明,有了把电子加速到极高能量的可能。回旋加速器的原理是在利用高频电压将电子加速增能和用磁场使带电粒子做绕圈运动这两种作用的基础上建立起来的。磁场通常是由带圆柱面磁极的电磁铁提供的,磁极之间安放了真空腔,真空腔中设有两个成 D 形的盒状金属电极,两个电极间留有间隙。当高频高电压加在两个电极上时,电极间形成电场,用以加速带电粒子,整个间隙都可以当作加速间隙用。在近中心附近安排有电子源,发出的电子在极间电场的作用下得到加速,飞向一个电极。在 D 形电极盒内时,由于金属盒的屏蔽作用,其内部电场为弱场区和无场区,运动的电子只受磁场的偏转作用,形成半圆形的运动,绕过半圆,到另一侧的加速间隙,如果这时正好是高频高电压的另一半周,则刚才带负电的那个电极改为带正电,而对面那个电极改为带负电、电子又在加速间隙处得到加速,速度进一步增加,因而在另一 D 形盒中会用大一点的半径绕半圆,其后又到加速间隙。这样反复循环,圈子愈来愈大,电子速度和能量一步一步增加,达到加速增能的目的。最终达到一定能量的电子被引出进行实验。

电子感应加速器也是用来加速电子,得到高速和高能量的一种装置。它不用高频高电压产生的电场来加速电子,而是用在电子绕圈内的磁通变化所感应出的电场来加速电子。电子受约束磁场的作用基本上以不变的半径绕圆圈,每绕一圈得到相当于变压器一圈感应电压所加速的能量。由于电子运行极快,在不长的时间内绕的圈数很多,故能够得到很高的能量,由于运转时电子是在基本上不变的半径上绕圈,所以真空通道(真空盒、真空腔)是呈面包圈的形式,中空的截面要容纳电子在轨道上轴向振荡和径向振荡的振幅以及电子注入的要求。电子感应加速器最高出束能量可做到 300MeV,它的工作与同步辐射的理论预言完全一致。

3. 同步加速器

1945 年麦柯米兰(McMillan)和维克恩勒(Veksler)发明了同步加速器。同步加速器是由许多 C 形磁铁环状排列而成,在磁铁中部安装了环形真空盒,在外的某一段安装了高频高压加速腔。电子就在真空盒内,在磁铁的作用下做环行运动,而在经过高频腔时得到加速。为了使加速后的电子仍以相同的半径做环形运动,这就要同步改变C。形磁铁造成的约束磁场。这就是同步加速器名称的由来。

到了20世纪70年代中期,人们进一步认识到利用在高能物理中用于对接实验的电子储存环来发生同步辐射是更合适的,因为在电子储存环中电子是以一定的能量做着稳定的回转运动,这与在同步加速器中电子的能量在不断改变的情况不同,因而能长时间稳定地发射同步辐射。今天的同步辐射装置主要由电子注入器、电子存储环、光束线和试验站四部分组成(见图3-47)。辐射发生源主要利用电子注入器和电子存储环。随着电子储存环能量的提高,所得同步辐射的波长也越来越短,已不仅仅是紫外光或软X射线,还包括硬X射线。这种良好的硬X射线光源冲击了传统的X射线散射、衍射、内壳层激发等技术,发展出一批新技术,使人们对物质结构的认识提高到一个新的高度。而它作为硬X射线光源的重要性与日俱增,已成为当前发展的主要方面。

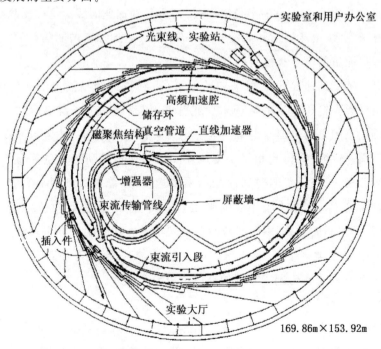

图 3-47　同步辐射装置的构造图

（1）注入器。注入器由电子枪、加速器和输送这些被加速的高能电子的线路组成。电子枪是电子发生装置，能大量发射电子。加速器由直线加速器（Linac）和增强器（Booster）两部分构成，前者在电子前进的方向上施加一定的电场，一般可以把电子加速到几十至几百兆，形成电子束团，然后注入增强器进一步加速；增强器实际是一台同步加速器，电子在装置内做圆周运动，同时被进一步加速，使电子能量达千兆或额定能量值。

（2）电子储存环（Storage Ring）。电子储存环是同步辐射光源的主体，让一定能量的电子在环内作稳定回转运动，同时发射同步辐射。它由磁聚焦结构、高频加速谐振腔、束流传输束线、插入件及真空管构成（见图3-48）。

同步辐射加速器中的电子束流的发散角和截面积都较大，为了提高亮度，就要通过磁聚焦结构汇聚电子束，采用二极弯转磁铁（BM）和四极聚焦磁铁（QM）组成的磁聚焦单元具有对称消色差的功能。电子在存储环中做回转运动时，由于有辐射发出而造成能量减弱，为了维持电子的稳定运转，就必须补充能量，这是通过高频加速谐振器（RF Accelerating Cavity）完成的。电子必须在真空中运动和传输，因此储存环中需要真空管（Vacuum Duct）来维护满足这个条件，由于同步辐射有大量的热产生，所以还需要通水冷却，对真空度的要求须低于 10^{-7} Pa。此外，电子进入储存环是通过引入传输束线完成的。

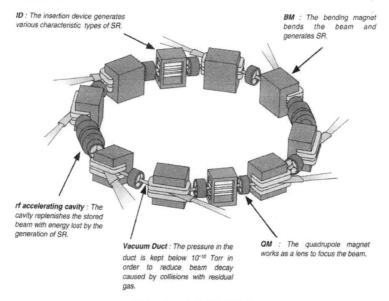

图 3-48　电子储存环构造

　　储存环中,还有一个重要部件就是插入件(ID)。储存环原本发出的同步辐射是能量确定和相同的,要想得到不同波长的波束,比如更高强度,就需要设计插入件满足工作要求。插入件主要有两类:扭摆器(Wiggler)和波荡器(Undulator)。前者是用来改变辐射能量的,又分为频移器和多极扭摆器;后者是用来提高辐射强度的。

　　(3) 光束线。从同步辐射沿储存环切线方向射出点到实验仪器装置这一整段光路就是光束线(见图3-49)。原始辐射是混合波长的白色辐射,实验一般需要单色波或特定能量范围的辐射,束斑的大小、偏振性也因实验设计而异,光束线完成对原始白色辐射进行加工,以满足实验对辐射的波长、尺寸等各种性能的要求,并把辐射从发射点引导到实验站,防止线束和真空泄漏,保护人身安全和同步辐射正常工作。

　　从发射点到储存环出口这一段被专门命名为前端区,主要安置有狭缝、挡光器、真空快慢阀、光闸、真空位置探测器、光束位置监控器、隔离窗等元件,以实现截取、引导、控制辐射、保护储存环真空的功能,防止辐射对仪器、设备和人体造成损伤。

　　从储存环出口到实验装置的后半段,除了像前端区安装类似的元件实现相同的功能外,还安装有反射镜、准直镜、聚焦镜、单色器、偏光镜等用以完成对辐射加工,获得有一定能量(范围)、一定光斑尺寸和平行度的实验用光束。

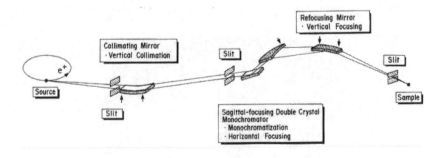

图3-49　光束线结构图

　　(4) 实验站。在光束线的末端,是进行各种实验项目的工作场所,即实验站(见图3-50)。根据实验设计要求,有的光束线前端区连接一个实验站,有的可能引入两个实验站,比如北京同步辐射光源通过9个前端区引入

到 14 个实验站(见图 3 - 51),完成 X 射线的衍射、散射(包括小角)、吸收精
细结构、荧光、光电子能谱、光刻技术等数十项研究方法,各实验站的具体研
究内容及工作参数如下表所示。作为第一代同步辐射装置,它属于一种兼
用光源,所以部分光束线和实验站在正负电子对撞机同时运行,比如 1W2B、
4B7A、4B7B、4B8 和 4B9B。这些实验站既可以专用,也可以兼用运行。

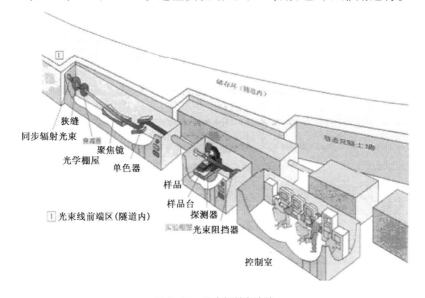

图 3 - 50　同步辐射实验站

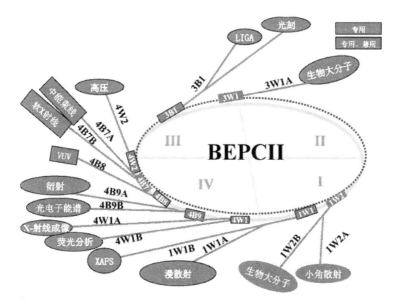

图 3 - 51　北京同步辐射光源的光束线和实验站示意图

各实验站的研究范围、实验技术和工作参数

光束线	实验站	研究内容	实验技术	能量范围及用光模式
1W1A	漫散射实验站	晶体材料；薄膜、多层膜；纳米材料	X射线共面衍射/散射；X射线掠入射衍射/散射；X射线反射率；非镜面散射；X射线掠入射小角散射	8.05keV,13.9keV,专用
1W1B	XAFS实验站	材料科学、纳米科学、生物医学、环境科学、化学化工、能源催化、人文考古	透射XAFS；荧光XAFS	4—29keV,专用
1W2A	生物大分子实验站	生物大分子	反常散射（MAD/SAD），同晶置换（MIR/SIR）；分子置换（MR）	专用
1W2B	小角散射实验站	纳米材料、介孔材料、生物大分子、高聚物等	常规小角X射线散射（SAXS）；广角X射线散射（WAXS）；掠入射小角X射线散射（GISAXS）；时间分辨小角X射线散射（T-SAXS）	专用、兼用
3W1A	生物大分子实验站	生物大分子	反常散射（MAD/SAD）；同晶置换（MIR/SIR）；分子置换（MR）	6～18keV专用
3B1	光刻、LIGA实验站	MEMS电泳芯片、金属光栅、热压模具、微质谱仪金属结构、金属镂空模版、精密微金属结构系统等	LIGA技术（SU8技术）；硅刻蚀技术；纳米岛光刻技术	光刻:0.5～1keV LIGA:2～10keV 专用
4W1A	X射线成像站	晶体材料、生物医学材料、复合材料	晶体形貌；相位衬度成像	5～20keV;专用

（续表）

光束线	实验站	研究内容	实验技术	能量范围及用光模式
4W1B	X 射线荧光微分析实验站	地质矿产、生物医学、环境科学、材料科学、人文考古、法学鉴定	XRF；微区 XRF；微区 XAFS	准单色光聚焦模式 8～15keV；单色光聚焦模式 5～18.5keV；专用
4W2	高压实验站	晶体结构相变；物质状态方程		专用
4B8	真空紫外实验站	生物大分子、发光材料	同步辐射圆二色谱（SRCD）、荧光光谱和吸收谱等真空紫外光谱	120～350nm；专用、兼用
4B7A	中能实验站	探测器标定、环境科学、农业、材料科学	光学剂量标准测定 XAFS	Si(111)：2050eV～5700 eV；InSb (111)：1750eV～3400eV；专用、兼用
4B7B	软 X 光实验站	探测器标定、光学原件测试、计量标准、光谱学	光学剂量标准测定 XAFS	50eV～1700eV 专用、兼用
4B9A	衍射站	材料科学、纳米科学、催化能源、生物科学	X 射线衍射（XRD）；X 射线反射率（XRR）；小角散射（SAXS）；衍射异常精细结构（DAFS）；XAFS	4～15keV 专用
4B9B	光电子能谱实验站	材料	同步辐射角积分光电子能谱（SRPES）、同步辐射角分辨光电子能谱（ARPES）、高能电子衍射（RHEED）、低能电子衍射（LEED）、常规 X 射线光电子能谱（XPS）等	10～1000eV 专用、兼用

3.9.3　同步辐射光源的应用

同步辐射光最主要的特点是亮度高(第三代同步辐射光源的 X 射线亮度是 X 光机的上亿倍),准直度高,纯净性高,频谱宽且连续可调,具有从远红外、可见光、紫外、软 X 射线一直延伸到硬 X 射线范围内的连续光谱,是目前唯一能覆盖这样宽的频谱范围又能得到高亮度的光源;此外还具有偏振性高,脉冲窄,精确度高以及高稳定性、高通量、微束径、准相干等独特的性能。

同步辐射装置是一个大科学装置,可同时安装几十至上百个实验站,供数以百计的各种专业的科学家和技术人员同时利用不同的光进行不同的实验研究,24 小时不停运转。比如拥有近 70 条光束线的美国阿贡实验室同步辐射光源(图 3-52)、设计有 30 个光引出口的英国 DIAMOND 同步辐射光源(图 3-53)。上海同步辐射光源(上海光源)由 150MeV 电子直线加速器、3.5GeV 增强器、3.5GeV 电子储存环(周长为 432cm)以及沿环外侧分布的同步辐射光束线和实验站组成,它的设计为先进的第三代中能同步辐射光源,首批开放的光束线有 7 条,分别是:BL08U-软 X 射线谱学显微(STXM)光束线站、BL13W1-X 射线成像及生物医学应用光束线站、BL14B1-X 射线衍射光束线实验站、BL14W1-X 射线吸收精细结构谱线站、BL15U-硬 X 射线微聚焦及应用(微束)光束线站、BL16B1-X 射线小角散射光束线站(SAXS)、BL17U-生物大分子晶体学光束线站。图 3-54 是上海光源整个装置的平面布局图。

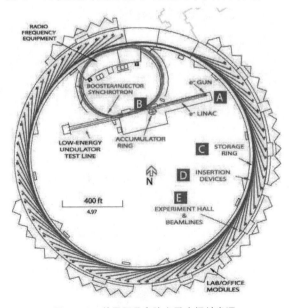

图 3-52　美国阿贡实验室同步辐射光源

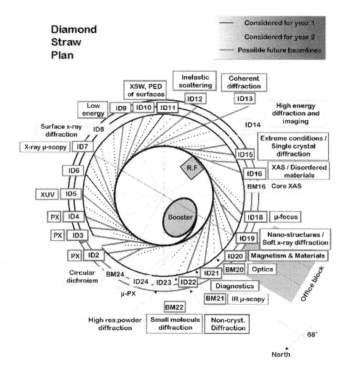

图 3 - 53　英国 Diamond 同步辐射光源

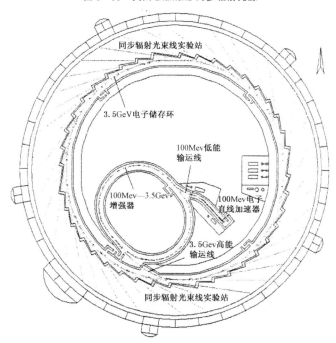

图 3 - 54　上海光源平面布局图

同步辐射的宽频谱特点为实现广泛的研究提供了可能,已成为生命科学、材料科学、环境科学、化学化工、微电子、微机械加工、凝聚态物理、高压物理、地球科学、计量学、光学,以探测技术等广泛学科的基础和应用研究中强有力的实验研究手段。众所周知,固体原子、分子和生物体系统的电子信息是理解它们物理和化学性质的关键,同步辐射非常适合用来研究这些物质的结构信息。一方面是因为不仅分子和蛋白质的尺度在同步辐射的频谱波长范围内,而且化学键和晶体的原子间距也在这尺度范围;另一方面,同步辐射的光子能量从几个 eV 到 10^5 eV,刚好对应于原子、分子、固体和生物体中电子的束缚能,这种光子能量适合检测上述电子及其化学键的性质。

比如,对不同层次的生物样品结构可选择不同波长观察。用波长 1 000 Å 的光可以辨认出病毒细胞;用波长 40 Å 的光则可进一步了解组成它的蛋白质和 DNA,而选用波长 12Å 的光可以看到更精细的 DNA 螺旋结构;要看螺旋结构的分子组成,就必须选择波长 4Å 的光。

同步辐射在现代生物学领域发挥着越来越重要的作用。2006 年诺贝尔化学奖杯授予了美国科学家科恩伯格(Roger Kornberg),他从 20 世纪 70 年代开始结合使用 X 射线衍射技术和放射自显影技术,在美国斯坦福直线加速器中心(SLAC)的同步辐射装置(SSRL)上进行实验,研究遗传信息最初复制到 RNA 中的过程(见图 3-55)。他对此过程中各个阶段的 DNA、RNA 和聚合酶的复合体进行结晶,用 X 射线拍下各个阶段的复合体的照片,揭示了真核生物体内的细胞如何利用基因内存储的信息生产蛋白质,为破译生命的密码做出了重大贡献。

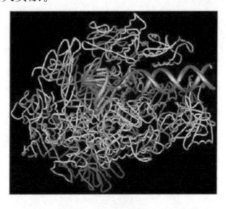

图 3-55   DNA 复制过程示意图

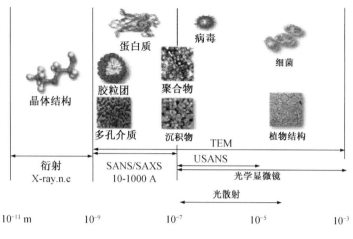

图 3 - 56　常见分析方法与 X 射线的比较

同步辐射技术有着其他一些表征方法不可比拟的优点。仅以其中的软 X 射线谱学显微光束线实验技术为例,通过这一技术可以观察到微观领域内变化的化学过程。现有的如红外光谱、核磁共振谱等研究方法虽然对化学态灵敏,却无法满足高空间分辨要求;而电子显微术虽具备优异的空间分辨特性,但很难获取样品化学成分信息,且一般无法适用于含水的或者辐射损伤敏感的样品。扫描透射 X 射线显微术(STXM)能达到几十个纳米左右的高空间分辨能力,结合了近边吸收精细结构谱学(NEXAFS)的高化学态分辨能力或高能量分辨率之后,可以在介观尺度研究固体、液体、软物质等多种形态的物质,且与电子显微术相比样品辐射损伤相对较小。此外,从图 3 - 56 可以看到,由于利用了同步辐射光源的宽频谱,X 射线研究覆盖了 $10^{-7}\sim 10^{-11}$ m 的尺度范围,在小的方向优于 TEM,在大的方向与光学显微镜衔接。因此,与其他技术相比具有独特的优越性,其应用研究越来越渗透到材料、生物、环境、化学、物理等众多学科领域。

3.9.4　第四代同步辐射光源

第四代同步辐射光源的研究早在 20 世纪 90 年初就已经开始,当时第三代光源刚刚得到广泛的设计、建造,但是面对原子运动和反应动力学研究,第三代光源的强度已显出一些不足。于是科学家们会聚一堂,多次商讨对策,最后基本确定了下一代光源的参数目标:亮度比第三代高一个数量级;

相干性比第三代要好得多,达到横向全相干;光脉冲长度也要比第三代提高一个数量级,达到 ps 或小于 ps 级。

目前正在研制的第四代光源在亮度方面已经达到和超过设计指标,而其中 X 射线自由电子激光是一种潜在的下一代光源和最有希望的技术方法。

自由电子激光(FEL)是一种以相对论优质电子束为工作媒介,在周期磁场中以受激辐射方式放大短波电磁辐射的强相干光源(其周期磁场由波荡器产生),具有波长范围大、波长易调节、亮度高、相干性好、脉冲可超短等突出优点,尤其是高增益短波长自由电子激光,作为下一代光源的代表普遍被看好,具有巨大的发展潜力和重大的应用前景。

美国 SLAC 的直线加速器相干光源(LCLS)装置和德国 TELSA FEL 装置是目前世界上正在研制的采用自由电子激光的第四代光源。

图 3-57　德国 DESY 自由电子激光器的波荡器

自由电子激光采用的波荡器比一般波荡器的激发效率好几个数量级,因此一个电子在 FEL 波荡器中产生的光子数会成千万倍地增长,光源的亮度比第三代光源也高几个数量级。

目前,全世界有二十多个能产生从红外线到紫外线各种波长激光的自由电子激光器已经投入使用或正在研制中,科学家正试图让其波长范围延伸到 X 射线。X 射线自由电子激光能产生的可调波长,具有极高强度的飞秒相干光波长,可为各种体系的高空间分辨和时间分辨的动力学研究提供强有力的手段,将为材料科学、生命科学和医学、物理、化学、地质等多个学科的前沿研究带来突破,为人类对自然的认识打开全新的视野。利用它可对活细胞进行无损伤立体成像,直接观察细胞中的生命过程,为揭开生命之谜提供重要的工具;利用它进行显微和光刻,可以大幅度地提高分辨率和精度。发展 X 射线自由电子激光不仅具有跨学科研究的前瞻性及促进科技发展的战略意义,也将对军事与工业的发展带来深远的影响。

　　世界各科技强国均将 X 射线自由电子激光的研究列入了未来科技发展计划的重要内容,正在加紧研制的 X 射线自由电子激光器的能量将是现有设备的 100 亿倍。美国斯坦福直线加速器中心于 2009 年率先推出 LCLS(见图 3-57),这个项目预算为 3.79 亿美元。位于汉堡的德国电子同步回旋加速器研究中心已研制出先进的紫外线自由电子激光器,并于 2012 年推出欧洲的 X 射线自由电子激光器,预计成本为 9.08 亿欧元。日本也在开展类似的项目。如何用尽可能小的输入能量在尽可能短的波长上产生高增益 X 射线激光是当今各科技大国在该领域竞争的主要焦点。

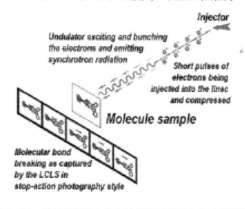

图 3-58　美国斯坦福直线加速器相干光源工作过程模拟

　　我国科学界对 X 射线自由电子激光的研究也给予了高度关注。中科院高能物理研究所曾在 1994 年研制成功中红外波段的北京自由电子激光装置,在亚洲第一个实现了饱和出光。自 2000 年起,上海应用物理研究所、高能物理研究所和中国科技大学、北京大学已联合开展深紫外自由电子激光的前期和预制研究工作。我国在 X 射线自由电子激光研究的基础仍过于薄弱,要发展 X

射线自由电子激光,必须填补很多技术空白和克服各种技术难关。我国计划在 2015 年左右建成 X 射线自由电子激光装置,各项关键技术的研究及装置建设的方案论证工作正在进行中,装置的建设也在加紧进行中。

3.9.5   X 射线在科学发展中的巨大作用

人类生存和发展从来就离不开对"光"的利用和开发。自从人工光源发明以来,人类的文明得到飞速发展,X 射线光源的发现揭开了近代科学的序幕,再由同步辐射光源将人工光源技术发展到一种人类历史上前所未有的科学高度。同步辐射光源已经成为材料科学、生命科学、环境科学、物理学、化学、医药学、地质学等学科领域的基础和应用研究中的一种最先进的、不可替代的工具,并且在电子工业、医药工业、石油工业、化学工业、生物工程和微细加工工业等方面具有重要而广泛的应用,它与现代科技结合得紧密程度就标志着人类文明进步的高度。

在此不得不再次提及 X 射线在一个多世纪的科学发展中的巨大作用。从 1901 年伦琴获诺贝尔物理奖学开始,因研究 X 射线技术、使用 X 射线进行研究,以及与 X 射线有关的研究而获得诺贝尔奖的已有 40 余人、近 30 次的斐然成绩。近年来,X 射线结构分析采用先进的衍射仪与电子计算机技术及相应的计算软件相结合,可靠性和精密度都大大提高,它与核磁共振、质谱、电子衍射、中子衍射等仪器相结合,使人们在晶体结构、分子结构、化学键、医疗诊断等方面获得了更多的信息,大大加深了对微观世界的认识。而且随着科学技术的进一步发展,X 射线在关于宇宙组成与演化、物质结构和生命科学三大前沿领域中,正日益发挥着越来越大的作用。X 射线的发现与应用是自然科学领域的伟大创举,当我们手握这把撬开微观世界大门的金钥匙,更应牢记和感谢发现这把钥匙的伟大科学家——伦琴对现代科学发展的重大贡献!

补充材料:

百年 X 射线和诺贝尔奖

1901 年,伦琴由于发现 X 射线而获得了第一届的诺贝尔物理学奖。

1914 年,劳厄因发现晶体的 X 射线衍射赢得了诺贝尔物理学奖。

伦琴　　　　　　　　　　　　　巴克拉

　　1915 年,布拉格父子因在用 X 射线研究晶体结构方面所做出的杰出贡献分享了诺贝尔物理学奖。

　　1917 年,英国科学家巴克拉由于发现标识 X 射线而获得了诺贝尔物理学奖。

　　1924 年,瑞典物理学家卡尔·西格班因对标识 X 射线谱的量子化理论的解释获得了诺贝尔物理学奖。卡尔·西格班的儿子凯.西格班因在电子能谱学方面的开创性工作而成为 1981 年诺贝尔物理学奖获得者之一。

卡尔·西格班　　　　　　　　　　凯·西格班

　　1927 年,美国物理学家康普顿因发现康普顿效应与英国的物理学家威尔逊同获诺贝尔物理学奖。

　　1934 年,前苏联的切连科夫发现了 X 射线照射晶体或液态物质时会发出微弱的蓝光,即切连科夫辐射,获得了 1958 年诺贝尔物理学奖。

德拜

康普顿

1936年,美籍荷兰物理学家、化学家德拜因利用偶极矩、X射线和电子衍射法测定分子结构的成就而获诺贝尔化学奖。

1946年,缪勒因发现X射线能人为地诱发遗传突变而获诺贝尔生理学或医学奖。

缪勒

鲍林

1954年,鲍林由于在化学键的研究以及用化学键的理论阐明复杂的物质结构而获得诺贝尔化学奖(他的成就与X射线衍射研究密不可分)。

1962年,沃森、克里克、威尔金斯因发现核酸的分子结构及其对生命物质信息传递的重要性分享了诺贝尔生理学或医学奖(他们的研究成果是在X射线衍射实验的基础上得到的)。

1962年,佩鲁茨和肯德鲁用X射线衍射分析法首次精确地测定了蛋白质晶体结构而分享了诺贝尔化学奖。

1964年,霍奇金运用X射线衍射技术测定复杂晶体和大分子的空间结构取得了重大成果,因此获诺贝尔化学奖。

1969年,哈塞尔与巴顿因提出"构像分析"的原理和方法,并应用在有机化学研究而同获诺贝尔化学奖(他们用 X 射线衍射分析法开展研究)。

1973 年,威尔金森与费歇尔因对有机金属化学的研究卓有成效而共获诺贝尔化学奖。

1976 年,利普斯科姆因用低温 X 射线衍射和核磁共振等方法研究硼化合物的结构及成键规律的重大贡献获得诺贝尔化学奖。

1979 年,诺贝尔生理学或医学奖破例地授给了对 X 射线断层成像仪(CT)作出特殊贡献的豪斯菲尔德和科马克,这两位科学家没有专门的医学经历。

1980 年,桑格借助于 X 射线分析法与吉尔伯特、伯格确定了胰岛素分子结构和 DNA 核苷酸顺序及基因结构,因此共获诺贝尔化学奖。

1982 年,克卢格因在测定生物物质的结构方面的突出贡献而获诺贝尔化学奖。

1985 年,豪普特曼与卡尔勒因发明晶体结构直接计算法,为探索新的分子结构和化学反应作出开创性的贡献而分享了诺贝尔化学奖。

1988 年,戴森霍弗、胡伯尔、米歇尔因用 X 射线晶体分析法确定了光合成中能量转换反应的反应中心复合物的立体结构,共享了诺贝尔化学奖。

1997 年,斯科、博耶与沃克因借助同步辐射装置的 X 射线,在人体细胞内离子传输酶方面的研究成就而共获诺贝尔化学奖。

2002 年,美国科学家贾科尼因发现宇宙 X 射线源,与戴维斯、小柴昌俊共同分享了诺贝尔物理学奖。

2003 年,阿格雷和麦金农因发现细胞膜水通道,以及对细胞膜离子通道结构和机理研究作出的开创性贡献获得诺贝尔化学奖(他们的成果是利用 X 射线晶体成像技术获得的)。

2006 年,科恩伯格被授予诺贝尔化学奖,以奖励他在"真核转录的分子基础"研究领域作出的贡献(他将 X 射线衍射技术结合放射自显影技术开展研究)。

第 4 章

深入原子内部

——物质波与电子显微镜

> 我们从别人的发明中获益并得到享受,也应该乐于抓住一切
> 机会以我们自己的发明为别人服务;我们应该自觉自愿并慷慨地
> 去做这件事。
>
> ——富兰克林

虽然 X 射线揭示出晶体原子的排列方式,但它是一种间接方法,通过解析衍射图谱反推出原子排布,而直接观察到原子图像则是借助电子显微镜才得以实现的。电子的发现促使人们对电子本质进行深究,在这一过程中电子显微镜得以发明。因此,完全可以说电子显微镜是构建在对微观基本粒子—电子及其性质的充分认识基础上的,是现代微观物质世界探索的又一伟大成果,从此原子内部世界的大门被扣开了。

4.1 "吸铁石"琥珀

人类很早就观察到自然界中存在的电现象,如雷鸣电闪,但长期以来却对电现象无法做出正确解释,因此人们普遍以一种神秘和迷信的态度看待电现象。除了自然界固有的电现象外,人工产生的电学现象是通过摩擦琥珀而使它吸引轻小物体,这是人类最早的控制和重复产生电的实验。早在公元前 585 年,古希腊哲学家泰勒斯已记载了用木块摩擦过的琥珀能够吸引

碎草等微小物体。英语中的"electric(ity)"一词来自于希腊语的"elek-tron",意思就是琥珀,1600 年英国科学家吉尔伯特用拉丁语的 electricus 一词描述摩擦吸附细物的性能,1646 年这一单词由他人转译成英语"electric (ity)",成为"电"的专门术语。"电"一词在中国则是从雷电现象中引出来的,我国在西汉末年已有"瑇瑁吸偌"("玳瑁吸附细小物体"之意)的记载;晋朝时还有关于摩擦起电引起放电现象的记载:"今人梳头,解著衣时,有随梳解结有光者,亦有咤声"。这些都表明电是自然界的常见现象,它很久之前就引起了人们的注意。

大约在 1660 年,德国马德堡的盖利克(Ottovon Guericke)发明了第一台摩擦起电机。他把硫磺装在轴上制成形如地球仪的可转动球体,在球旋转时,用干燥的手掌摩擦转动球体,就可以使球起电,比传统的摩擦方法有效得多,每一次旋转都产生一些静电并贮存在硫磺球里,以致可以演示连续放电实验。盖利克的摩擦起电机经过不断改进,在静电实验研究中起着重要的作用。运用这个仪器,他发现了静电感应现象,即一个小物体靠近带电物体后也会带电,发现了电排斥、感应起电及电致发光现象(在黑暗中,带电硫磺球发光);这些发现为后来对电排斥及电传导现象的认识奠定了基础。直到 19 世纪霍耳茨和推普勒分别发明感应起电机后摩擦起电机才被取代。

18 世纪电的研究迅速发展起来。1729 年,英国的格雷在研究琥珀的电效应是否可传递给其他物体时发现导体和绝缘体的区别:金属可导电,丝绸不导电,并且第一次使人体带电。1737 年,法国化学家迪费(Charles Fran-cois de Cisternay Du Fay)发现两种不同性质的摩擦静电。当时他是法国国王的御花园总管,这个职位给了他进行实验和思考的时间。他用带电的玻璃棒去接触悬挂着的几块软木,他发现这几块软木互相排斥。又用带电树脂棒使软木带电,发现这几个软木也互相排斥。但如果用玻璃棒起电的软木靠近另一个用树脂棒起电的软木则互相吸引。这样他得出一个结论:如果两个软木球以同样方法起电,它们就互相排斥;以不同方法起电就相互吸引。迪费由此假定存在两种不同的电流体——"玻璃电"和"树脂电"。每种电自相排斥而吸引另一种电,两种电结合电性消失。10 年后富兰克林(Benja-min Franklin)才对它们采用现代的习惯叫法——"正电"和"负电",通过著名的在雷雨中放风筝等的实验,他证明了雷电和摩擦带电具有同样的属性。

1745 年,荷兰莱顿的穆申布鲁克发明了能保存电的莱顿瓶。莱顿瓶的发明为电的进一步研究提供了条件,它对于电知识的传播起到了重要的作用。差不多同时期,美国的富兰克林做了许多有意义的工作,使得人们对电的认识更加丰富。1747 年他根据实验提出:在正常条件下电是以一定的量存在于所有物质中的一种元素;电跟流体一样,摩擦的作用可以使它从一物体转移到另一物体,但不能创造;任何孤立物体的电总量是不变的,这就是通常所说的电荷守恒定律。他把摩擦时物体获得的电的多余部分叫做带正电,物体失去电而不足的部分叫做带负电。严格地说,这种关于电的一元流体理论在今天看来并不正确,但他所使用的正电和负电的术语至今仍被采用,他还观察到导体的尖端更易于放电等现象。早在 1749 年,他就注意到闪电与放电有许多相同之处,1752 年他通过在雷雨天气将风筝放入云层,来进行雷击实验,证明了闪电就是放电现象。在这个实验中富兰克林居然幸运地没有触电,因为后来有人重复这种实验时遭电击身亡。富兰克林还建议用避雷针来防护建筑物免遭雷击,1745 年这一构想首先由狄维斯实现,这大概是电的第一个实际应用。

18 世纪后期开始了电荷相互作用的定量研究。1776 年,普里斯特利发现带电金属容器内表面没有电荷,猜测电力与万有引力有相似的规律。1769 年,鲁宾孙通过作用在一个小球上电力和重力平衡的实验,第一次直接测定了两个电荷相互作用力与距离的二次方成反比。1773 年,卡文迪什推算出电力与距离的二次方成反比,他的这一实验是近代精确验证电力定律的雏形。

1785 年,库仑设计了精巧的扭秤实验,直接测定了两个静止点电荷的相互作用力与它们之间的距离二次方成反比,与它们的电量乘积成正比。库仑的实验得到了世界的公认,从此电学的研究开始进入科学时代。1811 年,法国数学家泊松和德国数学家高斯把早先力学中拉普拉斯在万有引力定律基础上发展起来的势论用于静电,推导出泊松方程和高斯定律,发展了静电学的解析理论。

自从 18 世纪中叶以来,对电的研究蓬勃开展。它的每项重大发现都引起广泛的实用研究,从而促进科学技术的飞速发展。现今,无论人类生活、科学技术活动以及物质生产活动都已离不开电。随着科学技术的发展,某些带有专门知识的研究内容逐渐独立,形成专门的学科,如电子学、电工学等。电学又可称为电磁学,是物理学中颇具重要意义的基础学科。

4.2　孪生姊妹"电"与"磁"

4.2.1　电磁感应与电磁波

19 世纪前半叶,电磁感应现象被发现。1831 年,英国物理学家法拉第用两根绝缘线按螺旋的形式缠绕在同一根圆木筒上,当使强电流不断地通过一根螺旋线时,他在另一螺旋线里的电流计上,没有发现有什么偏转;但当接通和断开电路时,电流计发生微小的偏转。由此,他发现电磁感应现象。

法拉第又研究了电介质的其他性质。他发现在导体周围的空气为虫胶或硫一类绝缘体所代替时,在一定电位或电压下导体的静电容即能负荷的电量有所增加。他将这个增加的比例称做绝缘体的电容率。

1833 年,法拉第提出法拉第电解定律,表明原子带电,且电可能以不连续的粒子存在。这是最早提出的关于带电的微小粒子理论。法拉第的见解超过了他的时代,而且他用来表达这些见解的术语,也不为当时的人们所熟悉。30 年后,麦克斯韦将这些见解翻译成数学的公式,并发展为电磁波的理论时,它们的重要性才得到人们的认识。这样,法拉第就奠定了实用电学的三大部分,即电化学、电磁感应与电磁波的基础。而且他坚决主张电磁力场具有极大重要性,这也是现代场物理学理论有关电方面的历史起点。

1858 年,德国物理学家普吕克尔(Julius Plücker)在盖斯勒管(克鲁克斯管的前身)上对低压气体进行放电实验的过程中发现了阴极射线,研究了磁场对发光的影响,其后阴极射线性质的研究对电子的发现也起到了巨大的作用。1869 年,德国物理学家希托夫(Johann Wilhelm Hittorf)证明放在阴极与玻璃壁间的障碍物,可以在玻璃壁上投射阴影。1876 年,戈尔茨坦(Eügen Goldstein)证实了希托夫的结果,并创造"阴极射线"一词,他以为这种射线是和普通光线同一性质的以太波;1886 年,他又从放电管中发现了阳极射线。英国科学家克鲁克斯(William Crookes)在 19 世纪 70 年代观察了阴极射线在磁场中的偏转。1890 年,德裔英国物理学家舒斯特(Franz Arthur Friedrich Schuster)观察了在磁场中的偏转度,并对其同时施加了电场,以测量这些假想质点的电荷与其质量的比率,并估计这一比率为液体中氢离子比值的 500 倍左右。他假定这些质点的大小与原子一样,推得气体离子的电荷远较液体离子为大。1892 年赫兹发现阴极射线能贯穿薄的金片或铝片。这一发现,似乎与组成射线的质点为普通原子流或分子流的想法颇难调和。1894 年,爱尔兰科学家斯托尼(George Johnstone Stoney)建议将电解过程中被交换的粒子叫做"电子",这是第一次提出"电子"的概念。1895 年,法国物理学家佩兰(Jean Baptiste Perrin)证明:当这些质点偏转到绝缘的导电体上时,就把它们所有的负电荷给与导电体。

4.2.2　电子—再入波粒之争窠臼

　　在电子发现之前,原子被认为是微观世界的最小构成基元。1897 年,英国物理学家约瑟夫·约翰·汤姆森(Joseph John Thomson)在阴极射线实验过程中发现了电子的存在。在此之前,阴极射线已大量用于科学研究中,在两年前 X 射线也是在阴极射线实验中被发现的,当时正风靡世界。这一次电子的发现再次轰动了整个科学界。同样地,这次的伟大发现也决非偶然,更不是个别科学家的独自努力所能达到的。通过几代科学家对电学现象的认识逐步加深,特别是对气体放电的深入研究,才发现了电子。它是凝结着这些研究者共同智慧的结晶产物。

　　阴极射线是低压气体放电过程出现的一种奇特现象。早在 1858 年,普吕克尔就观察到这种放电现象,后来希托夫还看到它在正对阴极的管壁发出绿色的辉光和障碍物的投影(见图 4-1)。1890 年,舒斯特观察了它在磁场、电场中的偏转,测量了这些假想质点的电荷与其质量的比率。这些科学成果直接为电子的发现打下了基础。

图 4-1　阴极射线管

　　但是直到 19 世纪末,"阴极射线是由什么组成的"还是一个未解之谜。

有的科学家说它是电磁波；有的科学家说它是由带电的原子所组成；有的则说是由带阴电的微粒组成的。众说纷纭，一时得不出公认的结论。英法的科学家和德国的科学家们在这个问题上形成对立，对于阴极射线的本质问题争论了二十多年。

1897 年 4 月，汤姆森设计了新的阴极射线管，其结构及工作原理如图 4-2。他将一块涂有硫化锌的小玻璃片，放在阴极射线所经过的路途上，观察到硫化锌会发闪光，这说明硫化锌能显示出阴极射线的"径迹"，于是他在玻璃管的内壁涂覆一层硫化锌作为荧光发光剂。在电场作用下由阴极 C 发出的阴极射线，通过 A 和 B 加速，穿过另一对电极 D 和 E 组成的电场，右侧管壁上贴有供测量偏转用的标尺，他希望重复舒斯特的电场偏转实验。德国科学家赫兹曾坚决否定这种可能性。汤姆森开始也没有看见任何偏转，但他分析了不发生偏转的原因可能是电场建立不起来。于是，他利用当时最先进的真空技术获得高真空，终于使阴极射线在电场中发生了稳定的电偏转，从偏转方向也明确表明阴极射线是带负电的粒子。他还在管外巧妙地加上了一个与电场和射线速度都垂直的磁场 B（此磁场由管外线圈产生），当电场力 eE 与磁场的洛仑兹力 evB 相等时，可以使射线不发生偏转而打到管壁中央。利用这种方法，他推算出阴极射线粒子的荷质比 $e/m \approx 10^{11}$ C/kg。1898 年和 1899 年，汤姆森测量了 X 射线在气体中所造成的离子的电荷。1899 年，汤姆森用威尔逊 1897 年所发现的云室法与磁场偏转法，测量了同一种质点（以紫外光射在锌片上所产生的质点）的电荷 e 和 e/m。所有测量结果都证明：在实验误差限度以内，气体质点的电荷与液体单价离子的电荷相符合。汤姆森得出结论：用不同的物质材料或改变管内气体种类，测得射线粒子的荷质比 e/m 保持不变，这种粒子是各种材料中的普适成分。

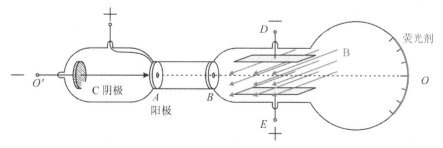

图 4-2　阴极射线管的工作原理

　　汤姆森终于得出了结论:这些"射线"不是以太波,而是带负电的物质粒子。在此之前,没人知道这些粒子究竟是什么。有人猜测它们是原子或分子,还有人认为是处在更细的平衡状态中的物质。当年,两个主要学说流派是以德国人为代表的以太说和以英国人为代表的微粒说。前者由戈尔茨坦首先提出,后来得到了赫兹等人的支持。赫兹在 1887 年曾发现电磁波,就把阴极射线看成是电磁辐射。后者是英国物理学家瓦尔利(C. F. Varley)根据从阴极射线在磁场中受到偏转的事实,提出这一射线是由带负电的物质微粒组成的设想。他的主张得到本国人克鲁克斯和舒斯特的赞同。于是在 19 世纪的后 30 年,两种对立的观点争持不下,谁也说服不了谁。为了找到有利于自己观点的证据,双方都做了许多实验,为自己的观点提供证据。作为英国人的汤姆森理所当然持粒子说的观点,他曾猜测说它们是比氢原子轻一千多倍的物质颗粒。他以自己精湛的实验技艺、无可辩驳的精确结果支持了自己的想法,这种粒子的质量确实比氢原子的质量要小得多,大约是后者的二千分之一。汤姆森还认定这些颗粒一定来自真空管中的微量气体原子,因此原子一定可以进一步分割,这些粒子正是原子的基本组成单元。为了使原子保持电中性,他又设想了"葡萄干布丁"模型,假设这些粒子镶嵌在正电子的海洋中。到此汤姆森解开了阴极射线之谜,并发现了电子,汤姆森因电子这一伟大发现而荣获 1906 年诺贝尔物理学奖。

　　此后,一些科学家进一步更精确地测量了电子的电荷和质量。最著名的是美国物理学家密立根。1909 年,他的油滴实验测出电子带电量,并强化了"电子是粒子"的概念。1911 年,他改进威尔逊的云室法,测量了小油滴在被电离的空气中降落的速度。当一油滴捉到一离子时,其速度便忽然改变。这样求得了离子的电荷为 1.59×10^{-19} 库仑。这说明这些微粒或电子的质量,为氢原子的 1/1 830。从气体分子运动论可求得一个氢原子的质量约为 1.66×10^{-24} g,所以一个电子的质量约为 9×10^{-28} g。

　　电子的发现再次将古希腊人留下的那个问

图 4 - 3　约瑟夫·约翰·汤姆森
(Joseph John Thomson)

题向前推进了一步,即不同的物质是否有共同基础的问题。同时也阐明了
"带电"微粒——电子的性质。

电子的发现是对微观物质世界深入探索的重大成果。当时,汤姆森提
出:一个原子含有许多更小的微粒,其质量等于低压下气体中阴离子的质
量,约为 3×10^{-28} g。洛仑兹利用斯托尼所定的名称"电子"来称呼这些振动
的带电质点,而塞曼效应的发现与测量则证明,它们就是汤姆森的微粒。我
们可以把它们当作是孤立的负电单位。这样,洛仑兹的学说就成为物质的
电子学说,用电来解释物质,而汤姆森是用物质去解释电。二者的观点完全
可以融合在一起,只不过是对同一事物不同方面的表述。

4.3　深入原子内部

1838—1851 年间,英国一位名叫莱明(Rihard Laming)的自然哲学家推
测原子有一个核心,并第一个提出原子的周围是带电的亚原子粒子。1846
年,德国物理学家威廉·韦伯提出电流是由带正电或带负电的电荷组成的
流体理论,它们之间的相互作用遵循平方反比定律。斯托尼在 1874 年研究
过电解现象后,认为电流存在单位基本电量,即一价离子的电荷;他还通过
法拉第电解定律估算出这个基本电荷 e 的值。但是,斯托尼认为这些电荷被
永久地束缚在原子中,不会脱离。1881 年,德国物理学家亥姆霍兹(Her-
mann von Helmholtz)认为无论正电还是负电都由基本粒子组成,它们的行
为就像"电流中的原子"。

就在汤姆森发现电子之前,几位科学家都曾认为原子由一个更基本的
单元构成,但他们所设想的这个单元是最小元素的氢原子的大小。汤姆森
第一个确认了这样的亚原子粒子,这就是现在称为电子的微观粒子,在当时
他认为这是组成原子的基本粒子。继伦琴发现 X 射线之后,汤姆森的发现
使得当时物理学家探索微观物质的热情进一步高涨。

1911 年,曾是汤姆森学生的卢瑟福为了证实汤姆森的葡萄干布丁原子
模型,在进行 α 粒子散射实验时意外发现了原子核,从此原子的内部结构展
现在世人面前。事实上,此前的很多实验和发现已经进入原子核的范畴。

其中著名的发现主要有:1896 年法国物理学家亨利·贝可勒尔(Henri Bec-querel)发现天然放射性;居里夫妇于 1898 年发现放射性元素钋,于 1902 年发现放射性元素镭;1898 年,卢瑟福从镭的放射线中分离出 α 射线和 β 射线,1903 年证实 α 射线是带正电的粒子流;1900 年,贝克勒尔用磁场和电场偏转法测得 β 射线的荷质比和速度,证明 β 射线是高速电子流;同年,法国物理学家保罗·维拉德发现 γ 射线,而卢瑟福和贝可勒尔等人又通过实验进一步判断了这几种射线的本质。

　　1913 年,阿斯通(E. W. Aston)协助汤姆森用质谱仪测量氖气的质量数,观察到同位素现象。同年,英国物理学家莫塞莱分析了元素的 X 射线标识谱,建立原子序数的概念,他将大量不同的原子按一定的顺序排列起来,证明了核电荷数 Z 与原子序数的恒等关系。1919 年,卢瑟福利用 α 粒子撞击氮原子发生核转变并产生质子,接着在查德威克的协助下又用 α 粒子撞击硼(B)、氟(F)、铝(A1)、磷(P)等元素的核也都能产生质子,故推论质子为元素原子核的共有成分。当时人们普遍认为原子核是由质子和电子组成的,普劳特甚至提出一切元素的原子都由氢原子构成的假说,这虽然可以解释汤姆森和阿斯通用质谱仪做出的发现,但与莫塞来的实验结果矛盾。因此,卢瑟福在 1920 年就大胆预言中子的存在。12 年后,他的学生查德威克通过不懈努力,终于利用 α 粒子撞击铍原子核发现了中子。至此,人们对原子结构组成的认识已渐渐清晰,这些都得益于科学家们大量巧妙而精湛的实验。

　　这一时期在原子理论方面也有了革命性突破。1900 年,普朗克了克服经典理论解释黑体辐射规律的困难,引入了能量子概念。但是,人们并没有认识到能量子的重要性,仅仅认为能量子在支配物质和辐射相互作用过程中是合适的。随后,爱因斯坦针对光电效应实验与经典理论的矛盾,提出了光量子假说,并在固体比热问题上成功地运用了能量子概念,为量子理论的发展打开了局面。

　　卢瑟福在 α 粒子散射结果的基础上提出原子结构的"行星模型",然而这个模型的问题在于:在经典电磁理论框架下,近距的电磁相互作用无法维持这样的有心力系统的稳定性,运动电子产生的电磁场会产生电磁辐射,使电子能量逐渐降低。1913 年,丹麦物理学家尼尔斯·玻尔(Niels Henrik David Bohr)肯定了卢瑟福的原子模型,但同时指出原子的稳定性问题不能在经典电动力学的框架下解决,而唯有依靠量子化的方法。他通过对这一模型运用量子化概念进行改进,对氢光谱作出了满意的解释,使量子论取得了初步胜利。这也标志着早期量子论的确立。此后经过海森伯(W. K. Eeisenberg)、薛定谔(E. Schrödinger)、玻恩(Man Born)和狄拉克(Paul Adrien Maurice Dirac)等人的开创性工作,终于在 1925 —1928 年形成完整的量子力学理论,与爱因斯坦相对论并肩形成现代物理学的两大理论支柱。量子力学是描述微观世界的基本理论,它能很好地解释原子的结构、原子光谱的规律性、化学元素的性质,光的吸收与辐射等等的问题。

从 1897 年汤姆森发现电子到 1932 年詹姆斯·查德威克发现中子这三十多年间,科学家进行了不懈的探索,做了大量的实验,提出了各种原子模型,新发现层出不穷,大大丰富了微观世界的知识宝库,但是基本上还处于经验阶段。1933 年以后,对原子内部结构的研究理论才逐渐形成,及至四五十年代,核能的开发和利用大大地促进了对原子核结构研究的进展,大量实验为"基本"粒子的性质提供了依据。这一系列对原子结构的深入探索都有赖于电子的发现。只有发现电子,确证原子可分之后,才有可能真正建立合理的原子结构模型和正确的原子结构理论,这样才能对普朗克遇到的光谱问题和其他原子现象给出合理的解释。

今天,人们对原子的认识已经相当完整。原子是构成自然界各种元素的基本单位,由原子核和核外轨道电子(又称束缚电子或绕行电子)组成。原子的体积很小,直径只有 10^{-8} cm,原子的质量也很小,如氢原子的质量为 $1.673\ 56\times10^{-24}$ g。原子的中心是一个微小的由核子(质子和中子:由夸克构成)组成的原子核,它的直径比原子的直径小 100 000 倍,却占据了整个原子质量的 99% 以上。

原子核中的质子和中子紧密地堆在一起,因此原子核的密度很大。质子和中子的质量大致相等,中子略高一些。质子带正电荷,中子不带电荷,是电中性的,所以整个原子核是带正电荷的。原子的大小主要是由最外电子层的大小所决定。若把原子看作一个足球场,那原子核就是场中央的一颗高尔夫球。所以原子几乎是虚空的,由运动的电子充斥着。

原子核带正电荷,束缚带负电荷的电子,两者所带电荷量相等,符号相反,因此原子本身呈中性。电子远比质子和中子轻,质量只有质子的约 1/1836。它们高速地围着原子核运转,运行的轨道并不都一样。这些轨道也被称为电子层,那些最接近原子核的在里面一层,远一些的又在另外一层。每一层都用一个数字表示。最内层的是层 1,外一层的是层 2,如此类推。每一层都可以容纳一个最高限量数的电子数目,层 1 可容纳 2 个电子,层 2 可容纳八个,层 3 可容纳 18 个,层 4 可容纳 32 个,越往外层可容纳的电子就越多。若设层数为 n,则第 n 层可容纳的电子数为 $2n^2$ 个。最外层电子数不大于 8 个,次外层的电子数不大于 18 个,但也有特例。

当原子吸收外来能量,使轨道电子脱离原子核的吸引而自由运动时,原子便失去电子而显电性,成为离子。电子数目比质子小的原子带正电荷,叫阳离子;相反的原子带负电荷,叫阴离子。金属元素最外层电子一般小于 4 个,在反应中易失去电子,趋向达到稳定的结构,成为阳离子。非金属元素最外层电子一般多于 4 个,在化学反应中易得到电子,趋向达到稳定的结构,成为阴离子。

原子序数决定了该原子是哪个族或哪类元素。例如,碳原子是那些有 6 个质子的原子。所有相同原子序的原子在很多物理性质都是一样的,所显示的化学反应也都一样。质子和中子数目的总和叫质量数。中子的数目不一定等于质子的数目,它对该原子的元素并没有任何影响——在同一元素中,有不同的成员,每个的原子序数是一样的,但质量数都不同。这些成员叫同位素。元素的名字是用它的元素名称紧随着质量数来表示,如碳 14(每个原子中含有 6 个质子和 8 个中子)。只有 94 种原子是天然存在的(其余的都是在实验室中人工制造的)。每种原子都有一个名称,每个名称都有一个缩写。俄国化学家门捷列夫根据不同原子的化学性质将它们排列在一张表中,这就是元素周期表。为纪念门捷列夫,第 101 号元素被命名为钔。

4.4 因"物质波"而诞生的电子显微镜

电子作为基本粒子之一,不仅开启了原子内部结构的大门,而且随着对它的性质的深入认识,人们关于微观世界的物质观发生了彻底改变。利用电子进行物质结构探索的方法使人类进入到了全新的微观物质世界。

电子显微镜是人类利用电子展开微观世界观察的最优异的工具之一。它的发明有赖于电子的发现和人们对它性质的完整认识。这其中最为关键的一环是对电子"波"特性的认识,而且这一环节经历了一个相当长的过程。

事实上早在 1894 年,德国物理学家勒纳德的铝窗实验就已显现出电子"波"的特性。当时赫兹刚于 1891 年发现电子能够穿过金属,作为他的学生勒纳德做了更精细的实验。结果,他在阴极射线管的末端嵌上厚度仅 0.000 265 厘米的薄铝箔作为窗口,发现从铝窗口会逸出射线,在空气中穿越约 1 厘米的行程。当时他们正在为电子的波动说与英国人进行论战,这一现象被认为是以太说的又一个有力证据,因为只有波才能穿越实物。

随着电子的发现,电子的粒子性更为显著。但历史的发展总是曲折的,此时科学家关于光的性质的争论在 20 世纪初接近尾声。1905 年和 1916 年,爱因斯坦提出光的波粒二象性,并于 1916 年和 1923 年先后得到密立根光电效应实验和康普顿 X 射线散射实验的证实。于是电子"波"的性质重新被人们认可,这一观念的改变直接引发了一个更为大胆的猜想——物质波的假说。

20 世纪的前 30 年,现代原子实验不断加深人类对原子结构的认识,与此同时,原子理论也在发生深刻的革命。1905 年,爱因斯坦发表了题为《关于光的产生和转化的一个启发性观点》的论文,文中通过对黑体辐射的研究和论证,得到并提出了光量子的概念,并用它成功地解释了光电效应。量子概念得到了重要发展。由于光量子的概念是在分析和研究黑体辐射基础上得到的,这项工作表明量子概念具有比较普遍的意义。不久后,人们通过对 X 射线的研究认识到,X 射线具有时而像波,时而像粒子的奇特性质。1913 年,玻尔提出原子中的电子运动的量子化条件,原子中的电子只有可能进行某些运动,成功地解释了氢原子光谱。玻尔的量子化条件没有理论基础,是人为规定的。1919－1922 年,法国物理学家布里渊(Léon Nicolas Brillouin)把电子和波作为一个整体进行研究,设想在原子核周围存在着一层以太,电子在其中运动掀起波,这些波相互干涉在原子核周围形成驻波。

在这些实验和理论研究成果的基础上,1923 年,法国物理学家路易·维克多·德布罗意(Louis Victor de Broglie)最早开始注意到实物与场之间的深刻关系。实物和场是当时人们认为自然界存在的两种类型的基本物质,前者由原子、电子等粒子构成,后者包括磁场、引力场。受到布里渊理论的启发,德布罗意大胆设想实物粒子也同样具有波动性。1924 年,在他的博士论文《关于量子理论的研究》中,他提出了运动的微观粒子(如电子、中子、离子等)与光的性质之间存在着深刻的类似性,即微观粒子的运动服从波粒二象性的规律。这些观点受到他身边的学术权威的坚决否定,在博士论文答辩中,他被问到有什么实验事实支持他的观点,受到晶体产生 X 射

图 4 - 4   法国物理学家
路易·维克多·德布罗意

线衍射的启发,他预言晶体也会使电子产生衍射。幸好这一观点受到爱因斯坦的关注,他才侥幸拿到博士学位。3 年后,他的预言得到了证实,美国科学家戴维逊(Linton Joseph Daivisson)和革末(Lester Germer)完成了电子在晶体上的衍射实验,同时 G·P·汤姆森也独立完成了这个实验,为电子显微镜的发明奠定了基础,他们因此获得了 1937 年的诺贝尔物理学奖。

德布罗意的设想最终都得到了完全的证实,他也因此获得 1929 年的诺贝尔物理学奖。此后,人们相继证实了原子、分子、中子等都具有波动性,实物粒子亦是粒子性和波动性的统一。这些实物所具有的波动称为德布罗意波,即物质波。

1931 年 4 月,德国科学家恩斯特·鲁斯卡(Ernst August Friedrich Ruska)和马克斯·克诺尔(Max Knoll)成功用磁性镜头制成第一台二级电子光学放大镜,实现了电子显微镜的技术原理。其物理原理是基于电子可以在电场或磁场中发生偏转的事实,使得通过镜头的电子

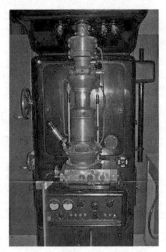

图 4 - 5   1933 年鲁斯卡制造的
透射显微镜

射线能够像光线一样被聚焦,从而利用几何光学原理将被观测物放大成像,在当时被称为"超显微镜"。1937 年第一台商业透射电子显微镜制造成功。

鲁斯卡获得了 1986 年的诺贝尔物理学奖。

4.5　当物质遇到电子

今天人们已基本掌握了电子与物质相互作用的全貌,其作用结果可以产生透射电子、弹性/非弹性电子、背散射电子、俄歇电子、二次电子和特征 X 射线(见图 4-6),其中大部分信息已经衍生出各种现代测试方法,透射电子显微镜主要利用其中透射电子和散射电子信息,而新型多功能电子显微镜则并不仅限于这些信息。但无论功能怎样繁多,电子显微镜的工作方法都是完全建立在电子与物质的相互作用基础上的。

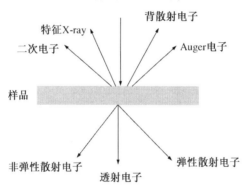

图 4-6　电子与物质相互作用结果

电子是一种带负电的粒子,它同物质的相互作用十分强烈,这种作用的实质主要是散射现象。当一束聚焦的电子束沿一定方向入射到试样内时,由于受到固体物质中晶格位场和原子库仑场的作用,其入射方向会发生改变,这种现象称为散射。如果在散射过程中入射电子只改变方向,其总动能基本上无变化,则这种散射称为弹性散射;如果在散射过程中入射电子的动能和方向都发生改变,则这种散射称为非弹性散射。

入射电子的散射过程是一种随机过程,每次散射后都使其前进方向改变,在非弹性散射情况下,还会损失一部分能量,并伴随着其他各种能量的产生,如热、X 射线、光、二次电子发射等。从理论上讲,入射电子的散射轨迹可以用蒙特卡罗方法(是数学上一种误差统计方法)来模拟。

可能出现如下 3 种情况：

(1) 部分入射电子所积累的总散射角大于 90°,重新返回试样表面而逸出,这部分电子称为背反射电子(或原一次电子)。

(2) 部分入射电子所累积的总散射角小于 90°,并且试样的厚度小于入射电子的最大射程,则它可以穿透试样而从另一面逸出,这部分电子称为透射电子;

(3) 部分入射电子经过多次非弹性散射后,其能量损失殆尽,不再产生其他效应,被试样吸收,这部分电子称为吸收电子。

系统研究表明,入射电子的散射过程可以在不同的物质层次中进行。如果入射电子的能量是在 5~30 keV 间,则可能存在如下情况：

(1) 入射电子与原子核相互作用。

(2) 入射电子与核外电子相互作用。

(3) 入射电子和晶格相互作用。

(4) 入射电子和晶体空间中电子云相互作用。

上述各种相互作用的物理过程说明如下。

4.5.1　入射电子和原子核的相互作用

当入射电子以近距离经过原子核时,由于受原子核的库仑电场作用,入射电子会被散射。这种散射过程可能出现如下两种情况。

1. 卢瑟福散射(弹性散射)

如果入射电子与原子核的相互作用遵守库仑定律,则电子在库仑电场作用下发生弹性散射结果,其能量并不改变,但其运动轨道将以一定的散射角偏离原来的入射方向,这种散射称为卢瑟福散射,相应被散射回表面而逸出的电子称为弹性散射电子。

由此可见,在电子显微分析术中,弹性散射电子是电子衍射及其成像的物理基础。

2. 非弹性散射

如果入射电子在核势场中受到制动而减速,则电子将发生非弹性散射,并连续损失其能量,这种能量损失除了以热的形式释放外,也可能以光量子(X 射线)的形式释放,由韧致辐射所产生的 X 射线曾被认为是一种无用的信息,它不能用来进行成分分析,反而成为特征谱的背底,降低了电子探针的探测极限。但近年的研究表明,连续谱的强度数据在分析颗粒样品和粗糙表面样品的绝对浓度时是十分有用的。

4.5.2　入射电子和核外电子的相互作用

原子中核外电子对入射电子的散射作用是属于一种非弹性散射过程,在该散射过程中,出现入射电子所损失的能量部分转变为热,部分使物质中原子发生电离或形成自由载流子附于半导体上的情况,并伴随着产生各种有用信息,如二次电子、俄歇电子、特征 X 射线、特征能量损失电子、阴极发光、电子感生电导等。下面将对这一物理过程进行系统的阐述。

1. 原子的电离

当入射电子与原子核外电子发生相互作用时,会使原子失掉电子而变成离子,这种现象称为电离,而这个脱离原子的电子称为二次电子。在扫描电镜中,二次电子是最重要的成像信息。

如果被电离出来的二次电子是来自原子中的价电子,则这种电离过程称为价电子激发,如果被电离出来的二次电子是来自原子中的内层电子,则这种电离过程称为芯电子激发。入射电子使固体中价电子激发到费米能级以上或游离时损失的能量较小(约几十电子伏),而使内层电子激发或游离时损失的能量相当大,一般至少要等于内层电子的结合能(即费密能和内层能级之差,约几百电子伏)。所以价电子的激发几率远大于内层电子的激发几率。电子显微镜中的二次电子绝大部分来自价电子激发,而特征 X 射线和俄歇电子则来自内层电子激发后的弛豫过程。

2. 芯电子激发伴生效应

因为芯电子激发的结果是使内电子壳层出现电子空位,使原子处于能量较高的激发状态。如果电子空位是在 K 层,则称为 K 激发态,在 L 层则称为 L 激发态,以此类推。处于激发态的原子是不稳定的,外层电子会立即填补内层电子空位而使其能量降低,这种过程称为电子的跃迁复位,同时放出能量。这种能量可能有几种释放形式:

(1) 产生特征 X 射线。在电子显微镜中,特征 X 射线信息主要用来进行成分分析。

(2) 产生俄歇电子。如果电子跃迁复位过程所放出的能量使原子中另一电子产生二次电离,使 L3 层的电子脱离原子而变成具有特征能量的二次电离电子,则这种具有特征能量的二次电离电子称为俄歇电子。因为俄歇电子的能量由 3 个电子壳层的电离能来确定,故习惯用 3 个电子层的符号来表征。例如用 K、L2、L3 表示,俄歇电子也是一种重要的成分分析信息。

综上所述,芯电子激发及其复位所释放出的能量,或者产生该元素的特征 X 射线,或者给出俄歇电子,这两个过程是互斥的。对于重元素的成分分析,宜采用特征 X 射线信息,反之,对于轻元素分析,宜采用俄歇电子信息。

(3)产生阴极发光。对于磷光体物质,当入射电子在其中产生电子—空穴对后,如果陷住在导带中的负载流子(电子)发生跳回基态的复合过程,则将以发射光的形式而释放出能量,其波长大约在可见光到红外范围之间,这种现象称为阴极发光。

对于不同种类的固体,引发阴极发光的物理过程是不同的。重要的是大多数阴极发光材料对杂质十分敏感,任何杂质原子分布的不均匀都可以造成阴极发光的强度差异,因此,应用阴极发光信息来检测杂质十分有效,它比 X 射线发射光谱的分析灵敏度高 3 个数量级。此外,利用阴极发光现象来鉴定物质相也十分有效。例如:渗入到钨中的氧化钍,可以观察到蓝色荧光,钢中夹杂物如 AlN 发蓝光、Al_2O_3 发红光、$MgO \cdot Al_2O_3$ 发绿光等。因此,很容易鉴定出物质相。

4.5.3 入射电子和晶格的相互作用

在物质晶格点阵中原子不是静止不动的,而是在节点平衡位置上做不断热振动,这种现象称为晶格振动。晶格各自的振动不是彼此独立的,每个原子的振动都要牵动周围的原子,使振动以弹性波的形式在晶体中传播。晶格振动的能量也是量子化的,它的能量量子称为声子,等于 hω(ω 是晶格振动的角频率),最大值约为 0.03eV,这个值很小,热运动很容易激发声子,在常温下固体声子很多。由于晶格振动的波长可以小于 1nm,因此,声子的动量可以相当大。

晶格对入射电子的散射作用也属于一种非弹性散射过程,被晶格散射后的电子也会损失部分能量,这部分能量被晶格吸收,结果导致原子在晶格中的振动频率增加,当晶格的振动回复到原来状态时,它将以声子发射的形式把这部分能量释放,这种现象称为声子激发(Phonon excitation)。由此可见,入射电子和晶格的作用可以看作是电子激发声子或吸收声子的碰撞过程,碰撞后入射电子的能量改变甚微(约 0.1ev),但动量改变可以相当大,即可以发生大角度散射。

如果入射电子经过多次声子散射后所损失的总能量约在 10～100eV 间,便返回试样表面逸出,则这种电子称为低损失电子(LLE),它是产生电子通道效应的主要衬度来源。

4.5.4　入射电子和晶体中电子云的相互作用

原子在金属晶体中的分布是长程有序的,因此,我们可以把金属晶体看作是一种等离子体,即一些正离子基本上是处于晶体点阵的固定位置,而价电子构成流动的电子云,漫散在整个晶体空间中,并且在晶体空间中正离子与电子的分布基本上能保持电荷中性。

当入射电子通过晶体空间时,在它的轨道周围的电中性会被破坏,使电子云受到排斥作用,而在垂直于入射电子的轨道方向做径向发散运动,其结果是在电子路径近旁形成正电区域,而在较远处形成负电区域。当这种径向扩散运动超过电中性要求的平衡位置时,则在入射电子的轨道周围变成正电性,又会使电子云受到吸引力向相反方向做径向向心运动。当超过其平衡位置后,又再度产生负电性,迫使入射电子周围的电子云再做集体振荡一次径向发散运动,如此往复不已,造成电子云的集体振荡现象,称为等离子激发(Plasmon excitation)。

入射电子导致晶体的等离子激发也会伴随着能量的损失(约几十电子伏特的数量级)。由于等离子振荡的能量也是量子化的,并有一定的特征能量值,因此,在等离子激发过程中,入射电子的能量损失具有一定的特征值,并随元素和成分的不同而异。

4.6　显微镜和衍射仪的结合——透射电子显微镜

简单来说,可以将透射电子显微镜看作一台光学显微镜和 X 射线衍射仪的组合,因为从其测量功能来看,主要完成的就是放大观察和晶体衍射的工作。当然,它又绝不是这两种仪器的简单组合。

　　首先,从放大功能来看,电子显微镜的分辨率极限远远高于光学显微镜。我们知道:人眼分辨细节的能力存在一个极限,这个极限就是图像上所能分辨出的两个细节之间的最小距离,被称作"分辨率"或"分辨本领"。这个距离越小,分辨能力就越高。在正常的照明情况下,人眼能够看清楚的最小细节大约是 0.1 mm。显微镜就是可以把更小的要观察的细节放大到 0.1毫米仪器,但这种放大能力并不是无止境的,而是遵循瑞利给出的分辨率定量表达式(4-1)在第二章光学显微镜的介绍中我们已经知道,入射光源的波长越小,分辨最小细节的极限即分辨率越高,由于可见光的最短波长限制,光学显微镜的分辨率极限在 200nm。

$$r \geqslant \frac{1.22\lambda}{2n \cdot \sin\theta} \qquad (4-1)$$

　　式(4-1)表明短波长照明可以提高分辨率。运动的电子具有很短的波长,它与其他运动的微观粒子皆遵循德布罗意公式,即波长为普朗克常数 h 与粒子动量之比:

$$\lambda = \frac{h}{mv} \qquad (4-2)$$

式中,h 是普朗克常数(6.626×10^{-34}焦·秒)m 是运动电子的质量;v 是电子的速度。电子的速度和电子所受到的加速电压有关。当电压小于 500 V 时,电子速度比光速小得多,式(4-2)中的 m 可用电子的静止质量 m_0 代替($m_0 = 9.109 \times 10^{-31}$kg),设电子的初速度为 0,加速电压为 U,那么加速每个电子所消耗的功(eV)就是电子获得的全部动能,即:

$$\frac{1}{2}m_0 v^2 = eU \qquad (4-3)$$

　　式(4-3)代入式(4-2),并将 m_0 和电子的电荷($e = 1.602 \times 10^{-19}$C)数值代入,可得到计算电子波长的简化公式:

$$\lambda = \frac{12.25}{\sqrt{U}} \qquad (4-4)$$

　　该式表明:电子束的波长随着加速电压的提高而减小。如果电子速度很高,上式需要进行修正。表 4-1 列出电压与电子波长的一般关系。

表 4-1　电压与电子波长关系

加速电压/kV	20	30	50	100	200	500	1000
电子波长/10^{-3}nm	8.59	6.98	5.36	3.70	2.51	1.42	0.687

4.6.1　汇聚电子

玻璃可以汇聚可见光,电子又是如何汇聚的呢? 这一功能是通过电子在电场和磁场中的运动完成的。在两块平行极板上加电压,极板间形成电场,等位面平行于极板。电子从阴极出发时,初速度为0,受电场作用而向阳极做匀加速直线运动;电子运动到电场中某一位置时。此动能是受电场作用所得到的,因此这时电子动能等于该位置时电场的势能;电子在电场中的运动到任意点时,电子的速度和该点电位有关(参见式 4-3)。

当到达阳极时,电子在电场中获得最大速度,还受到电场垂直于等位面的作用而做匀加速运动。合成后为抛物线运动。即电子经过电场时电子发生偏转(折射)。这与光经过界面的情形相似。

如能将不同等位面做成"透镜",电子经过时就可发生折射,折射方向与电位高低变化有关。当电子由高电位区向低电位区运动时,电子方向远离等位面的法向而减速;当电子从低电位区向高电位区运动时,其方向就靠近等位面法向而加速。电子经过磁场时,情形类似。

4.6.2　静电透镜和磁透镜

人们把用静电场做成的透镜称为"静电透镜",把用非均匀轴对称磁场做成的透镜称为"短磁透镜"。

电子经过金属板圆孔时,经过一个等位面从低电位到高电位,运动方向靠近轴线(近法线折射),此后不断折射,又从高电位到低电位,总的效果是靠近轴线。当许多电子平行射入时,最后就会聚到轴上的一点,该点称为焦点。这和凸透镜的聚焦很类似。如果把电子透镜看成是一个薄镜,则从中心面到焦点的距离即为焦距。焦距的大小由电场强度所决定,即由电位差决定。场强大,会聚力强,焦距小。因此,静电透镜示意焦点改变膜片的电位差即可改变焦距,而光学透镜的焦距则由凸镜曲率半径所决定。

电子可经过三孔静电"透镜"而会聚,因此具有成像的功能,物体一点所发射的所有电子通过透镜会聚成一点，成为像点。各个物点和各个像点离轴的距离成一定的比例，称为放大倍数 A。放大倍数的倒数等于物距倒数与象距倒数之比。

电子在磁场中运动时会受到洛伦兹力。图 4-7 中，短磁透镜磁场与电子经过磁场的会聚方向始终垂直于 v 和 H 所成的平面。运动的电子动能不变，却不断改变着方向。电子以速度 v 平行于"透镜"对称轴进入磁场，在磁场下产生 3 个运动分量，总的结果是电子以螺旋方式不断地靠近轴而向前运动。当其离开磁场范围时，电子而做直线运动进而与轴相交。该交点 B 为短磁透镜的焦点。因此，有对称轴的磁场对运动的电子有会聚作用，可以成像，这与几何光学中的情况类似。

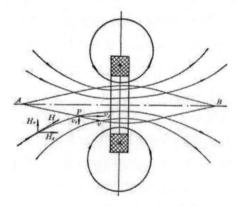

图 4-7   短磁透镜(无铁壳)的聚焦作用

磁透镜的焦距由磁场强度决定。当磁场强度增大时，焦距减小。当"透镜"结构一定时，改变线圈电流，就可改变磁场强度，以调节焦距。

短磁透镜和静电透镜相比具有以下优点：① 改变线圈中的电流强度，就能很方便地控制透镜焦距和放大倍数，而在静电透镜里，必须很费力地提高加速电压，才能达到此目的；② 用来供给短磁透镜线圈电流的电源电压通常为 $60\sim100\mathrm{V}$，不用担心击穿，而在静电透镜的电极上，得加上数万伏的电压，容易造成击穿；③ 短磁透镜的像差较小，故目前在电子显微镜里主要是用短磁透镜使电子成像，只在电子枪和有关分光镜中才使用静电透镜。

4.6.3   电子散射与成像

当一束电子射入很薄的物质时，由于物质由原子组成，在电子透过的过程中,原子中电子和核形成电场,使入射电子发生偏转,形成散射。散射的程度以最大散射方向的夹角(即散射角)衡量,且其与物质厚度和密度有关,随该物质中元素的原子序数 Z 的增加而增加。

如果样品上有物质厚度、密度、原子序数不同的两个点 A、B,则它们对电子散射的程度不同。当电子穿过样品、离开下表面时,设 A 点比 B 点散射角大,则在荧光屏上 A 点散射的电子的数目就比 B 点的少,看见 A 点比 B 点暗。如在样品上许许多多的点,各处都不同,因而使得透射电子束强度发生了"明、暗"的变化。透射的强度是不均匀的,这种强度不均匀的电子图像称为衬度像。

衬度像有振幅衬度和相位衬度之分,前者有质量-厚度衬度(简称质厚衬度)和衍射衬度两种(见图 4-8)。质厚衬度来源于入射电子与试样物质发生相互作用而引起的吸收与散射,由于试样的质量和厚度不同,各部分对入射电子发生相互作用,产生的吸收与散射程度不同,而使得透射电子束的强度分布不同,形成反差,称为质厚衬度。它主要取决于样品对散射电子的吸收(即样品的厚度)和散射(当散射角大于物镜的孔径角 α 时,它不能参与成像而相应地变暗),这种电子越多,其成像越暗。反之,样品对电子散射程度小、透射电子多的部分所形成的像要亮些。

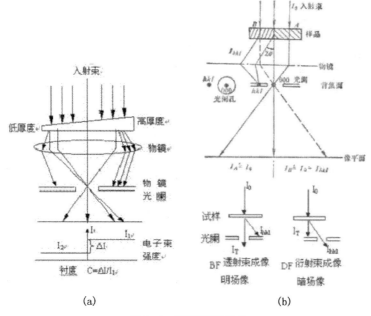

图 4-8 振幅衬度的形成

(a) 质厚衬度;(b) 衍射衬度

衍射衬度(又称衍衬)主要是由于晶体试样满足布拉格反射条件程度差异以及结构振幅不同而形成的电子图像反差。它仅出现在晶体结构物质的透射电子图像中,对于非晶体试样是不存在的。质厚衬度和衍射衬度都是由于样品不同区域散射能力有差异而形成的透射电子像上振幅和强度的变化,都属于振幅衬度。

当电子束通过试样时,电子与物质相互作用既可能产生散射也可能被吸收。而透射电子显微镜试样通常很薄,吸收现象可忽略。由于质量厚度衬度是根据材料不同区域的厚度或平均原子序数的不同而形成的衬度,因此当薄晶体样品的厚度大致均匀(除了样品穿孔处的边缘部分),且平均原子序数也没有太大差别时,薄晶体的不同部位对电子的散射或吸收将大致相同。故这类样品不能利用质厚衬度来得到满意的图像反差,必须用衍射衬度来得到图像。

衍射衬度可以有明场像和暗场像两种工作模式。用物镜光阑挡住衍射束,只让透射束通过而得到图像衬度的方法称为明场成像,所得的图像称为明场像。用物镜光阑挡住透射束及其余衍射束,而只让一束强衍射束通过光阑参与成像的方法,称为暗场成像,所得图像为暗场像。图 4-9 用 $20\mu m$ 的光阑只让透射束通过形成明场像,又用 5 微米光阑选一束强衍射斑得到暗场像,原来明场像中的某些暗像在暗场像中转变成明亮像。

图 4-9 透射电镜明、暗场像的对比

另一类衬度是相位衬度,当试样很薄(一般在 10 纳米以下)时,试样相邻晶粒出射的透射振幅的差异不足以区分相邻的两个像点的程度,这时得不到 振幅衬度。但我们可以利用电子束在试样出口表面上相位的不一致,使相位差转换成强度差而形成的衬度,这种衬度称为相位衬度。如果我们让多束相干的电子束干涉成像,可以得到能反映物体真实结构的相位衬度像—高分辨像(见图 4-10(a)),高分辨像是一种相干的相位衬度像。另一种相位衬度像是原子序数衬度像,其衬度正比于原子序数 Z 的平方(图 4-10(b)),原子序数衬度像是非相干的相位衬度像。相位衬度和振幅衬度可以同时存在。当试样厚度大于 10nm 时,以振幅衬度为主;试样厚度小于 10nm 时,以相位衬度为主。

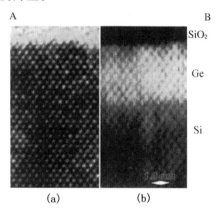

图 4-10　相位衬度图像

(a) 高分辨像;(b) 原子序数衬度

4.6.4　电子衍射原理

电子衍射拥有一个庞大的理论体系,但其基本衍射原理依然遵循布拉格方程。同 X 射线衍射相似,晶体内部阵点排列的周期性使电子的弹性散射发生相干加强或减弱,因而产生电子衍射花样。

通过研究衍射花样与晶体几何关系,进而由衍射花样推知晶体的结构,或由衍射花样确定已知晶体的位向。

在透射电镜中(见图 4-11),我们在离试样 L 处的荧光屏上记录相应的衍射斑点 G'',O'' 是荧光屏上的透射斑点,照相底片上中心斑点到某衍射斑(如 G'')的距离 r 为:

$$r = L \tan 2\theta$$

考虑到能满足布拉格定律的角度 θ 很小，故有近似 $\tan 2\theta \approx 2\theta \approx 2\sin\theta$，再由布拉格定律 $2d\sin\theta = \lambda$，可得 $2\sin\theta = \lambda/d = 2\theta$，代入上式有：

$$rd = L\lambda \qquad\qquad (4-5)$$

式中，d 是满足布拉格定律的晶面间距。入射电子束的波长 λ 和样品到照相底片的距离 L 是由衍射实验条件确定的（包括实验的仪器及所有常数）。在恒定的实验条件下，$L\lambda$ 是一个常数，称为衍射常数（或仪器常数）。L 称为相机常数或相机长度。

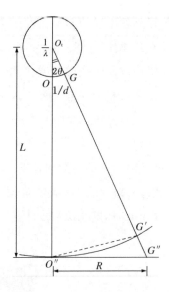

图 4-11　电子衍射的几何关系图

　　式(4-5)就是电子衍射几何分析的基本关系式。虽然是一个近似公式，但用于电子衍射谱的分析已足够准确。在实际工作中，一般 $L\lambda$ 是已知的，从衍射谱上可量出 r 值，然后利用式(4-5)算出晶面间距 d。还可用式(4-5)先求出晶面间距，然后算出某些晶面的夹角，因此式(4-5)是利用电子衍射谱进行结构分析的基本依据。

4.7　透射电显微镜构造原理

　　电子显微镜技术是材料形貌学研究的主要手段。因为电子束的波长很短，因此它有比光学显微镜高得多的分辨率。20 世纪 30 年代，科学家利用电子的特性发明了电子显微镜，为物质微观结构的研究创造了更优越、便利的条件。对有些特定物质，甚至可看见其原子结构。为了更好地理解电子显微镜的工作原理，下面介绍电子显微镜的构造和特点。

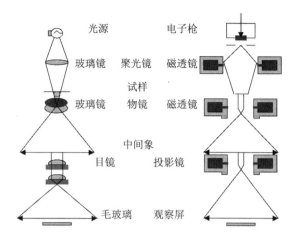

图 4-12　光学显微镜与透射电子显微镜的结构比较

比较透射电子显微镜与光学显微镜的结构(见图 4-12)可以看出:两者的结构布局非常接近,几何光路都是按照光源、聚光镜、试样、物镜、观察屏这样一个大致次序布置的。最大的不同在于光源,光学显微镜使用可见光,而电子显微镜使用的是电子枪。这样,电子显微镜就不能像可见光一样用光学透镜会聚成像,但电子可以凭借轴对称的非均匀电场、磁场的力使其会聚,从而达到成像的目的。因此,在所有布置玻璃透镜的地方,电镜都更换成了磁透镜。

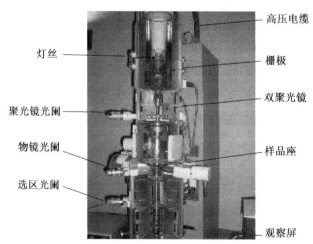

图 4-13　透射电镜主体部分的内部布置图

电子显微镜包括两大部分:主体部分为照明系统、成像系统和观察照相室(见图 4 - 13);辅助部分为真空系统和电气系统。

1. 照明系统

电子枪由灯丝(阴极)、栅级(控制极)和阳极组成(见图 4 - 14)。加热灯丝发射电子。在阳极加电压,电子加速。阳极与阴极间的电位差为总的加速电压。经加速而具有能量的电子从阳极板的孔中射出。射出的电子束能量与加速电压有关,栅极起控制电子束形状的作用。电子束有一定的发散角,经会聚镜调节后,可望得到发散角很小甚至为平行的电子束。电子束的电流密度(束流)可通过调节会聚镜的电流来调节。

2. 成像系统

该系统包括样品室、物镜、中间镜、物镜(反差)光栏、选区(衍射)光栏、投射镜以及其他电子光学部件。样品室有一套机构(图 4 - 15(b)),保证样品经常更换时不破坏主体的真空。样品可在 X、Y 二方向移动,以便找到所要观察的位置。经过会聚镜得到的平行电子束照射到样品上,穿过样品后就带有反映样品特征的信息,经物镜和反差光栏作用形成一次电子图像,再经中间镜和投射镜放大一次后,在荧光屏上得到最后的电子图像。改变其中一个透镜的放大倍数都可改变总的放大倍数。

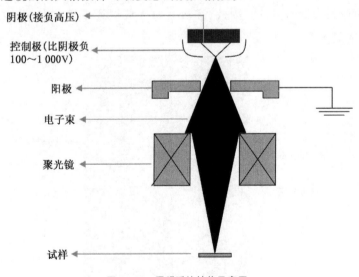

阴极(接负高压)

控制极(比阴极负 100~1 000V)

阳极

电子束

聚光镜

试样

图 4 - 14　照明系统结构示意图

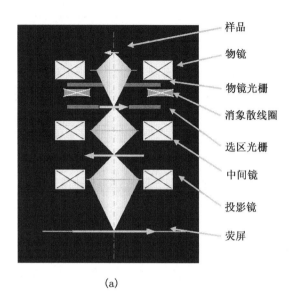

样品

物镜

物镜光栅

消象散线圈

选区光栅

中间镜

投影镜

荧屏

(a)

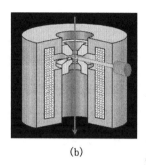

(b)

图 4 - 15　成像系统

(a) 磁透镜系统；(b) 样品室

3. 观察照相室

电子图像反映在荧光屏上,荧光屏下面是照相室(见图 4 - 16)。荧光发光和电子束流成正比。把荧光屏换成 CCD,即可电子照相。

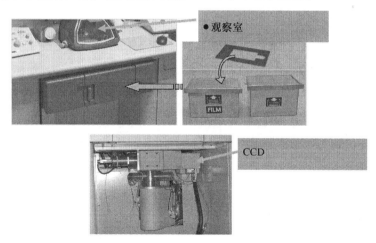

●观察室

FILM

CCD

图 4 - 16　观察荧光屏和 CCD 电子照相系统

4. 真空系统

真空系统由机械泵、油扩散泵、换向阀门、真空测量仪表及真空管道组成。它的作用是排除镜筒内气体,使镜筒真空度至少要在 10^{-4} pa 以上。如果真空度低的话,电子与气体分子之间的碰撞引起散射而影响衬度,还会使电子栅极与阳极间高压电离导致极间放电,残余的气体还会腐蚀灯丝,污染样品。

4.8　透射电子显微镜的主要性能指标

1. 分辨率

分辨率是反映电子显微镜水平的首要性能指标,标志其分辨细节的能力。电子显微镜的分辨率指示的是在电子图像上能分辨开的相邻两点在试样上的距离,或称点分辨率。一般用重金属蒸发粒子的方法测定电子显微镜点放大率。在重金属蒸发粒子图像上量出两个粒子间中心距离,除以该图像放大倍数后即得点分辨率数直。若电子显微镜能拍摄出晶格最小晶面距的图像,称为晶格分辨率或线分辨率。式(4-6)是分辨率的计算公式,C_s 是球差系数。目前大多数透射电镜的点分辨率可以达到 0.1～0.2nm,晶格分辨率已经达到 0.1nm 以下。

$$\delta = 0.65C_s^{\frac{1}{4}}\lambda^{\frac{3}{4}} \tag{4-6}$$

2. 放大倍数

电子图像上的尺寸和被观察试样上的实际尺寸比值为电子显微镜的线放大倍数,即像长/物长,可在几十倍到 200 万倍的内范围调节,可以用仪器常数 $L\lambda$ 近似当作放大倍数。但最有意义的是有效放大率,即将图像上可分辨的最小距离放大到肉眼可分辨时的放大率。例如人眼的分辨率是0.1mm,如果电子显微镜的分辨率为 1 nm,则有效放大率为 10 万倍;如果放大 100 万倍,则像就不会清楚,也就是说分辨率为 1 nm 的电子显微镜不可能辨认小于 1 nm 的细节,放大倍数再高也无意义。所以放大倍数要和仪器分辨率相匹配,即有效放大率。仪器的最大放大率必须高于有效放大率。最低放大率可有 50～100 倍。以便选择视场。用多大的倍数选择视场,要根据观察试样中颗粒的最小尺寸而定。

3. 加速电压

加速电压为电子枪中阳极和灯丝间的电位差,表示电子束的能量(以电子伏特 eV 为单位量度)。如仪器加速电压为 10kV,代表电子束能量为 10keV。加速电压的大小决定电子对试样的穿透能力。透射式电子显微镜按加速电压大小,可分为 3 类:低压电镜的加速电压为 25～100kV,主要适合于观察密度和原子序数小的生物和有机物。100kV 左右常用于观察复型试样和悬浮法制备的颗粒试样。中压电镜的加速电压为 100～500kV,其中加速电压为 100～200 kV 是常规的 TEM,分辨率可达 1.9Å,代表性产品有日本电子的 JEM-2010,日立的 H-8 000,菲利浦的 CM200,FEI 的 TECNAI20;加速电压为 300～500 kV 属于中高压,分辨率可达 1.63～ 1.7Å,可观察几百 nm 厚度的金属试样,代表性产品有日本电子的 JEM-3010、JEM-4000,日立的 H-9 000、H-9500,FEI 的 TECNAI F30。高压电镜的加速电压为 1000kV,最高分辨率可达 1Å,可用以观察几个 nm 厚度的试样,代表性产品有 JEM-1000。日立还制造了 3 000 kV 的超高压透射电镜。加速电压高有利于提高分辨率,减小对试样造成的电子辐射损伤。仪器加速电压指仪器所能达到的最高加速电压,在此范围内可调。目前用得最多的透射电镜是 200kV 和 300kV 的电镜,高压电镜由于价格昂贵,体积庞大,用的很少。

4.9 透射电子显微镜的应用

材料微观形貌学是材料微结构研究的一部分,是在单个粒子尺度上研究组成材料的各单个粒子大小、形状、组分,以及在微组构尺度上研究组成材料各单个粒子聚集成物质的方式,如各粒子的分布、位置、取向及其相互的关系,杂质、孔、缝的存在形式、形状、大小、数量及其在空间的分布等等。单个粒子尺度大致属于微米的大小,微组构尺度为从几微米到几百微米的范围。

通过材料微观形貌学,研究材料的组成如何由于制取工艺和条件的不同而通过新型的结构对材料的行为起作用,从而控制工艺和条件,以控制材料的性质。

　　材料的行为是由材料的成分以及各尺度上的结构综合造成的,微观形貌学只研究亚微观尺度—单个粒子和微组构,尤其是受到目前测试手段的限制,使得研究结果和真实情况有一定的差距。随着现代科学技术的发展,测试及研究方法的不断改善,微观形貌学的研究也会不断得到丰富、发展和修正。只有完全了解材料的结构,才能掌握材料的设计。所以微观形貌学要同从原子尺度上对材料微结构的研究结合起来。

　　微观形貌学研究的方法主要是借助于显微镜。显微镜最主要的性能指标是分辨率。分辨率指的是能分辨物体上二点间最小距离的能力。例如,人眼在明视距离可分辨 0.1mm,,透射式电子显激镜的分辨率目前可达0.2nm,二次电子象分辨率可达 3~10nm。光学显微镜主要用于分析金属、陶瓷、生物细胞、细菌等,透射电子显微镜由于分辨率高,是生物医学常用的工具,而在有机、金属和非金属材料,包括建筑材料的领域都有广泛的应用。配合形貌的观察,还可以用电子显微镜附带的电子探针(X 射线微区分析)研究材料的相组成。

4.10　透射电子显微镜样品制备技术

　　透射电镜的制样技术对于获得良好的观察结果至关重要。一般分为金属样品、无机粉粒样品和有机生物样品等。

　　在 1949 年以前,由于很难制备出能让电子束穿过的薄膜试样,那时做透射电镜观察,只能采用复型方法,是一种间接和半间接(萃取)的观察方法。原始试样是金相样品或断口样品,将其表面形貌复制在有机物质或碳膜上即可。透射电镜观察是在复型试样上进行的。这是一种间接的观察方法,不能直接观察试样内部的组织与成分,只能观察被复型试样复制下来的试样的表面形貌。

　　1949 年,海登里希第一个做出了能让电子束穿过的薄金属样品,开始使用透射电镜直接观察试样。随后,荷兰的博尔南(Bollnan)和英国剑桥大学的赫什研究组进一步发展了这一技术。特别是赫什研究组发展了电子衍衬理论,可以解释电子束穿过试样形成的电子衍衬像,开创了用透射电镜直接观察试样的时代,为电子显微镜在材料学的应用打下了基础。

1. 金属样品的制备

目前制备金属薄膜样品应用最广泛的技术是双喷电解抛光技术和离子减薄技术。

1) 预减薄。无论是采用双喷电解抛光技术还是离子减薄技术,事先都要针对所要研究的大块材料进行预减薄,然后再进行电解抛光或离子减薄。在减薄样品之前,首先要认识试样制备技术本身对在显微镜下观察到的显微结构细节可能产生的影响。所以,知道电火花切割或研磨等不同加工方法对不同材料的样品造成近表面损伤层的厚度是十分重要的。

样品必须做得稍微比两倍的损伤穿透深度厚些,以确保最后所获得的样品不受变形影响。这对于观察一些形变引起的微观结构变化的样品更为重要。确定损伤穿透深度的最好方法是使用一些具有低缺陷密度的充分退火材料,根据位错组态和密度的变化来确定样品被损伤穿透的深度。

预减薄一般分为两个步骤:

(1) 从大块材料上用机械加工方法制备大约 10mm×10mm×0.5mm 厚的薄片(具体厚度应根据不同的材料、不同加工方法所造成的损伤深度而定)。

(2) 所获薄片用四氯化碳脱脂后,再用 502 胶将其粘到一金属块的水平面上,分别在不同号砂纸上研磨(砂纸的选择应根据其对样品的损伤程度而定)。对薄片的两面要磨掉约相等的厚度,当薄片磨到一定厚度时(根据所用砂纸对样品损伤深度而定),再用化学抛光液减薄。从金属块上取下的样品通常需用丙酮浸泡若干小时,直到样品自动脱落,勿用刀片切,以免样品变形。一般认为,预减薄所得样品越薄、越干净、越无变形,则越好。如果要观察的样品允许变形或热处理,可以利用金属良好的延展性,在特制轧机上将金属轧成几个或几十个微米厚的薄片,直接达到预减薄的目的。

2) 双喷电解抛光技术。双喷电解抛光法是目前制备金属薄膜最广泛应用的方法。双喷电解抛光法所用设备多为全自动双喷电解穿孔机,它具有操作简便、试样质量好的特点。

在正确抛光条件下制备的薄膜样品应该是光亮清洁的,在中心穿孔,减薄面积应绕孔周围,沿孔边缘向外扩展至少 10 μm。在电镜下,整个视场应有较大的透明区。影响双喷电解抛光质量的因素主要有:试样材料本身的物理性质及状态、电解液组分、温度,以及电压、电流值。抛光样品穿孔后应立即取出样品夹,投入装有无水乙醇的烧杯中仔细地清洗,清洗干净的样品应立即用滤纸吸干,整个过程要认真仔细并注意清洁卫生。若长时间存放样品,应置入真空干燥器中。不易存储的试样必须在制备后立即观察。

3) 离子减薄技术。离子减薄技术通常应用于脆性和非导电性材料。用一个 4～8kV 的离子束射在样品上,在离子撞击点上,原子或分子从试样上被抛射出来,减薄速率决定于离子和试样原子的质量、离子能量、试样的晶体结构和离子束相对于试样的入射角。氩是最常用的轰击物质,因为它是价格便宜的惰性气体中最重的。离子束穿透深度和减薄速率随入射角的变化规律的:入射角越大,对样品穿透能力越强;减薄速率在 30° 时最大。因此要用两个离子束轰击样品相反的两个面。开始减薄时,应选择使样品减薄速率较大的离子束入射角;随着样品逐渐减薄,特别是接近穿孔或已穿孔时,离子束入射角要变小,以减少试样的表面损伤。

离子减薄机的效率很低,每小时仅 2～3μm 特别是对脆性材料减薄时,花费的时间更长。若配上挖坑机(Dimple)则会使离子减薄机的效率提高,这不仅能节省时间,而且减薄效果也好。

2. 纳米粉末透射电镜样品的制备

1) 碳膜与微栅的制备。制备碳膜与微栅是最基本和重要的技术。制备碳膜的方法很多,其结构和性能因其制备的方法而异。用作支撑物的碳膜一般用热蒸发法制备。制备时,用两根碳棒作为正负极直接接触,在强电流加热下蒸发,积淀到下方刚解理的云母片上。碳膜的厚度应视具体情况而定,大约在 5～30 μm 之间。刚制备的碳膜,在表面上会有许多碳原子未饱和悬挂键,因此其化学性质活泼,有很强的亲水性。经过一段时间后,碳膜表面吸附了空气中的其他分子,逐渐变得疏水。不同的样品对碳膜表面的化学性质有不同的要求。火花放电或者紫外光能使老化疏水的表面变得亲水。但是过度老化的碳膜,因水分子等能通过渗透到达膜的内部而改变其导电性能,因而不宜再使用。热蒸发制备的碳膜,大约 85% 的内部碳原子具有石墨结构,少于 15% 的原子呈金刚石结构。其导电性一般是 0.1～1.0 Q·cm,比石墨要低几个量级,但这已是众多种类的碳膜中导电性能最好的了。真空很重要,同样地,碳棒的纯度也是越高越好。有人在研究激光复合体结构时首先发现,在制备碳膜过程中,一定要避免碳棒上冒火花,以确保膜的颗粒度能够很小。样品应放在碳膜靠石英边的平整的那一面。

经常使用的关于微栅制备的方法是一种复型法。具体的做法是:先将过滤孔径为 $1\sim2\mu m$ 的滤膜,用双面胶粘在载玻片上,再在滤膜上制碳膜,就像在云母片上一样。唯一的区别是,在蒸碳前,先在滤膜上蒸一层溶水性极好的磷酸盐,以防止碳膜粘在滤膜上,这样碳膜能容易地漂浮到水面上。用这种方法做成的微栅,在碳膜上所有的孔洞的大小都是一致的,而且都是标准的圆形。当把它覆盖在铜网上后,每个窗口内都有 10 个左右的孔洞,数目正好适合照相的需要。由于没有多余的孔洞,因而碳膜所占的面积就很大,一来便于聚焦,二来有助于支持膜的导电性和稳定性。

2) 分散粉末法。用分散粉末法制备纳米粉末透射电镜样品有以下步骤:(1) 用一个直径 10cm 以上的玻璃培养皿,内装蒸馏水,将配制好的2.5%火棉胶醋酸异戊酯溶液滴一滴到蒸馏水面上,由于表面张力的作用而使其扩展成极薄的膜,静止片刻后让溶剂挥发。由于水面上可能漂浮一些污物,所以第一张膜捞出不用。按以上方法在水面上第二次制膜,以便得到清洁的支持膜。

(2) 把 5~10 个铜网摆放在支持膜上,铜网之间保持适当距离。再把滤纸放到铜网上面,滤纸浸湿后,将滤纸连同铜网和支持膜一起拉出水面,此时铜网被包在支持膜与滤纸之间。静止晾干或低温烘干后,用镊子尖把铜网周围的支持膜划开。

(3) 取少许纳米粉末样品用蒸馏水稀释,放在超声波振荡器中振荡 10~20min,制成高度分散均匀的悬浮液,并用滴管将悬浮液滴一滴到附有支持膜的铜网上。静止晾干或烘干后,即可将铜网从滤纸上取下,然后进行观察。

3) 胶粉混合法。在干净的玻璃片上滴一滴火棉胶溶液,放少量纳米粉末样品在胶液上,并搅拌均匀;然后用另一块干净玻璃片覆盖其上,两片相对研拉,再突然抽开。待玻璃片上的膜干燥后,用刀将其划成小方格;把膜放入盛有蒸馏水的培养皿中,用铜网将膜捞出,用滤纸吸去水分,静止晾干或烘干后即可观察。

3. 生物样品的制备

由于生物样品的像衬度低,制备时通常在制成超薄切片后还需要进行染色,有时还要一些特殊的制样技术才行,程序相对复杂。超薄切片是指将样品切成厚度小于 100 nm 的薄片,技术要求高,操作较复杂、精细。

一般生物样品制备经历这样几个步骤:取样、固定、脱水、浸透及包埋、切片、染色。前面几步都是为切片做准备,切片通常会采用超薄冷冻切片机,首先将包埋样块固定在切片机支架上,装好切刀,先对样块进行修整,修块结束后将水槽在切片机上安装好,水槽盛有一定量的水用以收集刚切下的样品。最后,将切下的薄片从水中捞到透射电镜的铜网支架上。

有些衬度低的样品还需要进行染色。染色就是利用重金属盐选择性地与生物样品中不同结构成分相结合,提高结构对电子的散射能力从而获得良好的像衬度。

4.11　发展中的透射电镜

20 世纪 50 年代中期,电子衍衬理论快速发展,并得到迅速的推广应用。以剑桥大学卡文迪许实验室的赫什、豪伊为代表,研发出直接观察晶体缺陷的结构的实验技术,完善了电子衍衬理论并出版了《薄晶体电子显微学》一书。20 世纪 70 年代初期,实验高分辨电子显微术出现。美国亚利桑那州立大学的考利(J. M. Cowley)和澳大利亚墨尔本大学的穆迪(A. Moodie)建立了高分辨电子显微像的理论与技术,饭岛于 1971 年,相继拍摄出高分辨结构像,证实考利早年提出的相位衬度多层法模型。20 世纪 70 年代末期到 80年代初期,人们发展了高空间分辨分析电子显微学,可采用高分辨技术、微衍射、电子能量损失谱、电子能谱仪等对很小范围内的(~1nm)的区域进行电子像、晶体结构、电子结构、化学成分的研究,将电子显微分析技术在材料学中的研究大大地拓展了。20 世纪 80 年代末期到 21 世纪初期,场发射电镜时代开始。分辨率不断提高,电镜自动控制系统改进,像记录系统革命,导致三维物质波重构;STEM、EELS、全息术等技术得到快速发展,并广泛应用于电子结构、能带结构分析。

20 世纪 90 年代以来,由于纳米科技的飞速发展,对电子显微分析技术的要求越来越高,进一步推动了电子显微学的发展。其中最重要的发展是新型球差校正电镜的问世。1997 年海德开发出第一个用于透射电镜的球差校正器,Cs 为 2～0.05nm,点分辨率由原来的 0.24nm 提高到 0.13nm;2003 年海德与 LEO 公司合作开发 Ω 型单色器和球差校正器,目标是将 200kV 下的分辨率提高至 0.09nm 以上;2006 年科尔克兰德(Kirkland)设计的 π/4 相衬校正电镜使 200kV 分辨率提高到 0.08nm。这种最新技术开拓了直接观察原子结构的新途径,大大加快了对微观物质世界探索的步伐。

4.12　因电子扫描术启发而出现的显微镜

扫描电子显微镜(Scanning Electron Microscope,简称扫描电镜或/SEM)是继透射电镜之后,人类利用电子的又一项伟大技术成果。当时也许受到刚发明不久的电视机工作原理的启发,人们想到控制电子束逐行扫描,用这样的电子枪做光源,照明样品表面并逐级放大成像。今天,扫描电子显微镜已发展成为一种多功能的表面分析显微镜,特别适宜于研究材料的一些表面现象。由于制样方便,"景深较大",扫描电镜近年来在物质微观结构观察中应用得很普遍,如分析零件摩擦磨损和腐蚀的失效机理等。

在近代的显微镜中,常用的照明源(或激发源)有光束(包括可见光、激光、和 X 光等)、电子束、离子束、声束和电场等五种,相应的显微镜称为:光学显微镜、电子显微镜、离子显微镜、声子显微镜和场致发射显微镜等五大类。

在显微镜的发展史上,先有普通型显微镜,后有扫描型显微镜。它们的区别主要是在照明方式上,前者采用一般照明方法,后者采用扫描方式照明。两者的成像各有特点。普通型显微镜的成像特点是:在一幅图像中的各个像点是同时记录的。扫描型显微镜是把一幅图像分解为近百万个像点,按一定时序记录构成的。

最早作为商品生产的扫描型显微镜的设计原理是:采用聚焦得非常细的电子束作为照明源(激发源),以光栅状扫描方式照射到被观察的试样上,通过入射电子与物质相互作用产生各种信号。

现在公认的扫描电镜的概念最早是由德国的克诺尔在 1935 年提出来的。1938 年冯·亚敦(Von Ardenne)在透射电镜上加了个扫描线圈做出了扫描透射显微镜（STEM）。第一台能观察厚样品的扫描电镜是 1942 年茨沃雷金(Zworykin)制作的,它的分辨率为 50nm 左右。英国剑桥大学的奥特雷(Oatley)和他的学生麦柯米兰(McMullan)也制作了他们的第一台扫描电镜,到 1952 年他们的扫描电镜的分辨率达到了 50 nm,到 1955 年扫描电镜的研究才取得了较显著的突破,成像质量有明显提高,并在 1959 年制成了第一台分辨率为 10 nm 的扫描电镜。第一台商业制造的扫描电镜是剑桥科仪(Cambridge Scientific Instruments)公司在 1965 年制造的 Mark I "Steroscan"。克鲁伊(Crewe)将场发射电子枪用于扫描电镜,使得分辨率大大提高。1969 年,由于在扫描电镜上成功地观察到电子通道效应,并成功地结合电子探针微区成分分析技术,使得扫描电镜在观察表面形貌的同时,还能进行晶体学分析和成分分析,即兼备有一般透射电镜、电子探针和衍射仪的长处。1986 年,扫描电镜的分辨率已突破 0.8nm(即 8 Å),并实现了电子计算机的全面控制和数字图像记录。1978 年第一台具有可变压强的商业扫描电镜诞生了,到 1987 年样品腔的压强已可达到 2 700Pa(20torr)。扫描电镜的发展方向是采用场发射枪的高分辨扫描电镜和可变压强的环境扫描电镜(也称可变压扫描电镜)。目前高分辨扫描电镜已具有 0.4 nm 的分辨率,还可以在扫描电镜里做 STEM。现代的环境扫描电镜可在气压为 4 000Pa(30torr)时仍保持 2 nm 的分辨率。

从扫描电镜的设计目标来看,一是向通用型发展,即从仪器本身的设计和构造上充分考虑了未来发展的需要,以便将来扩充它的功能时不必改变其主体。其二,是向更高分辨率发展,这一方面是采取数字图像处理技术,扩展像元的数目和提高成像信息的信噪比,弱信息和晶体结构信息通过数学方法进行处理,利用计算机的强大计算功能,得到被研究物质更精细的空间结构;另一方面,球差校正系数透镜的出现也进一步提高分辨极限。总之,了解扫描电镜及其分析技术的现状,不仅可以帮助我们去选择最先进的型号,而且可以帮助我们了解扫描电镜在各个学科领域的前沿状态。预计在今后的几年内,扫描电镜作为研究表面微观世界的全能仪器,将会发生变革性的重大进展。

4.13　扫描电镜的基本结构与原理

　　扫描电镜是一种观察表面微观世界的全能分析显微镜,它的基本组成是透镜系统、电子枪系统,电子收集系统和观察记录系统,以及相关的电子系统。扫描显微镜是用聚焦得非常细的电子束作为照明源,以光栅状扫描方式照射到试样表面上,并以入射电子与物质相互作用所产生的信息来成像,从而获得几倍到几十万倍放大像的一种大型电子光学仪器。

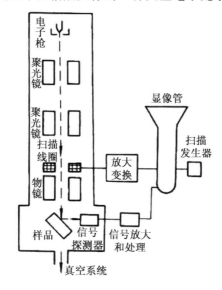

图 4 - 17　扫描电镜的工作原理示意图

4.13.1　工作原理

　　图 4 - 17 是扫描电镜的工作原理示意图。由电子枪所发射出的电子束,在加速电压(1~50kV 间)的作用下,经过 3 个电磁透镜会聚成一个细到 1~5nm 的电子探针聚焦到样品表面,在末级透镜上部扫描线圈的作用下,使电子探针在试样表面作光栅状扫描。由于入射电子与物质相互作用,结果在试样表面上产生各种信息(二次电子、背散射电子、吸收电子、X 射线、俄歇

电子、阴极发光等)。因为所获得各种信息的二维强度分布是同试样的表面形貌、成分、晶体取向以及表面状态的一些性质(如电和磁)等因素有关,因此,通过接收和处理这些信息,就可以获得表征试样微观形貌的扫描电子像,或进行晶体学分析和成分分析。

为了获得扫描电子像,通常采用检测器接收试样表面的信息,再经过放大系统和信号处理系统变成信号电压,最后输送到显像管的栅极,用来调制显像管的亮度。因为在显像管中电子束和镜筒中电子束是同步扫描的,其亮度由试样所发回信息的强度来调制,因而可以得到一个反映试样表面状况的扫描电子像,其放大倍数定义为显像管中电子束在荧光屏上扫描振幅(它是具有固定值)和镜筒中电子束在试样上扫描振幅(它是连续可变的)的比值。

4.13.2 扫描电镜的工作方式

在扫描电镜中,用来成像的信号主要是二次电子(SE),其次是背散射电子(BSE)和吸收电子,其中二次电子像的分辨率最高(可达 0.4nm),故扫描电镜的分辨率习惯用二次电子像的分辨率来表示。用于元素分析的信号主要是 X 射线和背散射电子(主要是来自声子散射和弹性散射这两部分的背反射电子),阴极发光和俄歇电子也有一定的应用。

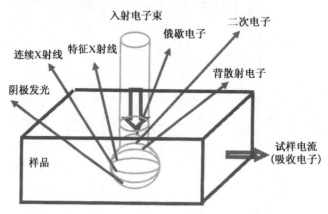

图 4-18　示意入射电子与物质作用后产生的各种信号。

1. 二次电子

二次电子从表面 5~10nm 层内发射出来,能量为 0~50eV。二次电子对表面状态非常敏感,能非常有效地反映试样表面的形貌。由于二次电子来自试样的表面层,入射电子还来不及被多次散射,因此产生二次电子的面积主要与入射电子束的束斑大小有关,束斑越细,产生二次电子的面积越小,故二次电子的空间分辨率较高,一般可达 3~6nm,若采用场发射枪,空间分辨率甚至可达到 0.4~2nm。二次电子的产额随原子序数的变化不如背散射电子那么明显,即二次电子对原子序数的变化不敏感。二次电子的产额主要决定于试样的表面形貌,故二次电子主要被用于形貌观察。

2. 背散射电子

背散射电子是入射电子经过多次散射后,以较大角度从固体样品表面逸出的散射电子。背散射电子一般是从试样 0.1~1nm 深处发射出来的电子。其中只受到原子核单次或很少几次大角度弹性散射后即被反射回来的入射电子叫弹性背散射电子;受样品原子核外电子多次非弹性散射而反射回来的电子叫非弹性背散射电子。它们的能量较大,接近入射电子的能量,信号产额受到样品原子序数影响很大,产额随原子序数的增加而增加,适于看成分的空间分布。由于入射电子进入试样较深,入射电子已被散射开,因此背散射电子来自于比二次电子更大的区域,故背散射电子像能反映试样离表面较深处的情况,但像的分辨率比较低,一般为 50~200nm,若采用场发射枪,背散射电子成像分辨率可达 6nm。背散射电子的成像衬度主要与试样的原子序数有关,与表面形貌也有一定的关系。

3. 吸收电子

入射电子中的一部分电子与试样作用后,能量损失殆尽,无法逃逸出试样表面,这部分电子就是吸收电子。若在试样和地之间接上一个高灵敏度的电流表,就可以测得试样对地的信号,这个信号是由吸收电子提供的。假定入射电子的电流强度为 I_0,背散射电子流强度为 I_b,二次电子流强度为 I_s,则吸收电子产生的电流强度为 $I_a = I_0 - (I_b + I_s)$。由此可见,逸出表面的背散射电子和二次电子数量越少,吸收电子信号强度越大。若把吸收电子信号调制成图像,则它的衬度恰好与二次电子和背散射电子图像衬度相反。

由于不同原子序数部位的二次电子产额基本上是相同的,所以产生背散射电子较多的部位(原子序数大)吸收电子的数量就较少,反之亦然。因此,吸收电子也能产生原子序数衬度,吸收电子像的分辨率主要受到信号信噪比的限制,一般为 0.1~1nm。

4. 特征 X 射线

当样品原子内层电子被入射电子激发或电离时,会在内层电子处产生一个空缺,原子就会处于能量较高的激发状态,此时外层电子将向内层跃迁以填补内层电子的空缺,从而释放出具有一定的特征能量的特征 X 射线。(详见第三章)

5. 俄歇电子

俄歇电子从试样表面几个原子层的厚度发出($\sim$1nm),它的能量一般为1000电子伏特,由于俄歇电子能给出材料表面的信息,故俄歇电子常用于表面成分分析。用俄歇电子进行分析的仪器称为俄歇电子谱仪(AES),俄歇电子谱仪需要在超高真空(UHV)下工作,它在 X 射线光电子能谱仪中用的较多。

总之,扫描电镜提供了丰富的样品信息。二次电子提供了表面形貌特征;X 射线能谱和俄歇电子能谱用来进行元素分析;背散射电子衍射提供晶体的位相和结构信息,进行电子通道花样(ECP)、电子背散射花样(EBSP)、反射电子衍射(RED)等技术分析。

4.13.3 扫描电镜结构

扫描电镜可以分为电子光学系统、信号收集处理系统、图像显示和记录系统、真空系统、电源及控制系统等 5 个部分,图 4-19 是扫描电镜的外型,图 19 是扫描电镜的结构示意图。下面分别介绍扫描电镜的主要部分。

图 4-19 扫描电镜外型

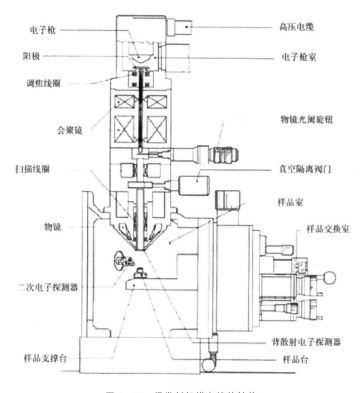

电子枪 ——— 高压电缆

阳极 ——— 电子枪室

调焦线圈

会聚镜

扫描线圈

物镜

二次电子探测器

样品支撑台

物镜光阑旋钮

真空隔离阀门

样品室

样品交换室

背散射电子探测器

样品台

图 4 - 20　场发射扫描电镜的结构

1. 电子光学系统

（1）电子枪。扫描电镜的电子枪与透射电镜的电子枪相似,都是为了提供电子源,但两者使用的电压是完全不同的。透射电镜的分辨率与电子波长有关,波长越短(对应的电压越高),分辨率越高,故透射电镜的电压一般都使用 100～300kV,甚至 500kV、1000kV 。而扫描电镜的分辨率与电子波长无关,与电子在试样上的最小扫描范围有关,电子束斑越小,电子在试样上的最小扫描范围就越小,分辨率就越高,但还必须保证在使用足够小的电子束斑时,电子束还具有足够的强度,故通常扫描电镜的工作电压在 1～50kV。场发射电子枪既可提供足够小的束斑又有很高的强度,是扫描电镜的一个理想的电子源,它在高分辨扫描电镜中有广泛的应用。

（2）电磁透镜。扫描电镜中的各电磁透镜都不作为成像透镜用,而是作为会聚透镜用,它们的功能是把电子枪的束斑逐级聚焦缩小,使原来直径为 50nm 的束斑(如果使用普通钨灯丝电子枪的话)缩小成一个只有几个纳米大小的细小斑点。这个缩小的过程需要几个透镜来完成,通常采用3个聚光镜,前两个是强磁透镜,负责把电子束斑缩小,而第3个透镜比较特殊(习惯上称其为目镜),它的功能是在试样室和透镜之间留有尽可能大的空间,以便装入各种信号探测器。目镜大多采用上下极靴不同孔径不对称的磁透镜,主要是为了不影响对二次电子的收集。另外物镜中要有一定的空间用于容纳扫描线圈和消像散器。这些电磁透镜可以把普通热阴极电子枪的电子束束斑缩小到 6 nm 左右,若采用六硼化镧和场发射枪,电子束束斑还可进一步减小。

(3) 扫描线圈。扫描线圈是扫描电镜子中必不可少的部件,它的作用是使电子束偏转,并在试样表面做有规律的扫描,这个扫描线圈与显示系统中的显像管(CRT)的扫描线圈由同一个锯齿波发射器控制,两者严格同步。扫描线圈通常采用磁偏转式,大都位于最后两个透镜之间,也有的放在末级透镜的物空间内。SEM 的放大倍数 $M=l/L$,其中,l 为荧光屏长度(它是固定的),L 为电子束在试样上扫过的长度。放大倍数 M 是由调节扫描线圈的电流来改变的,电流小,电子束偏转小,在试样上移动的距离小(L 小),M 就大。反之,M 就小。一般 SEM 的放大倍数在 10~50 万倍,而且放大倍数是连续可调的。

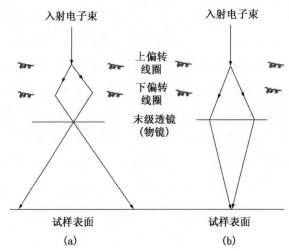

图 4 - 21 扫描电镜中电子束在样品表面进行的两种扫描方式

(a) 光栅扫描;(b) 角光栅扫描

图 4 - 21 给出了电子束在样品表面进行扫描的两种方式。进行形貌分析时都采用光栅扫描方式（见图 4 - 21(a)），当电子束进入上偏转线圈时，方向发生转折，随后又由下偏转线圈使它的方向发生第二次转折。发生二次偏转的电子束通过末级透镜射到试样表面。在电子束偏转的同时还带有一个逐行扫描动作，电子束在上下偏转线圈的作用下，在试样表面扫描出方形区域，相应地在显像管的荧光屏上也扫描出成比例的图像。试样上各点受到电子束轰击时发出的信号可由信号探测器接收，并通过显示系统在显像管荧光屏上按强度显示出来。如果电子束经上偏转线圈后未经下偏转线圈改变方向，而直接由末级透镜折射到入射点位置，这种扫描方式称为角光栅扫描或摇摆扫描(4 - 21(b))，它被用于电子通道花样分析。

图 4 - 22 扫描电镜的样品室

（4）样品室。扫描电镜的样品室（见图 4 - 22）除了放置样品外，还要安置信号探测器。有些信号的收集与几何方位有关，因此所有的信号探测器都在样品室之内或周围，所以，样品室的设计是非常讲究的，在设计时要考虑如何对各类信号检测有利，还要考虑同时收集几种信号的可能性。

样品室中最主要的部件之一是样品台，它应该能够容纳大的试样（>100mm），还要能进行倾斜（90°～100°）和转动（360°），活动范围很大，又要精度高、振动小。样品台的运动可以用手动操作，也可用计算机控制，目前样品台在三维空间的移动精度已达到 1nm。

2. 信号收集和显示系统

（1）二次电子和背散射电子收集器。它由闪烁器、光电管、光电倍增管和前置放大器组成，其结构如图 4 - 23 所示。从试样出来的电子，经过一个金属纱网进入一个柱形筒中,当金属圆筒加＋250伏电压时,能接收背散射电子。试样产生的二次电子(或背散射电子)被这电压加速,并被收集到闪烁体上。当电子打到闪烁体上,产生光子,而光子将通过没有吸收的光电管传送到光电倍增管的光电阴极 A 上。光电倍增管将微弱的信号进行第一级放大。光电阴极上涂有铯的化合物,当电子射到它上面,即可产生光电子。

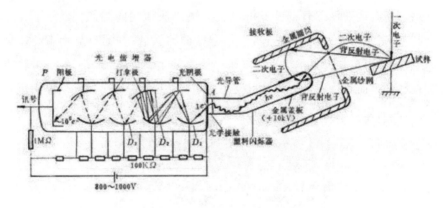

图 4-23　二次电子和被反射电子收集器示意图

(2) 吸收电子检测器。试样不直接接地,而与一个高灵敏的微电流放大器相连,它可检测出 $10^{-6} \sim 10^{-12}$ 这样小的电流,而吸收电流信号一般在 $10^{-7} \sim 10^{-9}$,故该电流放大器可以检测出被试样吸收的电子,从而得到所要的吸收电流图像,该放大器以后的接收装置都和二次电子的检测一样。

(3) 显示系统。从检测器收集到的信号,最终被送到阴极射线管(CRT)上成放大像。该阴极射线管(CRT)的扫描线圈与镜筒中的控制电子束扫描的扫描线圈是由同一个锯齿波发射器控制,两者严格同步。显示装置一般有两个显示屏,一个用于观察,另一个供记录用(照相)。观察的 CRT 通常扫描一帧图像可选用 0.2、0.5(秒)……的扫描速度,最快可以是电视(TV)速度。它采用长余辉显像管。这种管子的分辨率一般为 10cm×10cm 的荧光屏上有 500 条线,这对人眼的观察是足够了。用于照相记录的 CRT 管是短余辉显像管,它的分辨率较高,在 10cm×10cm 的荧光屏上有 800～1 000条线。在观察时为便于调焦,尽可能采用快的扫描速度,而拍照时为了得到高分辨率的图像,要尽可能采用慢的扫描速度(50～100s)。显示系统还配有照相机,可将显示屏上的像记录下来。现代的扫描电镜可将图像用数字形式输出。

(4) X 射线检测器。它有两个输出方式：一种是分光谱仪(简称波谱仪)，另一种为能量色散谱仪(简称能谱仪)。波谱仪精度高，但检测速度慢，而能谱仪检测速度快，但精度不如波谱仪，但对一般的分析已是足够了。大部分扫描电镜都配有能谱仪。

3. 真空系统和电子系统

真空系统在电子光学仪器中十分重要，这是因为电子束占能在真空下产生和被操纵。任何真空度的下降都会导致电子束的被散射加大，电子枪灯丝的寿命缩短，产生虚假的二次电子效应，使透镜光阑和试样表面受碳氢化物的污染加速等等，从而严重地影响成像的质量。因此，真空系统的质量是衡量扫描电镜质量的重要参考指标之一。

目前常用的高真空系统有如下 3 种：

(1) 油扩散泵系统：这种真空系统可以获得 $10^{-3} \sim 10^{-4}$ pa 的真空度，基本能满足扫描电镜的一般要求，其缺点是容易使试样和电子光学系统的内壁受污染。

(2) 涡轮分子泵系统：这种真空系统可以获得 10^{-4} Pa 以上的真空度，其优点是属于一种无油的真空系统，故污染问题不大，但缺点是噪音和振动较大，因而限制了它在扫描电镜中的应用。

(3) 离子泵系统：这种真空系统可以获得 $10^{-7} \sim 10^{-8}$ pa 的极高真空度，可以满足在扫描电镜中采用 LaB_6 电子枪和场致发射电子枪对真空度的要求。

扫描电镜相对比透射电镜真空度要求低，镜筒内只要有 $1.33 \times 10^{-2} \sim 1.33 \times 10^{-3}$ Pa 的真空度就可以保证扫描电镜的电子光学系统正常工作。目前作为商品的扫描电镜多采用油扩散泵系统。为了减轻污染程度和提高真空度，常在油扩散泵上方安装一个液氮冷阱，从而大大改善真空系统的质量。

4.13.4　扫描电镜像形成衬度原理

扫描电镜像的衬度来源有 3 个方面：① 由试样本身性质(表面凸凹不平、成分差别、位向差异及表面电位分布)；② 信号本身性质(二次电子、背散射电子、吸收电子）；③ 对信号的人工处理。

1. 二次电子发射规律及成像衬度

1) 二次电子产额与入射电子束能量的关系。设 δ 为二次电子的产额，对大多数材料来说，当入射电子能量低时，δ 随电子束能量 E 的增加而增加，而当电子束能量高时，δ 随能量的增加而逐渐降低，在某一个能量 $E_{\max}$，二次电子的产额最大。金属材料的 $E_{\max}$ 大致在 $100\sim800\mathrm{eV}$，绝缘体的 $E_{\max}$ 大致为 $2000\mathrm{eV}$。可这样理解二次电子产额与入射电子能量的关系出现极大值：随着入射电子束能量增加，激发出的二次电子束自然增加，但入射电子进入试样的平均深度也在增加，故激发出的二次电子向外逃逸也越来越困难，因而入射束的能量大于 $E_{\max}$ 后，反而会使激发出的二次电子数目减少。

2) 二次电子像的衬度。

(1) 形貌衬度。对扫描电镜而言，入射电子的方向是固定的，但由于试样表面有凹凸，导致电子束对试样表面不同处的入射角的不同。如图 4-24 所示，试样中 A、B 两平面的入射角 α 是不同的，由二次电子的发射规律知道，入射角 α 越大，二次电子产额 δ 越高。在扫描电镜中，二次电子探测器的位置是固定的，故试样表面不同取向的小平面相对于探测器的收集角也不同，发射出的二次电子数量不同，图像上的亮度也不同。例如，A 区的入射角比 B 区大，发射的二次电子要多。另外探测器相对于 A 区方位也比 B 区更有利，即 A 区的信号比 B 区的信号大，所以图像上 A 区要比 B 区亮。

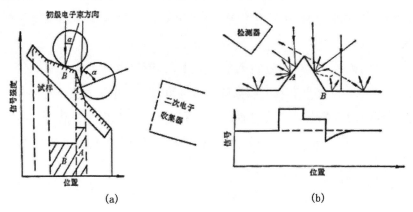

图 4-24   表面形貌引起的衬度

由于二次电子能量较低，所以二次电子探测器前边的收集极常加有一定的正电场,它使得二次电子可沿着弯曲的路径而到达探测器,这样背对探测器的表面所发出的二次电子,也可以到达探测器,这就是二次电子像没有尖锐的阴影,显示出较柔和的立体衬度的原因。

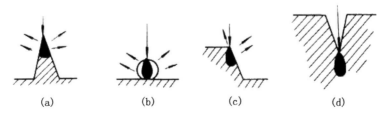

图 4 - 25   实际样品中二次电子的激发过程示意图

(a) 凸出尖端;(b) 小颗粒;(c) 侧面;(d) 凹槽

图 4 - 25 为实际样品中二次电子被激发的一些典型例子,可以看出,凸出的尖棱、小粒子以及比较陡的斜面处,二次电子产额较多,在荧光屏上这一部位就亮一些;平面上二次电子的产额较小,亮度较低;在深的凹槽部虽然也能产生较多的二次电子,但这些二次电子不易被探测器收集到,因此槽底的衬度显得较暗。

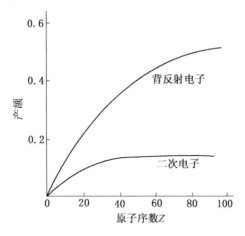

图 4 - 26   背散射电子差额与原子序数 Z 的关系

(2) 原子序数差异造成的衬度。如图 4 - 26 所示,二次电子的产额随原子序数 Z 的变化不如背散射电子产额随原子序数变化那样明显。当原子序数 Z 大于 20 时,二次电子的产额基本上不随原子序数变化,只有原子序数小的元素的二次电子产额与试样的组成成分有关,故二次电子衬度像一般不用来观察试样成分的变化,而用来观察表面形貌的变化。

（3）电压差造成的衬度。试样表面若有电位分布的差异,会影响二次电子的发射。二次电子在正电位区逸出较困难,而在负电位区逸出就容易,故正电位区发射的二次电子少,在图像上显得暗,而负电位区发射二次电子多,在图像上就显得亮,这就形成了电压衬度。（通常电位差为十分之几伏特时才能看出电压衬度的变化）。另外试样表面的几何形貌也会影响电压衬度,如试样表面起伏太大,会减弱图像上由于电位差引起的衬度变化,故观察电压衬度,试样表面要平整。

（4）荷电（充电）现象。对导体而言,入射电子束感应产生的电荷将通过试样接地而释放,故试样没有电荷的累积（Charging）。但非导体样品上多余的电荷就不能去除,产生局部充电现象,使二次电子像产生过强的衬度,即那些部位的像变得很亮（见图 4 - 27）。

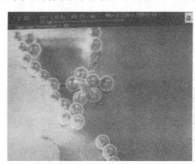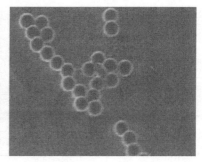

图 4 - 27　聚合物球

（a）荷电和;（b）无荷电时的图像

导电材料和非导电材料的主要区别之一是它们的二次电子最大产额 δ_{max} 是不同的,导电材料的 δ_{max} 为 0.6～1.7,而非导电材料的 δ_{max} 为 1～20,且随电阻的增加产额也随之增加,因此,为了消除荷电现象,要在非导电材料表面喷涂一层导电物质（如碳、金等,涂层厚度一般为 10～100nm ）,喷涂层要与试样台保持良好的电接触,以使在非导电材料试样表面累积的电荷能通过该导电层与试样台上的地线接通,将电荷释放,消除荷电现象。

导电涂层虽然可以去除充电现象,但它也掩盖了试样表面的真实形貌,现在做扫描电镜工作时,能够不喷涂就不做喷涂,解决荷电的办法通常采用降低工作电压的方法,一般电压低于 1.5kV 就可以消除充电现象。

2. 背散射电子发射规律及其成像衬度

（1）背散射电子系数 η 与入射电子束能量和原子序数的关系。η 是背散射电子的系数，表示一个初始电子能产生一个能量大于 50eV 而小于初始能量的电子的几率。背散射系数 η 随靶的原子序数 Z 的增加而增加（见图 4-28）。而入射电子束能对 η 的影响很小，对低原子序数的式样（Z<47）η 随入射电子能量的增加而逐渐降低，而对 Ag（Z=47），η 与束能的变化基本无关，对于高原子序数的试样，η 随能量增加而缓慢增加。

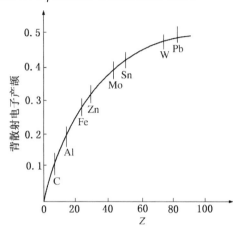

图 4-28　原子序数和背散射电子产额的关系

（2）背散射电子成分的衬度。由图 4-28 知，在原子序数 Z 小于 40 的范围内，背散射电子的产额对原子序数十分敏感，故在进行分析时，从试样上原子序数较高的区域中可得到比从原子序数较低区域更多的背散射电子，即前者比后者亮，这就是背散射电子的原子序数衬度的原理。利用这一点，我们可以对金属和合金进行定性的成分分析，试样中重元素区域对应于图像上的亮区，而轻元素区域则对应暗区。在进行高精度的分析时，必须先对亮区进行标定，这样才能获得满意的结果。

与二次电子相比，背散射电子的能量较高，背散射电子的轨迹是直线，能进入探测器的背散射电子仅限于朝着探测器方向呈在线轨迹的背散射电子，即收集到的是从反射台到探测器所张的立体角内的背散射电子，不在立体角范围内的就接收不到，因而背散射电子像有明显阴影，阴影部分的细节由于太暗可能看不清楚。

而用二次电子信号做形貌分析时,可在探测器收集栅上加一正电压(250~500V)来吸引能量较低的二次电子,使得它们可以弧形路线进入探测器,这样在试样表面某些背向探测器或凹坑等部位上逸出的二次电子也能对成像有贡献,故二次电子形貌像层次(景深)增加,细节清楚。

利用背散射电子的原子序数衬度来分析晶界上或晶粒内部不同种类的析出相是十分有效的,因为析出相成分不同,激发出的背散射电子数量也不同,这样我们就可以根据背散射电子像的亮度的差别,以及我们对试样的了解定性地判断析出物相的类型。

通过前文介绍已知,二次电子像主要是对形貌敏感,同时背散射电子像主要对成分敏感,但二次电子像中也会有背散射电子的影响,而背散射电子像中也常常伴随有二次电子的影响。因此二次电子像的衬度,既与试样表面形貌有关又与试样成分有关,只有利用单纯的背散射电子,才能把两种衬度分开。采用的方法如下:可以采用一对探测器收集试样同一部分的背散射电子,然后将两个探测器收集到的信号输入计算机处理,可分别得到放大的形貌信号和成分信号(见图4-29)。

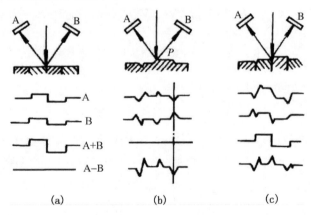

图 4 - 29　信号加减处理示意图

(a) 成分有差别,形貌无差别;(b) 成分无差别,形貌有差别;(c) 成分、形貌都有差别

图4-29中A和B表示一对探测器,如对一成分不均匀但表面抛光平整的样品做成分分析,A、B探测器收集到的信号大小是相同的,把A和B的信号相加,得到的是信号放大一倍的成分像,把A和B的信号相减,则成一条水平线,表示抛光表面的形貌像(图4-29(a))。若一个成分均一、但在表

面有 P 点起伏的试样,P 位于探测器 A 的正面,A 收集到的信号较强,而 P 是背对探测器 B,B 收集到较弱的信号。把 A 和 B 的信号相加,两者正好抵消,这就是成分像,若把 A 和 B 两者相减,信号放大就成了形貌像(见图 4 - 29(b))。如果待分析的样品成分既不均匀,表面又不光滑,则将 A、B 信号相加得成分像,相减得形貌像(见图 4 - 29(c))。

用背散射电子进行成分分析时,为了避免相貌衬度对原子序数衬度的干扰,要对被分析试样进行表面抛光。而用二次电子像进行表面形貌分析时,则要很好地保护好原始的表面。

3. 吸收电子像和它的衬度

扫描电镜中各种电流的关系可以写成

$$I_I = I_S + I_B + I_A + I_T$$

其中,I_I 是入射电子电流强度,I_S 是二次电子的电流强度,I_B 是背散射电子的电流强度,I_A 是吸收电流强度,I_T 是透射电子的强度。扫描电镜的试样一般是块状试样,即试样较厚,这时透射电子的电流强度可忽略不计,$I_T = 0$。在一定的实验条件下,入射电子的电流强度 I_I 是一定的,所以有

$$I_I = I_S + I_B + I_A = 常数$$

即有

$$I_A = I_I - (I_S + I_B) = 常数 - (I_S + I_B)$$

所以吸收电流 I_A 的大小,决定于 I_S 和 I_B。I_S、I_B 大时,I_A 就小,反之,I_A 就大,也就是说,吸收电子像是与二次电子像和背散射电子像的衬度互补的。因此,背散射电子图像上的亮区在吸收电子图像上必定是暗区,它们的衬度是互补的,故它也能用来显示试样表面元素的分布和表面形貌,但它的分辨率较差,只有 $0.1 \sim 1\mu m$,但对于试样裂缝内部的观察,吸收电子像是有利的。

4. 扫描透射电子像

如果试样适当的薄,入射电子照射时会有一部分电子透过试样,其中既有弹性散射电子,也有非弹性散射电子,其能量大小取决于试样的性质和厚度,这部分透射电子可以用来成像,也就是通常所说的扫描透射电子像(STEM 像)。

STEM 像基本上不受色差的影响,像的质量要比一般透射电镜像好,若用电子能量分析器,选择某个能量 E_0 的弹性散射电子成像,像的质量更佳。由于 ΔE 与试样成分有关,所以非弹性散射电子像,即特征能量损失电子像,也可用来显示试样中不同元素的分布。

STEM 像通常是在 TEM 上取得,因为它要求样品要薄,现在的超高分辨扫描电镜,为了提高分辨率,采用了可将样品放入目镜内的样品台,这种样品台只能使用厚度为几毫米的薄样品,这种扫描电镜可以做 STEM 像,为区别于通常在 TEM 上做的 STEM,这种在扫描电镜上做的 STEM 称为 STEM-in-SEM。

5. 阴极荧光像

有些物质在高能电子束轰击下会发荧光,其发光能力常与这些物质中存在激活剂有关。这些激活剂可以是基体物质中浓度较低的杂质原子,也可以是物质中由于非化学比产生的某种过剩元素或晶格空位一类的缺陷。换句话说,有些物质在电子轰击下自身会发光,有些物质要借助于杂质原子活化后才能发光。其波长既与杂质原子有关,也与基体物质有关,因此,当入射束轰击试样时,用显微镜观察试样发光颜色或用分光仪对所发射的光谱做波长分析,就可鉴别出基体物质和所含物质。用光电倍增管接收这些信号并用它们来成像就可以显示杂质及其晶体缺陷分布情况。现代的扫描电镜有些就配有阴极荧光发光谱仪(CL 谱),人们可以在扫描电镜下观察所研究试样是整体发光还是只在某些部位发光。如不同部位发光是不一样的,CL 谱就可分析各个不同部位发光的波长和强度。例如,研究 ZnO 纳米线的发光,可以研究是在纳米线的根部发光,还是头部发光,还是中间部分发光,各部分发光的波长有何不同等等问题。扫描电镜上配置的 CL 谱对研究发光材料和半导体材料非常有用,对地质学的研究也很有用,如研究砝石。

4.13.5 放大倍率的调节

扫描电镜的放大倍数 M 的定义为:在显像管中电子束在荧光屏上最大扫描距离和电子束在试样上最大扫描距离的比值。

$$M = \frac{l}{L} \tag{4-7}$$

式中,l 为荧光屏长度,L 是电子束在试样上扫过的长度。因为荧光屏长度 l 是固定不变的,只要调节电子束在试样上的扫描长度 L 就可改变放大倍数 M 的大小。这是通过调节扫描线圈上的电流来进行的。减少扫描线圈的电流,电子束偏转的角度小,在试样上移动的距离变小,使放大倍数增加。反之,增大扫描线圈上的电流,放大倍数就变大。当改变工作距离时,还应对扫描线圈上的电流进行补偿,以保证正确的放大倍数。

放大倍数与分辨率应保持一定的关系,扫描电镜才能充分发挥作用。在一定的放大倍数下,在图像上实际能分开的最近两点的能力即分辨率,还受人肉眼分辨能力限制。如果实际观察的放大倍数不变,则为了保证足够的信噪比,有时采用较低的仪器分辨率反而会改善图像的清晰度。例如,人眼的最大分辨率为 0.1mm,采用的观察放大倍数为 M,则仪器的分辨率满足如下条件就足够了。

$$Q \leqslant \frac{0.1}{M} \text{(mm)}$$

4.14 扫描电镜的性能特点和工作模式

由于扫描电镜的景深远比光学显微镜大,可以用它进行显微断口分析,且样品不必复制,可直接观察,非常方便。另外,扫描电镜的样品室的空间很大,可以装入很多探测器。因此,目前的扫描电镜已不仅仅只用于形貌观察,还可以与许多其他分析仪器组合在一起,使人们能在一台仪器中进行形貌、微区成分和晶体结构等多种微观组织结构信息的同时分析,如果再采用可变压强样品腔,还可以在扫描电镜下做加热、冷却、加气、加液等各种实验,扫描电镜的功能大大扩展,这也是为什么扫描电镜得到如此广泛应用的原因之一。

4.14.1 扫描电镜的性能特点

1. 分辨率

在扫描电镜的各种信号中,二次电子像具有最高的分辨率,一般扫描电镜的分辨率就是指二次电子像的分辨率。使用热钨丝发射电子枪的扫描电镜的分辨率目前一般是 30~60Å,采用场发射枪的扫描电镜的分辨率一般在 10~20Å,顶级的超高分辨率扫描电镜的分辨率为 4~6Å,2005 年场发射超高分辨率扫描显微镜的分辨率已达 4Å,已接近透射电镜的水平(1~3Å)。扫描电镜的分辨率大大优于普通光学显微镜的分辨率的极限水平(2000Å)。

2. 放大倍数

扫描电镜的放大倍数从 10 倍到几十万倍连续可调,而光学显微镜和透射电镜的放大倍数都不是连续可调的。扫描电镜既可工作在低倍又可工作在高倍,而光学显微镜只能工作在低倍下,透射电镜只能工作在高倍率下。在实际工作中,经常需要有一个从宏观到微观,从低倍到高倍的观察过程。例如,在对断口的分析中,往往在低倍下先观察断口的全貌,寻找断裂缝,对断裂过程有一个粗略且全面的了解,然后再在高倍下观察感兴趣的细节特征。在扫描电镜问世前,这样高低倍连续观察是很繁琐的,要采用立体显微镜、光学显微镜和透射电镜配合起来观察,这样的观察不在一个仪器上的,很难保证同一视场能理想地重复。扫描电镜问世后,断口分析的整个分析工作在一台扫描电镜上就可顺利完成,因此,目前断口分析几乎是扫描电镜的“专利”工作。

3. 景深

扫描电镜的末级透镜(目镜)采用小孔视角、长焦距,所以可获得很大的景深,扫描电镜的景深比一般光学显微镜大 100~500 倍,比透射电镜大 10 倍左右。扫描电镜的景深 D 可粗略地用下式估计:

$$D = \frac{0.2}{\alpha \cdot M}(mm) \tag{4-8}$$

式中,α 是电子束的张角,M 是扫描电镜的放大倍数。由公式可见,放大倍数越小,景深越大。表 4-2 给出了在一般情况下,扫描电镜的景深的典型数据。

表 4 - 2　扫描电镜的景深的典型数据

放大倍数	图像宽度/(μm)	景深(μm)	
		$\alpha=2\text{mrad}$	$\alpha=10\text{mrad}$
10×	10 000	10 000	2 000
50×	2 000	2 000	400
100×	1 000	1 000	200
500×	200	200	40
1 000×	100	100	20
10 000×	10	10	2
100 000×	1	1	0.2

　　用扫描电镜在低倍下观察零件,景深很大。由于景深大,扫描电镜图像的三维立体感强。对断口试样,只有景深大才能有效的观察,而光学显微镜往往因为景深不足无法胜任;用透镜电镜观察时由于断口试样粗糙,做复型易产生假象,所以也有一定的困难。

表 4 - 3 三种显微镜性能的一般比较

显微镜 性能	光学显微镜	扫描电镜	透射电镜
放大倍数	1～2 000	5～20 000	100～80 000
分辩率	0.1μm(紫外光)	0.8nm	0.15nm
焦深	约±1μm (当 100 倍时)	±100μm (当 100 倍时)	～±10μm (当 100 倍时)
视场	中	大①	小
操作维修	方便,简单	较方便,简单	较复杂
试样备制	金相表面需要技术	任何原始表面	薄膜或复膜,需要技术
价格	低	高	高

① 主要取决于像管的尺寸,无其他限制,故在同一大格数下,视场可以做到很大

　　通过表 4-3 进一步对比光学显微镜、扫描电镜和透射电镜间的主要性能的比较,归纳扫描电镜的特点如下:① 能直接观察大尺寸试样的原始表面,允许试样在三度空间内有 6 个自由度运动;② 工作距离大(可大于

15mm),景深大(比透射电镜大 10 倍),故所得扫描图像富有立体感;③ 放大倍数的可变范围宽,且连续可调;④ 分辨率远高于光学显微镜,接近透射电镜;⑤ 因为照明电子束流很小,对试样(特别是一些生物试样)的损伤和污染程度比透射电镜小;

4.14.2　扫描电镜的分析模式

扫描电镜是一种反射型的分析显微镜;其优点是分析试样表面的显微结构时,除了可以有多种成像模式外,还可以有多种分析模式。在一般应用上,扫描电镜的基本分析模式主要有两类:一类是晶体结构和位向分析;另一类是元素分析。

此外,当测量半导体及其电路参数时,电子感生电流的成像模式和阴极发光的成像模式同时也都是分析模式。

当在扫描电镜中进行晶体结构和位向分析时,主要是利用入射电子与物质相互作用所产生的背反射电子信息,其物理基础是背反射电子对晶体位向的各向异性效应。根据在镜筒中电子束照明源对试样的照射方式不同,存在有如下 3 种情况:

(1) 采取扫描方式照射试样,则在成像系统中可以观察到电子通道效应,相应所获得的图像称为电子通道花样。

(2) 采取固定入射角方式照射试样,则在成像系统中可以看到背反射电子空间角分布的晶体各向异性效应,相应所获得的图像称为电子背散射花样。

(3) 采用掠入射方式照射试样,则在成像系统中可以观察到表面(深度小于 10nm)的电子衍射效应,相应所获得的图像称为反射电子衍射。

当在扫描电镜中进行元素分析时,主要是利用入射电子与物质相互作用所产生的特征 X 射线和俄歇电子信息,其物理基础是这些信息的能谱(或波谱),它们同物质的原子序数有关,因此,如果对从试样所得到的 X 射线能谱和俄歇电子能谱进行分析,就可以确定在试样中所含元素的种类和含量,并相应有如下三种元素分析模式:

(1) X 射线能谱分析(EDS)它是根据扫描电镜的发展和需要提出来的,在大多数的扫描电镜中,均装配有 Si(Li)的 X 射线能谱分析系统,其分辨率为 150～200eV,可分析的元素范围是从 Z＝11～92(Z 为原子序数),检测极限是 $750×10^{-6}$。由于采用了多道分析器系统(MCA),因此,它可以一次同时检测多种元素,分析速度快,一般在 2～3min 内就能把全部元素分析做完。

(2) X 射线波谱分析(WDS)它主要在电子探针仪中采用,但在少数的扫描电镜中也同时装配有带分光晶体的 X 射线波谱分析系统,其分辨率为 5～20 eV,可分析的元素范围是从 Z＝5～92,检测极限浓度是 $100×10^{-6}$。

(3) 俄歇电子能谱分析(AES)主要在俄歇电子探针仪中采用,但如果提高扫描电镜的工作真空,则在扫描电镜中也能进行俄歇电子能谱分析,其分辨率为 3～5eV(当俄歇峰是在 1 000～2 000eV 的能量范围内),可分析的元素范围从 3～92.

此外,在 EDS 和 WDS 中,又可以分为点分析、线分析和面分析 3 种工作方式,而在 AES 中又可以分为点分析、线分析、面分析和深度分析四种工作方式。

4.15　电子显微镜高分辨、多功能的发展趋势

电子显微镜是近年发展较快、用途日益广泛的重要电子光学仪器之一。扫描电镜的分辨率从第一台的 25nm 提高到现在的 0.4nm;透射电镜也正在发展成为多功能的综合性分析显微镜,可以配备各种探测系统和各种谱仪,也可以连接各种信息处理系统进行数据定量分析,甚至出现了集扫描和透射于一体的扫描透射电子显微术(Scanning Transmission Electron Microscopy,简称 STEM)。

STEM 采用很细的电子束在薄样品上做扫描,在样品的上、下方放置不同的接收器,以接收不同的信号而成像(见图 4-30)。在薄样品上方放二次电子探测器和背散射探测器可成二次电子像和背散射电子像,在薄样品下方放环形探测器可接收大角度散射的透射电子,这样成的像称为 HAADF像,它对原子序数的平方敏感,这种像又称 Z 衬度像,也可用 EELS 接收透射电子成 EELS 谱,STEM 的一个最显著能力就是具有小于 0.2nm(在

100keV)和 0.13nm(在 300keV)直径的高亮度的电子探针,这通常用场发射枪来提供。STEM 既具有扫描电镜的功能,又有透射电镜的功能,在探测系统方面有很大的灵活性,它代表了当今电子显微镜高度集成化发展的一个方向。

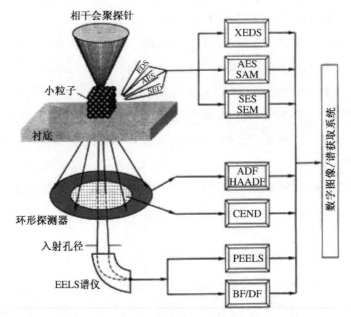

图 4 - 30   STEM 中成像、衍射和谱模式的示意图

X 射线能谱(XEDS);俄歇电子谱(AES)和扫描俄歇显微镜(SAM);环形暗场像(ADF)和

高角度环形暗场像(HAADF);相干电子纳衍射(CEND);平行电子能量损失谱(PEELS);

明场(BF)和暗场像(DF)

发展更高分辨率的电镜一直是人们追求的目标。随着半导体器件和新材料等高技术的发展,对材料表面和内部的精细结构的观察需要达到分子或原子级的大小,这对电子显微镜提出了更高的要求。早在 20 世纪 50 年代,人们就已开始致力于透射电镜的高分辨技术研究,近年来扫描电镜的高分辨技术也有很大发展。随着一些新技术的应用,如场发射电子枪的广泛使用,高分辨电镜正在成为当下科学研究的主力军。目前,人们正在采用如下技术措施以进一步提高电镜的分辨性能:

(1) 降低透镜的球像差系数,以获得小的电子束斑尺寸。

(2) 采用场发射电子枪以提高电子枪亮度。

（3）提高工作真空度和检测系统的接收效率。

（4）尽可能减小外界振动干扰。

（5）采用电子计算机来控制图像质量。

其中，球差校正电镜是 TEM 发展的重要方向之一。在其他因素达到最优化的条件下，TEM 的点分辨率 r 由球差决定。

$$r = \frac{3}{16} C_s^{\frac{1}{4}} \lambda^{\frac{3}{4}}$$

式中，C_s 是物镜的球差系数，λ 是电子波长，要提高分辨率，就要降低电子束波长和减小物镜球差。一种方式是提高加速电压以降低电子束波长，在目前的电镜制造技术下，这种方式用得最多。如 200kV 加速电压的分辨率为 0.19 nm，300 kV 电压的分辨率为 0.169 nm，采用 400 kV 电压，分辨率为 0.163nm，而 1 250kV 的超高压 TEM 的分辨率为 0.1 nm，但高压电镜的价格非常高昂。因此通过减小电子束波长（即使用高电压）来提高分辨率一旦超过 300kV 以上，成本昂贵。如果希望能在 200 kV 下得到高的分辨率，这就有必要采用减小球差的方式，以达到提高分辨率的目的。

早在 1943 年，舒尔茨（Scherzer）就提出了用多极校正器来校正球差和色差，但实践起来十分困难，直到 1997 年，海德（Heider）等成功地制造出六极校正器系统来补偿 200kV TEM 的球差，球差校正器（Cs Corrector）的成功研制为提高 TEM 的点分辨率开辟了一条全新的途径。

装入这种球差校正系统的 200kV 的 Philips CM 200 FEG ST 透射电镜的点分辨率由原来的 0.24nm 提高到了 0.13 nm，分辨率几乎为原来的 2 倍，远高于 400kV TEM 的分辨率。球差校正器不仅可装在物镜后以提高 TEM 的分辨率，也可装在 STEM 的会聚镜后，以提高 STEM 的分辨率，在 VG H501 STEM 上装上球差校正器后，在 100 kV 的电压下，STEM 达到了 0.1 nm 的点分辨率。

装有球差校正器的 TEM 称为球差校正透射电镜，球差校正 TEM 与传统的无球差校正的 TEM 相比，，有 3 个优点：

（1）在同样的电压下，球差校正 TEM 比无球差校正 TEM 分辨率提高一倍以上。

（2）球差校正 TEM 的电子束流比无球差校正 TEM 大 10 倍，这对做原子尺度的微区分析十分有利。

（3）对于无球差校正的 TEM，在不连续的区域（如界面、表面）拍摄的高分辨像存在衬度离位现象，一些细节被衬度模糊的假象所掩盖（见图4－31所示）。图4－31(a)是在采用球差校正前拍摄的在锗薄膜上的金颗粒，可以看见颗粒的边缘由于衬度离位而显得模糊，图4－31(b)是采用球差校正后拍摄的像，这时金颗粒的图像清晰且边缘整齐，这表示球差校正可大大改善衬度离位效应。

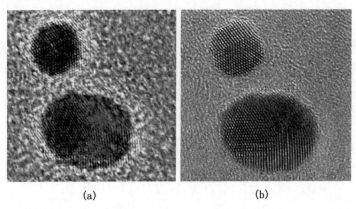

图4－31　锗膜上的金颗粒像

(a) 未用球差校正，有衬度离位效应；(b) 用了球差校正，图像清晰，边缘整齐

目前，世界上一些电镜厂家也正在抓紧研制和生产球差校正 TEM。如球差校正透射电镜 JEM 2200FS 和球差校正透射电镜 Titan 80-300，有的球差校正 透射电镜采用了模块式结构，用户可根据需要加装球差校正器或单色器，或两者都装，分辨率可达亚埃水平。球差校正技术与单色器技术的结合，还可大大提高电子能量损失谱的能量分辨率，使 EELS 的能量分辨率达到 0.2eV。球差校正技术和单色器技术的结合，使得电子显微镜的探索本领进入了人类前所未见的一个更小（深）的层次。我们可以预计，随着球差校正 TEM 的大量使用，更多更新的物理现象会被揭示出来，人们对微观物质世界的认识也会进一步提高。

高分辨分析扫描电镜也已取得了很大的进展，其中日立公司生产的 S900 型场发射扫描电镜，其分辨率已达 0.8nm（即 8Å），这个指标已接近透射电镜的分辨率。可以预期，高分辨扫描电镜对近代新型材料的发展将起很大的作用。扫描电镜是研究表面微观世界的一种全能显微镜,它能装配各种分析谱仪,以便对备分试样进行多种分析。但由于每项分析工作所要求的工作条件很不相同,而且相互制约,所以其分析质量往往低于单项分析仪器的质量,特别是会严重降低扫描图像的分辨率。因此,如何兼顾各种综合分析的要求,发展一种高分辨率的分析扫描电镜也一直是人们追求的目标。日本电子公司所生产的 SM880 型扫描电镜装配有超薄窗 X 射线能谱分析系统,分析元素的范围已扩大到从 B 元素开始(一般的 X 射线能谱分析系统是从 Na 元素开始),此外,它采用补偿系统减小在大摇摆角时对束斑尺寸的影响,相应对晶体结构和位向分析的选区尺寸亦可以减小到 $3\sim5\mu m$。

高分辨低压扫描电镜是近年扫描电镜的又一个新发展。所谓低压是指电子束加速电压在 1kV 左右,在此低加速电压下观察显微组织具有如下优点:

(1) 对未经导电镀层处理的非导体试样,其充电效应减小。

(2) 二次电子信息的产额高。

(3) 信息对表面状态更加敏感,边缘效应更显著。

(4) 电子辐照损伤效应小。

但问题是随着加速电压降低,物镜的球像差效应增加,使得图像的分辨率严重下降。因此,为了适应对半导体和非导体分析工作的需要,发展高分辨率的低压扫描电镜也是一个重要的方向。荷兰飞利浦公司生产的 SEM525-1C,就是为了满足低加速电压工作条件而专门设计的扫描电镜。由于对末级透镜采取了专门的设计,故在 1kV 工作电压下,图像的分辨率也能达 25nm(即 250Å),并可观察大尺寸试样(例如直径为 150mm 的硅片),能满足半导体工业中无损检验的高分辨率观察的要求。

目前,几乎每隔一两年便出现一次电镜型号的更新改进,电镜的创新和发展直接影响着我们对微观世界的探索进程,借助这种高精度的科学装置我们曾经在人类历史上第一次看到了原子领域的真实图像,利用电子与原子的各种相互作用规律,未来人类有望以更快的速度向微观世界突飞猛进。

思 考 题

为什么说晶体的电子衍射是物质波概念的有力实验证据?

第5章

真实的原子

——量子化世界与扫描探针显微镜

创造力最重要的不是发现前人未见的，而是在人人所见到的现象中想到前人所没有想到的。

——薛定谔

20 世纪上半叶，随着对黑体辐射、光电效应和康普顿效应的解释，以及原子的稳定性和大小等问题的解决，人类已经进入量子时代。前面一章已经介绍过，德布罗意从电子的波动性想到了宏观物质的波动性，提出物质波的理论，只是这种波动性越是向微观细小的物质越明显强烈，越是向宏观越微弱而已。所以宏观物质同样具有波的性质，只是微弱到难以察觉而已。量子世界正是这种波动性质非常明显强烈的地方，通过量子理论我们了解到这个世界的奇妙之处，它带给我们的一个重大惊喜便是探索微观物质世界的有力工具—扫描探针显微镜(Scanning Probe Microscope，简称 SPM)。

5.1 量子隧道开创全新微观显微技术

SPM 是一大类仪器的总称，它包含许多仪器，其中最常用的是扫描隧道显微镜(STM)和原子力显微镜(AFM)。在所有显微镜中，只有透射显微镜和扫描探针显微镜可以达到原子分辨水平，但是后者是在实空间看到的真实原子像。在最近的 20 年里，这项伟大发明产生了引人注目的影响，扫描探针显微镜被广泛应用于材料科学、半导体物理学、生物学、电化学、摩擦学、生物化学、表面热动力学、生物体化学、催化剂、微机械和医学移植技术等自然领域。

SPM 利用了电子隧道的原理。它的出现虽然有些突然，但并非从天而降。随着量子力学的逐步形成，20 世纪 20 年代人们开始认识电子隧道现象。1928 年拉尔夫·福勒（Ralph Howard Fowler）和洛萨·沃尔夫冈·诺德海姆（Lothar Wolfgang Nordheim）合作对金属中的场致电子发射现象进行了解释，认为电子克服了势垒从表面逃逸是其根本原因。电子隧道在那个年代并不是热点问题，然而由于后来低温和真空技术的快速进展，不断丰富的实验结果引发新理论层出不穷，最终使它成为今天被广泛应用的一项研究工具。

福勒和诺德海姆的场发射效应理论核心是电子的量子隧道理论，这既得益于当时量子波动力学的发展，也是对刚建立不久的波动力学理论的有力支持。1925 年，在苏黎世大学担任教授的奥地利物理学家埃尔温·薛定谔（Erwin Schrodinger）读到了德布罗意有关物质波理论的博士论文，他本人又受爱因斯坦波粒二象性等思想的影响颇深，从而决定建立一个描述电子波动行为的波方程。当时人们还不十分理解电子自旋这一量子力学中最大的相对论效应，因此薛定谔还无法将波动方程纳入狭义相对论的框架中，于是他试图建立了一个非相对论性的波方程。1926 年 1 月至 6 月间，薛定谔发表了四篇相同标题的论文《量子化就是本征值问题》，详细论述了非相对论性电子的波动方程、电子的波函数以及相应的本征值（量子数）。哈密顿曾认为力学是波动理论在波长为零时的极限情形，而薛定谔正是受此引导发展了这一观念，他将哈密顿力学中的哈密顿—雅可比方程应用于爱因斯坦的光量子理论和德布罗意的物质波理论，利用变分法得到了非相对论量子力学的基本方程—薛定谔方程。他建立的波动力学和非相对论性的薛定谔方程与当时德国物理学家维尔纳·海森堡建立的矩阵力学推广了德布罗意的物质波理论，成为现代量子力学理论诞生的标志。

福勒—诺德海姆的场发射理论在实际应用中产生了显著的效应。1937 年场电子电镜（FEM）出现了，1939 年场电子能量分布（这成为后来的场电子能谱）得到了测量，后来又出现的场发射电子枪（高分辨电镜采用它作为光源)和原子针尖发射技术(扫描探针术)都是以场发射理论为基础的。

福勒—诺德海姆方程出现之前,电子已被发现三十多年,这其间人们认识了很多电子效应,其中之一是金属表面可以发射出电子来。开始人们以为这只是被吸附在金属表面的分子产生的逃逸电子,后来发现在没有外场作用下金属块体的内部也会产生这种电子。随着真空技术的发展,人们对场电子发射效应的认识越来越全面,最终促使 SPM 出现了。

1957 年,受雇于索尼公司的江崎玲於奈(Leo Esaki)在改良高频晶体管 2T7 的过程中意外发现,当增加 PN 结两端的电压时电流反而减少。江崎将这种反常的负电阻现象解释为隧道效应。此后,江崎利用这一效应制成了隧道二极管(也称江崎二极管)。1960 年,美裔挪威籍科学家戛埃沃(Ivan Giaever)利用隧道效应来测量金属中超导效应的能隙,通过实验证明了在超导体隧道结中存在单电子隧道效应。在此之前于 1956 年出现的"库珀对"及 BCS 理论被公认为是对超导现象的完美解释,单电子隧道效应无疑是对超导理论的一个重要补充。1962 年,年仅 20 岁出头的英国剑桥大学实验物理学研究生约瑟夫森(Brian David Josephson)预言,在两个超导体之间设置一个绝缘薄层构成 SIS(Superconductor-Insulator-Superconductor)时,电子可以穿过绝缘体从一个超导体到达另一个超导体。约瑟夫森的这一预言不久就为安德森和罗厄耳的实验观测所证实——电子在通过两块超导金属间的绝缘薄层(厚度约为 10Å)时发生了隧道效应,于是这被称为"约瑟夫森效应"。

1960 年代隧道效应理论取得重要的进展。巴丁(John Bardeen)用传输哈密顿方法将两个电极之间的多个隧道体效应通过理论公式联系起来。这为更好地理解齐纳二极管,江崎二极管以及场离子显微镜提供了理论构架。1970 年代早期隧道效应得到了应用,并发展成了独立的领域。杰克莱维克和兰姆首先观察到非弹性隧道损耗是位于隧道结处的活跃的分子热振动造成的,这形成了能量损失谱,也称为非弹性隧道损失谱(IETS)。1971 年,杨(Young)、沃德(Ward)和塞尔(Scire)观察到真空隧道和在点-面之间的场发射迁移,预言了扫描隧道显微术(STM)。1982 年,STM 的发明者——宾瓦格(Bining)、罗雷尔(Rohrer)和格伯(Gerber),通过控制真空间隙观察到其中的一个隧道和单个原子台阶。1983 年,Si(111)-(7×7)的重构第一次在实空间里被看到,这标志着一个全新的微观物质表征技术诞生了。上述 SPM 的短暂历史表明只有通过 20 世纪 60 年代电子工业大量的实验和理论发展,人们才会对它的原理产生全面的理解和快速的应用。1981 年 STM 技术只是一个专利,1982 年变成几篇论文,但随后的 10 年之间这一领域经历了几何级数的增长,到目前 STM 已经在全世界得到了广泛的普及和应用。宾瓦格和罗雷尔因发明 STM 而获得 1986 年的诺贝尔物理学奖。

与 STM 平行发展的另一技术是原子力显微术(AFM),这一领域是 1960 年由德亚金(Derjagin)等人描述粒子间力和胶体间的作用而开始的, 1970 年伊斯雷拉维奇(Israelavicchi)由此发明了表面作用力装置,20 世纪 80 年代宾瓦格等人发展出 AFM。

今天 SPM 的影响已经远远超过了其他一些探针技术,因为它能提供表面的、三维的实空间图像。与扫描和透射电子显微镜相比,虽然高分辨率的透射电子显微镜可以用来探测原子结构,但是不能提供价态的信息。通过探测针尖和样品表面之间的相互作用,SPM 可以形成物体表面形状、电子结构、电场或磁场等各种特性的局部细节图像。当样品足够干净平整时,可以看到原子。对于某些材料,像生物组织和有机大分子,SPM 可以在不破坏样品的情况下,达到前所未有的分辨水平。因此,SPM 成为其他表征技术的补充手段,从一个独特的角度表征原子结构和局域性能。它是物质表面局域性能测量的必备方法,也可以进行程序设计测量。现在,对于多种相互作用都已经有相应的方法进行测量了。这样,用局部扫描就能探测热梯度、磁场力、光子发射、光子的吸收、压电应变、电致伸缩、磁致伸缩和光学反射等。

5.2　微观世界里的"穿墙术"

隧道效应是由微观粒子波动性所确定的量子效应,又称势垒贯穿。经典物理学认为,物体越过势垒,有一阈值能量,粒子能量小于此能量则不能越过,大于此能量则可以越过。例如骑自行车过小坡,先用力骑,如果坡很低,不蹬自行车也能靠惯性过去。如果坡很高,不蹬自行车,车到一半就停住,然后退回去。量子力学则认为,即使粒子能量小于阈值能量,很多粒子冲向势垒,一部分粒子反弹,还会有一些粒子能过去,好像有一个隧道,故名隧道效应(quantum tunneling)。电子具有粒子性又具有波动性,因此存在隧道效应。

考虑粒子运动遇到一个高于粒子能量的势垒,按照量子力学可以解出除了在势垒处的反射外,还有透过势垒的波函数,这表明在势垒的另一边,粒子具有一定的概率贯穿势垒。关于势垒的薛定谔方程解为:

$$\varphi(z) = \varphi(0)e^{-kz} \tag{5-1}$$

其中,$k = \dfrac{\sqrt{2m(V-E)}}{h}$,$m$ 是电子的数量,h 是普朗克常数。E 是电子的能量,V 是壁垒的势能。

电子穿过隧道的概率即为隧道电流 I,它随隧道的宽度 z(样品和针尖间距离)呈指数衰减:

$$I \propto e^{-2kz} \tag{5-2}$$

式(5-2)表明:这个距离 z 减小 0.1nm,那么电流就会增加一个数量级。由于对距离有这么高的敏感度,可以通过调节隧道电流来控制样品和尖端之间的距离,并获得良好的高度分辨率。

隧道效应是一种微观世界的量子效应,在宏观世界,实际上不可能发生。通过式 5-2 可以估算:对于能量为几电子伏的电子,方势垒的能量也是几电子伏,当势垒宽度为 1Å 时,粒子的透射概率达零点几;而当势垒宽度为 10 时,粒子透射概率减小到 10^{-10},已微乎其微。粒子穿过隧道后,量子幅也减小(见图 5-1)。

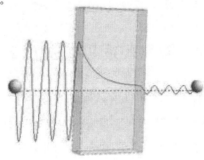

图 5-1 粒子发生隧穿示意图

现实世界中,隧道效应的实例有很多,比如上节提到的江崎二极管等。实际上在两层金属导体之间夹一薄绝缘层,就构成了一个电子的隧道结。电子通过隧道结,即电子穿过绝缘层,这便是隧道效应。电子从金属中逸出需要逸出功,因为金属中电子势能比空气或绝缘层中低。于是电子隧道结对电子的作用可用一个势垒来表示。因为电子的波动性,当该势垒区很窄时,即使是动能 E 小于势垒 V,也会有一部分电子穿透 V 区而自身动能 E 不变。超导现象实际也是一种隧道效应。

可见,宏观上的确定性在微观上往往就具有不确定性。虽然在通常的情况下,隧道效应并不影响经典的宏观效应,因为隧穿几率极小,但在某些特定的条件下宏观的隧道效应也会出现。崂山道士学习穿墙术的故事大家都很熟悉,如果现实中真有人能穿墙而过,那么这个人一定是利用隧道效应的高手。

近年来,人们逐步发现宏观量子隧道效应。一些宏观物理量,如微颗粒的磁化强度、量子相干器件中的磁通量等均能显示出隧道效应。它在本质上是量子跃迁,微观粒子迅速穿越势垒。宏观量子隧道效应提示人们微电子器件的微型化存在某种极限,当这些器件进一步微型化时将由于上述的量子效应而失效。例如,在制造半导体集成电路时,当电路的尺寸接近电子波长时,电子就通过隧道效应而穿透绝缘层,使器件无法正常工作。因此,宏观量子隧道效应已成为微电子学、光电子学中不可忽略的影响因素。

隧道效应正在越来越多地被应用到实际中。在经典物理中,光在光纤内部全反射,在量子物理中,激光可以从一根光纤内通过隧道效应进入相距很近的另一个光纤内部,分光器就是利用量子隧道效应而制成的。量子尺寸效应、宏观量子隧道效应将会是未来微电子、光电子器件的基础,经典电路的极限尺寸大概在 $0.25\mu m$。目前研制的量子共振隧穿晶体管就是利用量子效应制成的新一代器件。

5.3　扫描隧道显微镜(STM)工作原理

STM 是一种新型表面测试分析仪器,具有结构简单,分辨本领高,可以在真空、大气甚至液体环境下工作等特点。STM 的横向分辨率为 0.1 纳米,

在与样品垂直的 z 方向分辨率可达 0.01 纳米。STM 可在实空间原位动态观察样品表面的原子组态,还可直接观察样品表面的物理/化学反应的动态过程及反应中原子的迁移过程。STM 对样品的尺寸形状没有限制,它不破坏样品的表面结构,它已成功地用于金属、半导体等材料表面原子结构的研究(但它不能用于绝缘体)。

　　STM 可以在两种工作模式下形成图像,分别是恒电流模式和恒高度模式。两种模式的区别在于扫描过程中针尖与样品间相对运动不同。在恒电流成像中,回馈机制能够维持电流在一个恒定的数值,即在样品和针尖之间加载恒定的偏压(见图 5-2(a)),这样样品和尖端之间的距离保持恒定。在扫描过程中,垂直方向上针尖的位置不断变化来维持它与样品之间的距离恒定,针尖在三维空间上的运动是由压电元件来控制的。对压电陶瓷施加单个脉冲电流,驱动针尖运动,并通过比较 z 方向上的反馈电压信号与控制信号成像,这个图像代表了表面恒定电荷的密度。它是二维阵列,在特定的 x、y 位置上对样品高度的积分。另一个恒定高图像模式是恒定施加的偏压及高度(见图 5-2(b))。当在针尖扫描表面时,电流会发生变化,因为表面结构的变化影响了针尖和样品的距离。在这种情况下,电流就是图像,而且和电荷密度有关。这两种模式各有优点,前者产生的衬度和电子电荷密度有关,后者提供了更快的扫描速度,不会局限于垂直驱动针尖的反应时间。原子分辨程度的图像只有在最好的样品和针尖条件下才能得到。样品与针尖距离较大或者针尖比较钝,都会使局域结构模糊,在一定程度上降低分辨率。

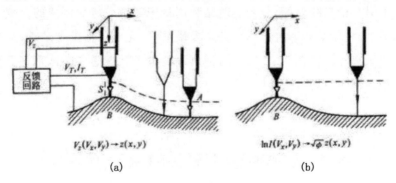

$$V_z(V_x, V_y) \rightarrow z(x, y)$$

(a)

$$\ln I(V_x, V_y) \rightarrow \sqrt{\phi}\, z(x, y)$$

(b)

图 5-2　扫描隧道显微镜的工作原理示意图

(a) 恒电流模式;(b) 恒高度模式

图 5-2 是 STM 的工作原理示意图。图中 A 为具有原子尺度的针尖,B 为被分析样品。STM 工作时,在样品和针尖之间加一定电压,当样品与针尖间的距离小于一定值时,由于量子隧道效应,样品和针尖之间会产生隧道电流 I。STM 工作时针尖与样品间的距离 d 一般为 0.4 纳米,此时隧道电流 I 表征样品和针尖电子波函数的重叠程度,它可以表示为:

$$I \propto V_b \exp(-A\varphi^{\frac{1}{2}}d) \qquad (5-3)$$

式中,V_b 为针尖与样品之间所加的偏压,φ 为针尖与样品的平均功函数,A 为常数。在真空条件下,$A \approx 1$。根据量子力学的理论,由式(5-3)可以算出:当距离 d 减少 0.1nm 时,隧道电流将增加一个数量级,即隧道电流 I 对样品表面的微观起伏非常敏感,这就是为什么能用 STM 来观察样品表面的原子级起伏的基础。

1. 恒电流模式

在恒电流模式下,控制样品与针尖间的距离不变,即 d 为常数。则当针尖在样品表面扫描时,由于样品表面高低起伏,引起隧道电流变化,此时通过一定的电子反馈系统,驱动针尖随样品的高低变化而做升降运动,以确保针尖与样品间的距离 d 保持不变,这时隧道电流

$$I \propto V_b \exp(-B\varphi^{\frac{1}{2}}) \qquad (5-4)$$

式中,$B = Ad$ 为一常数。式(5-4)表示,在恒电流模式下隧道电流 I 随功函数 φ 的改变而改变,这时隧道电流直接反映了样品表面态密度的分布。在一定的条件下,样品的表面态密度与样品表面的高低起伏程度有关。恒电流模式是 STM 的常用工作模式,适合于观察表面起伏较大的样品。

2. 恒高度模式

在恒高度模式下,控制针尖在样品表面某一小平面上扫描,随着样品表面高低起伏,隧道电流不断变化,通过记录隧道电流的变化,可得到样品表面的形貌图。恒高度模式不能用于观察表面起伏大于 1nm 的样品,只适合于观察表面起伏小的样品。在恒高度模式下,STM 可快速扫描,能有效地减少噪声和热漂移对隧道电流信号的干扰,从而获得具有更高分辨率的图像。

STM 的主要技术问题在于精密控制针尖相对于样品的运动,目前 STM 的针尖运动是采用压电陶瓷控制的,在压电陶瓷上加一定的电压,使得压电陶瓷制成的部件产生变形并驱动针尖运动。当今针尖的运动的控制精度已达到 0.001 纳米。

图 5-3(a)显示 Si 的(111)面的 STM 像,从图中可以清楚地看出 Si 原子的排列。图 5-3(b)是在玻璃衬度上沉积的金膜表面的 STM 像,它清楚地显示了 Si 表面的微观起伏。

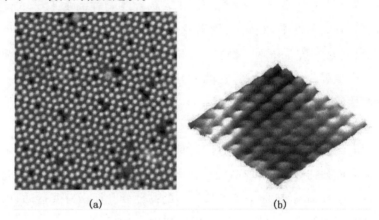

(a)　　　　　　　　(b)

图 5-3　STM 的图像

(a) Si(111)面;(b) 玻璃衬底上沉积的金膜表面

5.4　原子力显微镜工作原理

1986 年宾瓦格(G. Binning)提出了原子力显微镜(Atomic Force Microscope,简称 AFM)的概念。AFM 克服了 STM 的不足,它可以用于导体、半导体和绝缘体。AFM 利用了 STM 技术,也可测量材料的表面形貌,它的横向分辨率可达 0.15nm,而纵向分辨可达 0.05nm。AFM 的最大特点是可以测量表面原子之间的力。AFM 测量的最小力的量级为 $10^{-14} \sim 10^{-16}$ N。AFM 还可测量试样表面的弹性、塑性、硬度、黏着力、摩擦力等性质。与 STM 一样,AFM 也可在真空、大气或溶液下工作,也具有仪器结构简单的特点,因而在材料研究中获得了广泛的应用。

AFM 的原理接近指针轮廓仪(Stylus Profilometer),但 AFM 采用

STM 技术,针尖半径接近原子尺寸。图 5-4 是 AFM 的结构原理图,AFM 有两个针尖和两套压电晶体控制机构。B 是 AFM 的针尖,C 是 STM 的针尖,A 是 AFM 的待测样品,D 是微杠杆,它又是 STM 的样品。E 是使微杠杆发生周期振动的调制压电晶体,用于调制隧道结间隙。

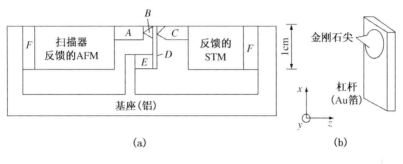

图 5-4　AFM 的结构和工作原理图

(a) AFM 的结构原理图;(b) 微杠杆

图 5-4 中 A 为 AFM 样品,B 为 AFM 针尖,C 为 STM 针尖(Au);D 为微杠杆,同时又是 STM 样品,E 为调制用压电晶体,F 为氟橡胶。

AFM 测量针尖和样品表面之间的原子力的方法如下:先使样品 A 离针尖 B 很远,这时杠杆处于不受力的静止位置,然后使 STM 的针尖 C 靠近杠杆 D,直至观察到隧道结电流 I_{STM},使 I_{STM} 等于某一个固定值 I_0,并启动 STM 的反馈系统使 I_{STM} 自动保持在 I_0 数值,这时由于 B 处在悬空状态,电流信号噪声很大。然后使 AFM 样品 A 向针尖 B 靠近,当 B 感受到 A 的原子力时,B 将稳定下来,STM 电流噪声明显减少。设样品表面势能和表面力的变化如图 5-5 所示,样品 A 表面离针尖较远时表面力是负的(表示吸引力),随着该距离变近,吸引力先增加然后减少直至降为零。当距离继续减少,表面力变为正的(排斥力),且表面力随距离的减少而迅速增加。如表面力是属于图 5-5 所示的性质,则当样品 A 向针尖 B 靠近时,B 首先感到 A 的吸力,B 将向左倾,STM 电流将减少,STM 的反馈系统将使 STM 针尖向左移动 Δz 距离,以保持 STM 电流不变。从 STM 的 Pz(控制 z 向位移的压电陶瓷)所加电压的变化,可以知道 Δz,再由胡克定律 $F=-S\Delta z$ 求出样品表面对杠杆针尖的吸力 F(式中 S 是杠杆的弹性系数)。样品继续右移,表面对针尖 B 的吸力增加,当吸力达到的最大值时,杠杆 D 的针尖向左的偏移(从 STM 感觉到 Δz)也达到最大值。样品进一步右移时,表面吸力减少,位

移 Δz 减少，直至样品和针尖 B 的距离相当于 z_0 时，表面力 $F=0$，杠杆回到原先未受力的位置。样品继续右移，针尖 B 感受到的将是排斥力，杠杆 B 将向右移。总之，样品和针尖之间的相对距离可由 AFM 的 Pz 上所加的电压和 STM 的 Pz 所加的电压确定，而表面力的大小与方向则由 STM 的 Pz 所加的电压的变化来确定。这样就得到了针尖 B 的顶端原子感受到的样品表面力（即样品 A 的原子力）随距离变化的曲线。应当指出，以上的分析是在未考虑 STM 针尖和微杠杆之间的原子力的条件下作出的。若考虑这个原子力，AFM 还可测量材料的弹性、塑性、硬度等性质，即 AFM 可用作"纳米压痕器"（Nanoindentor）。

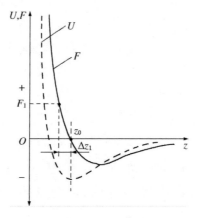

图 5-5　样品表面势能 U 及表面力 F 随表面距离 z 变化的曲线

　　利用 AFM 测量样品的形貌或三维轮廓图的方法如下：先使 AFM 针尖工作在排斥力 F1 状态（参见图 5-5），这时针尖相对零位向右移动 Δz_1 距离，然后保持 STM 的 Pz 固定不变，并沿 x（和 y）方向移动 AFM 样品，如样品表面凹下，则杠杆向左移动，于是 STM 的电流 I_{STM} 减小，I_{STM} 控制的放大器立刻使 AFM 的 Pz 推动样品向右移动以保持 I_{STM} 不变，即用 I_{STM} 反馈控制 AFM 的 Pz 以保持 I_{STM} 不变。这样，当 AFM 样品相对针尖 B 做 (x,y) 方向光栅扫描时，记录 AFM 的 Pz 随位置的变化，即可得到样品的表面形貌图。

　　图 5-6 显示碳纳米管的 AFM 像，它和我们以前看到的 TEM 和 SEM 像不同。AFM 像在垂直于样品表面的 z 方向的分辨率极高，该图在原子分辨率上显示出碳纳米管的圆管状外形，还显示了管壁上的碳原子排布。

在 AFM 中,针尖可作极微小的移动(最小位移为 $10^{-2}\sim10^{-4}$nm),这个性质被用来作"纳操做"(Nano Manipulation)。例如,用针尖拨动表面的原子,让它们改变原先的位置,图 5-7 给出了这样的一个例子,人们在铜(111)表面,用 APM 技术放上一些铁原子,并让其排列成中文的"原子"两个字。

图 5-6　碳纳米管的 AFM 像

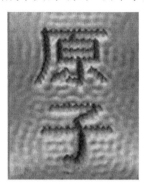

图 5-7　在铜(111)面上用 AFM 将铁原子排成"原子"两字

5.5　SPM 家族的其他成员

除 STM 和 AFM 外,SPM 家族还有许多其他成员:

(1)磁力显微镜(Magnetic Force Microscope,简称 MFM)。

(2)摩擦力显微镜(Lateral Force Microscope,简称 LFM)。

(3)弹道电子发射显微镜(Ballistic Electron Emission Microscope,简称 BEEM)。

(4)扫描离子电导显微镜(Scanning Ion Conductance Microscope,简称 SICM)。

(5)扫描光子隧道显微镜(Photon Scanning Tunneling Microscope,简称 PSTM)。

(6)扫描近场光学显微镜(Scanning Near-field Optical Microscope,简称 SNOM)。

(7)扫描热显微镜(Scanning Thermal Microscope)。

这些显微镜都属于 SPM 家族,它们的结构也大体相同,不同之处是在机器的本体上根据功能的需要配上不同的有关装置。通常的 SPM 都会有 STM 和 AFM 两种功能,SPM 由于没有透镜系统,普通的 SPM 也没有真空系统,故结构简单(见图 5-8),价格也比电子显微镜便宜。这类没有真空装置的 SPM,往往侧重于 AFM 的应用。若要研究材料表面的物理化学性质,一般都需要在超高真空下使用 STM,这类仪器结构比较复杂,价格也比较昂贵(见图 5-9)。

　　SPM 的工作媒介可以是真空、大气、水、油和电解质等,它的研究对象可以是金属、半导体、绝缘体、固体表面的吸附物、高聚物、生物材料、有机层体系等块状体系的表面。除了表面结构、表面形状和表面重构的基础研究,SPM 还可以用来揭示样品局域的物理性能。例如,用磁力显微镜研究局域磁性能,用摩擦力显微镜研究局域摩擦性能,用局域隧道谱研究电子能谱。总之,近十年来 SPM 的应用快速发展,在很多领域得到了广泛的应用,在纳米科技上的应用更是如此。

图 5-8　没有真空装置的 SPM　　　　　　图 5-9　有超高真空装置的 STM

参 考 文 献

[1] 艾萨克·阿西莫夫.亚原子世界探秘[M].朱子延,朱佳瑜,译.上海世纪出版社,2011.

[2] 布卢科.现代经典光学[M].科学出版社,2009.

[3] 常铁军,刘喜军.材料近代分析测试方法[M].哈尔滨工业大学出版社,2005.

[4] 陈世朴,王永瑞.金属电子显微分析[M].上海交通大学出版社,1982.

[5] 褚圣麟.原子物理学[M].高等教育出版社,2004.

[6] 福克斯.固体的光学性质[M].科学出版社,2009.

[7] 福田务.电与磁[M].赵立竹,译.科学出版社,2003.

[8] 惠更斯.光论[M].蔡勖,译.北京大学出版社,2007.

[9] 加莱道雄.爱因斯坦的宇宙[M].徐彬译.湖南科学技术出版社,2007.

[10] 杰拉尔德·埃德尔曼.第二自然[M].唐璐,译.湖南科学技术出版社,2010.

[11] 进腾大辅,及川哲夫.材料评价的分析电子显微方法[M].刘安生,译.冶金工业出版社,2001.

[12] 进腾大辅,平贺贤二.材料评价的高分辨电子显微方法[M].刘安生,译.冶金工业出版社,2002.

[13] 廖乾初,蓝芬兰.扫描电镜原理及应用技术[M].冶金工业出版社,1990.

[14] 马礼敦.高等结构分析[M].复旦大学出版社,2001.

[15] 马礼敦.近代 X 射线多晶体衍射[M].化学工业出版社,2004.

[16] 漆睿,戎泳华.X 射线衍射与电子显微分析[M].上海交通大学出版

社,1992.

[17] R. W. 康. 走进材料科学[M]. 杨柯等,译. 化学工业出版社,2008.

[18] 薛定谔. 薛定谔讲演录[M]. 范岱年,胡新和,译. 北京大学出版社,2007.

[19] 羊国光,宋菲君. 高等物理光学[M]. 中国科学技术出版社,2008.

[20] 姚楠,王中林. 纳米材料中的显微学手册[M]. 清华大学出版社,2004.

[21] 伊利亚·普里戈金. 确定性的终结[M]. 湛敏,译. 上海世纪出版社,2005.

[22] 约翰·巴罗,等. 宇宙极问[M]. 朱芸慧,译. 湖南科学技术出版社,2009.

[23] ASIMOV I. Chemical Reaction[M]. Raintree, 2009.

[24] BAXTER R. The Particle Model of Matter [M]. Raintree, 2009.

[25] BAXTER R. The Reaction of Matal[M]. Raintree,2009.

[26] CREGAN R C. Investigating the Chemistry of Atom [M]. Teacher Created Materials Publishing, 2009.

[27] FEIDMAN M, YOUNG TE, PALMER G. Atom & Molecule [M]. Compass Point Books,2006.

[28] HILL L. The Properties of Elements and Compounds [M]. Raintree, 2008.